결혼과 가족관계

임지영 전귀연 백경숙 이지민 공영숙 권유정 공저

신정

머리말

결혼과 가족관계는 우리의 삶에서 가장 오랜 역사와 깊은 영향력을 지닌 관계 중 하나이다. 그러나 현대사회의 급격한 변화로 인해 결혼과 가족의 모습 또한 변모하고 있다. 이러한 변화 속에서 결혼과 가족의 의미와 기능을 새롭게 이해하고, 현대사회에서의 다양한 가족 형태와 그들이 직면하는 도전, 그리고 성공적인 관계를 유지하는 방안에 관해 탐구할 필요가 있다.

본서는 대학에서 관련분야를 전공하는 학생들과 현장에서 가족을 이해하고자 하는 전문가들에게, 그리고 결혼과 가족에 대한 다양한 측면을 탐구하며 서로에게 더 가깝게 다가갈 수 있는 지혜를 얻기를 바라는 일반인에게 유용한 지침서로 사용될 수 있도록 계획되었다. 이에 본서는 개론서로서 결혼과 가족에 대한 폭넓은 이해를 제공하기 위해 총 12장으로 구성되었으며, 나를 알기와 이성교제에서부터 가족문제와 지원 서비스까지의 주제를 두루 포함하고 있다. 각자의 교육, 연구, 현장 경험을 바탕으로 1장과 8장은 임지영 교수, 4장과 5장은 전귀연 교수, 6장과 7장은 백경숙 교수, 11장과 12장은 이지민 교수, 2장과 9장은 공영숙 박사, 3장과 10장은 권유정 선생이 각각 집필하였다.

각 장마다 결혼과 가족에 대한 최신 통계치와 이론 및 연구결과 등을 반영하여, 전문적이고 객관적인 정보를 제공하고자 노력하였으나 미진한 부분이 있으리라 생각된다. 부족한 부분은 차차 보완해 할 것을 약속드리며, 이 책의 출간을 위해 오랫동안 기다려 주시고 지원해 주신 도서출판 신정 최용구 사장님과 관계자 여러분에게 진심으로 감사를 드린다.

2023년 12월

저자들을 대표하여 임지영

차례

CHAPTER
01

나를 제대로 알기와 이성교제

1. 나를 제대로 알기
2. 이성교제

CHAPTER

01 나를 제대로 알기와 이성교제

건강한 이성교제나 결혼생활 및 가족관계를 영위하기 위해서는 먼저 나 자신을 제대로 이해하는 것이 필요하다. 나 자신을 제대로 이해하게 되면 자기 자신의 감정, 행동, 가치, 삶의 목표 등에 대한 이해를 수반하기에 자신의 필요나 요구 혹은 감정에 대해 파트너나 배우자와 명확하게 의사소통할 수 있기 때문이다. 또한, 나에 대한 이해는 이성교제 시 혹은 결혼생활에서 개인이 자신의 가치나 삶의 목표에 맞는 의사결정을 할 수 있도록 도와주고, 파트너나 배우자와 건강한 경계를 형성하는 데에도 도움이 된다. 즉, 자신을 제대로 이해하고 있는 사람은 자신의 한계나 필요를 파악하고 있으므로 파트너나 배우자와 이에 대해 원활히 의사소통할 수 있게 되고, 상호 간의 존중과 이해를 바탕으로 하는 이성관계나 배우자관계를 형성할 수 있다. 이처럼 자기 자신의 특성이나 본질에 대해 이해하는 것은 이성교제를 넘어 건강한 결혼생활이나 가족관계를 형성하는 데에도 필요하다. 이에 본 장에서는 자기 자신에 대한 이해와 관련하여 자아개념, 자아존중감, 그리고 자아정체성을 먼저 소개한 후, 이성교제에 관해 이야기해 보고자 한다.

1. 나를 제대로 알기

누군가가 여러분에게 당신에 대해 알려달라고 한다면, 여러분은 자신에 대해 어떻게 설명하겠는가? 인간은 청소년기에 접어들면서 자아와 정체성에 대한 개념을 좀 더 명확히 형성하며, 내가 누구인지, 그리고 내가 희망하는 모습이 무엇인지에 대한 이해를 구축하려 한다. 인간은 청년기에도 이러한 자아에 대한 정의와 탐구를 끊임없이 시도하며, 이는 부모와 친구, 그리고 이성관계 등 다양한 요인들에 의해 영향을 받는다.

자아에 대한 개념을 형성하기 위해서는 자신에 대한 올바른 이해가 필요한데, 자기 이해는 자신이 독특하고 타인과 구별되는 분리된 존재라고 인식하는 자기인식(self-awareness)에서부터 출발한다. 이러한 자기인식은 자기 자신의 생각, 감정, 행동, 그리고 특성에 대한 의식적인 평가이며, 명확한 자기인식은 개인이 자신을 이해하는 데 중요한 자아개념의 일부이다. 그리고 이렇게 형성된 자아개념은 자신에 대한 가치감이나 자기수용 등과 같은 자기 자신에 대한 평가인 자아존중감의 발달을 돕는다.

1) 자아개념

청소년기에 접어들면서 인지적 성숙으로 인해 청소년들은 더욱 복잡한 방식으로 세상과 자신에 대해 이해하게 되는데, 자아개념(self-concept) 역시 그 폭과 깊이가 증가한다(Harter, 2012). 자아개념은 자신이 신체적으로, 정서적으로, 그리고 사회적으로 어떠한 사람인지를 규정하는 총체적인 의견이다. 즉, 한 개인의 성격, 능력, 신체적 특징, 신념, 그리고 가치관 등을 포함하는 자신에 대한 개인의 생각이나 감정, 태도를 모두 포함한다. 따라서 자아개념은 자신에 대한 지각, 정서 그리고 행동들을 형성하면서 타인과의 관계, 열망, 성취 등에 영향을 준다. 이러한 자아개념은 개인의 경험, 타인과의 상호작용, 자기 반추(reflection), 그리고 사회적 비교 등을 통해 형성되며, 문화, 가족, 교육, 사회적 환경 등 다양한 요인들에 의해 영향을 받는다.

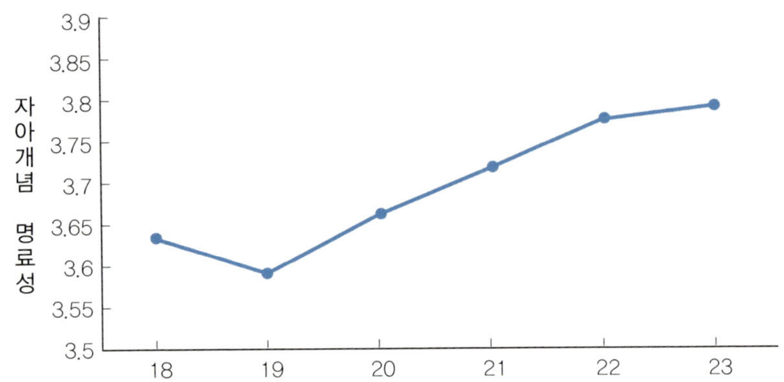

▲ 그림 1-1 자아개념 명료성의 추이: 18세 23세까지

출처: Crocetti, E., et al. (2016). Self-concept clarity in adolescents and parents: A six-wave longitudinal and multi-informant study on development and intergenerational transmission.

특히 자신에 대한 믿음이 명확하고 자신을 일관되게 정의하며 자신감 있게 표현하는 자아개념 명료성(self-concept clarity)은 한 개인의 자아존중감 및 감정 조절과 정적인 관련이 있고, 불안, 우울, 고독감 등과는 부적으로 관련된다(Van Dijk et al., 2014). 이러한 자아개념 명료성은 한 개인이 경험하는 여러 사건이나 청소년기에서 성인진입기(청년기)로의 전환과 같은 발달적 변화에 따라 감소될 수도 있다(Lodi-Smith et al., 2017). 특히, 대학 진학과 같은 후기 청소년기의 전환적 사건은 일상생활과 대인관계에서의 변화로 인해 자아개념 명료성의 일시적인 감소를 일으키기도 한다(Light & Visser, 2013). 하지만 이러한 전환적 사건을 처리하는 과정에서 청년들은 자신에 대해 좀 더 깊게 이해하게 되고, 새로운 시각에서 자신을 바라볼 수 있게 되어 궁극적으로는 자신에 대한 자아개념의 수정과 자아개념 명료성으로 다시 이어지게 된다.

이러한 자아개념은 다양한 측면을 포함하고 있는데(Kuther, 2021 재인용), 먼저 이상적 자기(ideal self)이다. 이상적 자기는 자신이 가치 있게 여기고 발전시키고자 하는 모습으로 이는 동기부여의 원천이 되기도 한다. 두 번째 측면은 현실적 자기(real self)로 이는 실제로 한 개인이 가지고 있는 특성을 포함하는 현재의 모습이다. 특히 현실적 자기와 이상적 자기 간의 일치 정도는 자아존중감, 우울 등 한 개인의 정신건강을 예측한다(Stevens et al., 2014). 마지막은 거짓 자기(false self)로 우리는 사회적 상황에서 때로는 진실되지 않은 행동을 하고 타인에게 좋은 인상을 심어주기 위해 실제 자기와 다른 모습을 보이는데, 이를 거짓 자기라고 한다. 예를 들어, 이성교제를 시작할 때 우리는 가끔 상대방에게 좋은 인상을 주기 위해 거짓 자기를 보이는 경향이 높다(Harter, 2012).

하지만 이성교제 시 거짓 자기를 보이는 경향성은 파트너와의 실질적인 갈등관리 기술과는 부적으로 상관이 있다. 즉, 이성교제 시 거짓 자기를 바탕으로 원래 자신의 모습과 달리 행동하는 것은 일시적으로 갈등과 잠재적인 이별을 피하는 방법으로는 사용될 수 있지만, 실제로 갈등을 해결하지는 못한다(Sippola et al., 2007). 오히려 청년들은 이성관계 내에서의 갈등을 직접적으로 관리하는 경험을 쌓으면서 파트너에게 거짓 자기를 보여주는 경향이 줄어들었고, 관계상의 갈등도 잘 관리하게 되었다.

이처럼 자아개념은 자아인식이나 자기수용 등을 촉진하는 여러 활동을 통해 좀 더 명확히 할 수 있다. 이러한 활동에는 상담이나 자기 반추 등이 포함되겠지만, 본 장에서는 다음 활동을 통해 여러분의 자아개념을 좀 더 명확히 하는 기회를 갖도록 해 보자.

나에 대한 모든 것 (All about me)

이름 :   날짜 :

※ 본 활동은 여러분들에게 자신에 대해 생각해 볼 기회를 주기 위해 고안된 활동입니다. 각 문항마다 비워진 곳을 채워 넣으시기 바랍니다.

1. 나는 ______________________________ 을 좋아한다.

2. 내가 ______________________ 때 나는 성공했다고 느낀다.

3. 내가 가장 좋아하는 사람은 ______________________.

4. 내가 가장 좋아하는 활동은______________________.

5. 내가 ______________________ 할 수 있었다면 좋았을 텐데.

6. 나는 ____________________________ 하기를 원한다.

7. 나의 세 가지 소원은 ...
   ㄱ.
   ㄴ.
   ㄷ.

8. 나는 ________________________________ 때 우울하다.

9. 개선할 필요가 있는 나의 성격특성은 ____________________.

10. 나는 ______________________ 을 잘한다.

11. 내가 ______________________ 하지 않았었더라면 좋았을 텐데.

12. 나의 가족은 ______________________ 이다.

13. 나는 ______________________ 되고 싶다.

14. 내게 가장 중요한 것은 ______________________.

15. 나의 최대의 장점은 ______________________.

출처: PositivePsychology(positivepsychology.com)

2) 자아존중감

자아존중감(self-esteem)은 미국의 의사 겸 철학자인 William James(1890)가 처음으로 자아존중감을 자신에 대한 '가치'라고 정의 내린 이후 정서적 건강을 예언하는 변인으로 가장 많이 사용되는 개념 중 하나이다(김혜수, 허혜경, 2022 재인용). 즉, 자아존중감은 개인이 스스로에 대해 내리는 평가로 스스로에 대한 가치, 수용 등을 아우르는 개념이다(Zimmerman et al., 1997).

앞서 설명하였듯이, 인지 및 사고 능력이 발달하면서 청소년기 혹은 청년기 자아개념은 좀 더 정교해지고 정확해진다. 이러한 사고 능력의 발달은 자신의 능력을 평가하는 방식에도 영향을 미치게 되어 자아존중감은 연령에 따라 변화하면서 중간 정도의 안정성을 보인다. 예를 들어, 자아존중감은 고등학교에서 대학으로, 청소년기에서 성인기로의 전환기에 어느 정도 변화한다. 한 해외 종단연구에서 대학생들의 자아존중감은 대학 첫 학기에는 상당히 하락하고, 학년 말에 다시 회복되며, 그 후 3년 동안은 점차 증가하여 대학 입학부터 졸업까지 자아존중감의 점진적인 회복 및 증가를 보였다(Chung et al., 2014). 즉, 청년들이 사회인으로 성장함에 따라 그들에게 필요한 능력을 향상시키고 다양한 사회적 맥락에서의 통제력이 증가하면서 자아존중감 역시 증가하였다. 하지만 국내 대학생들을 대상으로 연구한 한송이(2017)에 따르면, 자아존중감이 입학 후 1학년 때 가장 높았다가 2학년부터 낮아지기 시작하여 3학년 때 최저점을 찍고, 4학년 때 약간 반등하는 것으로 나타났다. 국내의 경우 대학생 자아존중감의 변화는 고학년 시기의 취업 성패와 관련된 것으로 보인다(이문수, 박연복, 2019 재인용).

한편, 우리나라 성인을 청년, 중년, 노년층으로 구분한 뒤 각각의 연령대에 따라서 자아존중감이 어떻게 변화하는지 확인한 김혜미 등(2015)은 청년층과 중년층은 시간이 지남에 따라 자아존중감이 증가하고, 노년기에 들어서면서부터는 유지되는 추이를 확인했다. 반면, 자아존중감을 긍정적 자아존중감과 부정적 자아존중감으로 이원화하여 살펴본 유창민(2018)의 연구에서는 긍정적 자아존중감의 경우 청년기에서 성인기로 시간이 지남에 따라서는 증가하는 궤적을, 중년기와 노년기에는 감소하는 궤적을 보인 반면, 부정적 자아존중감의 경우에는 성인기, 중년기, 그리고 노년기 모두 시간이 지남에 따라서 감소하는 궤적을 보였다. 즉, 부정적 자아존중감은 연령이 증가함에 따라 줄고, 긍정적 자아존중감은 성년기까지는 증가를, 중년기 이후부터는 긍정적 자아존중감 역시 감소하는 패턴을 보였다.

이러한 패턴은 남녀 모두에게 적용되지만, 여성들은 남성들에 비해 상대적으로 낮은 자아존중감을 보인다(von Soest et al., 2016). 후기 청소년기 시기인 대학생들을 대상으로 한 이은정(2020)의 연구에 따르면, 남성은 같은 연령대의 여성보다 긍정적 자아존중감이 높은 것으로 나타났다. 대학생 4,129명을 대상으로 한 나은숙과 신서영(2022)의 연구에서도 남학생이 여학생보다 높은 수준의 자아존중감을 보였다. 이러한 자아존중감의 집단별 차이는 국가 간 비교연구에서도 나타난다. 최근 수행된 국가 간 비교에서 유언규(2020)는 한국과 중국 대학생들 간의 자아존중감에 차이가 있다고 보고하였는데, 한국 대학생은 중국의 대학생보다 사회적 자아존중감이 가장 큰 차이로 높았으며, 개인적 자아존중감 역시 높아 전반적으로 높은 자아존중감 수준을 보고하였다.

▼ 표 1-1 자아존중감 측정

자아존중감 측정

	문항내용	전혀 그렇지 않다	그렇지 않다	보통 이다	그렇다	항상 그렇다
1	나는 내가 다른 사람들처럼 가치 있는 사람이라고 생각한다.	1	2	3	4	5
2	나는 좋은 성품을 가졌다고 생각한다.	1	2	3	4	5
3	나는 대체적으로 실패한 사람이라는 느낌이 든다.	1	2	3	4	5
4	나는 대부분의 사람들과 같이 일을 잘 할 수가 있다.	1	2	3	4	5
5	나는 자랑할 것이 별로 없다.	1	2	3	4	5
6	나는 내 자신에 대하여 긍정적인 태도를 가지고 있다.	1	2	3	4	5
7	나는 내 자신에 대하여 대체로 만족한다.	1	2	3	4	5
8	나는 내 자신을 좀 더 존경할 수 있으면 좋겠다.	1	2	3	4	5
9	나는 가끔 내 자신이 쓸모없는 사람이라는 느낌이 든다.	1	2	3	4	5
10	나는 때때로 내가 좋지 않은 사람이라고 생각한다.	1	2	3	4	5

출처: 고려대학교 부설 행동과학연구소(1999). 심리척도 핸드북.

■ 점수 계산

- 전혀 그렇지 않다 1점 ~ 매우 그렇다 5점으로 계산
- 합산 점수가 높을수록 자아존중감이 높음을 의미
- 역채점문항: 3, 5, 8, 9, 10

인간은 자아개념이 점차 분화되면서 자신에 대한 평가인 자아존중감 역시 세분화되는데, 개인이 중요하게 여기는 특정 영역에서 긍정적으로 자기 자신을 평가할 때, 전반적으로도 높은 자아존중감을 보이게 된다. 특히 청소년 후기 및 성인 진입기에 이르게 되면, 청년들은 사회적인 역할과 관계에 대해 더욱 관심을 두고 투자를 하게 되므로 사회적 역할에서의 성공은 자아존중감에 큰 영향을 미친다. 즉, 이성관계나 사회적 영역에서의 자아존중감은 이 시기의 전반적인 자아존중감과 더 밀접한 관련이 있다(von Soest et al., 2016). 617명의 대학생을 대상으로 연구한 문선정 등(2019)은 남학생이 여학생보다 학교, 가정, 총체적, 전체 자아존중감에서 일관되게 높았으며, 1년 이상 이성교제를 한 대학생이 좀 더 짧게 이성교제를 한 대학생보다 더 높은 수준의 자아존중감을 보고한다고 하였다. 한국아동청소년 패널 데이터를 활용하여 1,961명의 청소년을 대상으로 분석한 정유진(2017)의 연구에서 부모의 양육행동, 이성형제 유무나 가구소득 등은 이성교제율에 영향을 미치지 않았지만, 청소년의 자아존중감은 이성교제율에 영향을 미쳤다. 즉, 자아존중감이 높은 청소년은 낮은 청소년에 비해 이성교제를 할 확률이 높았다. 또한, 일반적으로 자아존중감이 높은 사람은 문제해결 및 주변 환경에 대한 조절 능력이 높다고 알려져 있으며, 학교, 직장 및 이성관계를 포함한 대인관계 등에서도 긍정적인 특성을 보여주었다(Iglesias & de Bengoa Vallejo, 2012).

생각해 보기 Think about

자아존중감의 안정성

그동안 수행되었던 연령에 따른 자아존중감 변화에 관한 연구들로 인하여 우리는 그동안 동일 연령 내 사람들 간의 차이를 간과하였다. 하지만 실제로 어떤 사람들은 연령에 상관없이 매우 안정적인 자아존중감을 보이고, 또 어떤 사람들은 연령에 따른 큰 차이를 보인다(Birkeland et al., 2012; Morin et al., 2013). 예를 들어, 가족 및 또래관계가 좋은 청소년들은 그렇지 않은 청소년들보다 긍정적인 자아존중감을 유지하거나 시간이 지남에 따라 향상된 자아존중감 혹은 삶의 만족도를 보이는 경향이 있다(Tolan & Larsen, 2014). 즉, 자아존중감의 안정성이 여러 요인에 의해 영향을 받을 수 있음을 이해하고 있어야 한다.

또한, 일부 연구자들은 자아존중감의 안정성 연구에서 자아존중감을 일반적인 의미에서만 검토하는 것이 타당한지도 생각해 보아야 한다고 주장한다. 대부분의 연구는 전반적인 자아존중감에만 초점을 맞추어 왔지만, 청년들은 학업, 운동, 외모, 사회적 관계 및 도덕적 행동과 같은 세부화된 차원에서 자신을 평가하기 때문이다(Côté, 2009). 따라서 청년기 자아존중감을 평가할 때 일부 영역에서는 자아존중감이 높을 수 있지만, 또 다른 영역에서는 낮거나 중간 수준의 자아존중감을 보일 수도 있다.

이러한 자아존중감은 일생 전반에 걸쳐 다양한 영역의 적응에도 영향을 주는 것으로 밝혀졌다. 청소년의 자아존중감과 학교생활 적응 간의 관계를 살펴본 박현숙(2010)의 연구에서 가족의 지지를 충분히 받으며 가정을 행복한 상태로 인식하여 가정 안에서 부모로부터 인정받고 수용을 받는 느낌의 총체를 의미하는 가정적 자아존중감과 학교 안에서 또래와 교사로부터 지지를 받고 인정을 받으며 원만한 교우관계와 교사관계를 가져 수용 받는 느낌을 받는 학교 자아존중감이 높은 청소년일수록 학교생활에 잘 적응하였다. 이는 후기 청소년에 해당하는 대학생들의 연구결과에서도 비슷한 양상을 보였다. 즉, 박효진 등(2019)의 연구에서 긍정적 자아존중감을 형성한 대학생은 대학생활에 더 잘 적응한다고 나타나 대학생의 자아존중감이 높을수록 긍정적으로 자신을 수용하여 다양한 상황에 대처할 수 있는 능력이 높아짐을 보여주었다.

출처: 박현숙(2010). 청소년이 지각한 어머니의 양육태도가 자아존중감과 학교적응에 미치는 영향.
박효진 외(2019). 대학생의 자아존중감, 극복력, 대인관계유능성이 대학생활 적응에 미치는 영향.
Kuther, T. L. (2021). Adolescence in context.

3) 자아정체성

자기 이해와 관련하여 청소년기 및 청년기의 중요한 심리적 발달과업은 자아정체성(self-identity) 획득이다. 개인은 자신의 특성과 성격을 이해함에 따라 자아정체성을 구축하기 시작하는데, 자아정체성은 시간을 초월하여 일관된 자아에 대한 인식을 의미한다(Erikson, 1950). Erikson에 따르면, 자아정체성을 확립하기 위해 개인은 과거와 미래를 고려해야 하며, 관계, 직업, 정치, 종교, 성적 성향에 관한 가치, 신념, 그리고 목표 등을 결정해야 한다. 개인의 삶뿐만 아니라 이성교제에 있어서도 자아정체성 확립이 특별한 의미를 지니는 것은 자아정체성이 확립 이후 삶의 방향과 목표를 설정해주는 역할을 하기에 건강한 이성교제를 하는 데에도 중요하기 때문이다.

자아정체성은 개별성(distinctiveness), 일관성(coherence), 연속성(continuity)의 속성을 가지는데, 먼저 개별성은 자신이 타인과 다른 독특하고 특별한 존재라고 인식하는 것을 의미한다. 이는 가치, 관심, 동기 등을 다른 사람과 어느 정도 공유하지만, 자신을 다른 사람과 구분되는 자율적이고 독립적인 사람이라고 지각하는 것을 의미한다. 즉, 개별성은 자신이 다른 사람들과 구별되는 특성, 특징 및 경험을 인식하고 이에 가치를 두는 것이다. 일관성은 개인이 다양한 삶의 영역이나 맥락에서 일관되고 조화로운 자아를 인식하는 것으로 자신의 신념, 욕구, 동기, 태도, 가치관, 행동 등에서 통일성을 갖는 것을 의미한다. 마지막으로 연속성은 시간이 지나더라도 자신이 동일한 사람이라고 인식하는 것을 의미하는데, 구체적으로 연속성은 어제의 자기와 오늘의 자기가 같은 사람이며 변함없이 동일하다는 인식을 갖는 것을 의미한다(van Doeselaar et al., 2018).

이러한 정체성 이론의 핵심 가정 중 하나는 개인이 정체성을 확립하기 위해 여러 대안을 탐색하는 적극적인 과정을 가져야 한다는 것이다(Meeus, 2011). 즉, 성공적인 정체성 확립을 위해서는 자신을 정확히 알기 위해 노력하는 시간과 경험을 갖는 것이 중요하다. 이런 의미에서 청소년기 혹은 청년기는 에릭슨이 말한 심리사회적 유예기라는 시간을 경험하며 정체성을 구축하기에 가장 적절한 시기이다. 이 시기에는 어린 시절보다 더 많은 자유와 독립성이 제공되지만, 완전한 독립성과 책임은 없는 상태로 자신이 될 수 있는 여러 가지 가능성을 탐색할 기회를 얻게 된다. 이 기간에는 다양한 직업, 성격특성, 욕구에 대해 살펴볼 수 있고, 가치관이나 종교, 그리고 신념에 대해서도 고려할 수 있다. 이러한 과정을 성공적으로 진행하게 되면 자아에 대한 이해 및 자기가 가는 방향에 대한 감각을 갖게 되지만, 정체성 탐색의 실패는 정체성 혼미를 야기하기도 한다.

이러한 정체성을 평가하기 위해 다양한 시도가 이루어졌는데, 정체성 획득 정도를 파악하는 방법 중 가장 대표적인 방법은 '정체성 상태(identity status)'라고 알려진 네 가지 범주로 정체성 획득 상태를 분류하는 것이다. 이는 개인이 자아를 탐색하고 특정한 신념과 목표에 헌신했는지에 따라 정체성 상태를 분류하는 것이다(Marcia, 1966).

Marcia의 정체성 상태 모델은 정체성 발달에 대한 Erikson의 생각을 탐색(exploration)과 헌신(commitment)으로 설명하고자 한다. 탐색은 정체성의 다양한 영역에서의 여러 가능성, 선택, 역할 등을 적극적으로 탐색하고 고려하는 과정을 의미한다. 이를 위해 자기반성에 참여하고, 다양한 경험을 시도하며, 자신과 세상을 이해하기 위해 다양한 정보를 수집하는 과정을 포함한다. 다양한 경로를 탐색함으로써 개인은 자신의 관심, 가치 및 목표에 대해 더 넓은 시각을 갖게 되고, 더 유의미한 이해를 발전시키게 된다. 즉, 탐색은 자신에 대해 끊임없이 질문을 던지고, 새로운 경험을 찾아보며, 결정을 내리기 전에 다양한 선택지를 적극적으로 고려하는 것을 의미한다. 반면, 헌신은 탐색 후에 따르는 심리적 투자 및 의사결정 과정을 의미한다. 이는 가치, 신념, 목표 및 인생 방향에 대해 확고한 선택을 하고 그것에 집중하는 것으로 어려움과 불확실성에 직면하더라도 선택한 것을 지키거나 이루는 것을 의미한다.

정체성 상태 모델에서 정체성 발달이 가장 이루어지지 않은 상태는 정체성 혼미(identity diffusion)로 자아에 대해 특별히 탐색하지도 않고 특정 정체성에 아직 헌신하지도 못한 상태이다. 정체성 상실(identity foreclosure)은 자신의 정체성과 관련하여 제대로 탐색하지 않은 채 조기에 특정 정체성을 선택한 것을 의미하는데, 정체성 상실 상태에 있는 청년들은 세상을 흑백 혹은 옳고 그름으로 보는 경향이 있다. 정체성 유예(identity moratorium)는 활발한 탐색과 가능성에 대한 개방성, 그리고 어느 정도의 불확실성으로 특징지어진다. 이러한 불확실성으로 인해 야기되는 불편함은 청소년이나 청년들로 하여금 이러한 불편한 상태를 벗어나도록 격려한다. 네 번째 범주인 정체성 획득(identity achievement)은 자아에 대한 반성, 비판적 검토, 그리고 새로운 신념 체계를 탐색하거나 실험해 보는 과정을 통해 정체성을 구축하고 일련의 생각, 가치 및 신념에 헌신을 형성한 상태이다. 일반적으로 성인기가 되어서야 정체성 혼미나 정체성 유예 상태보다는 정체성 획득 상태가 더 많이 나타나게 된다.

물론 정체성 발달 패턴은 개인마다 다양하지만, 가장 일반적인 정체성 상태 변화는 정체성 혼미와 정체성 유예에서 정체성 상실이나 정체성 획득으로 전환하는 패턴이다. 일반적으로 정체성 획득에 관한 심리적 위기는 청소년기에 처음으로 직면하지만 이를 해결하지 못한 채 청년기를 맞게 된다. 이에 성인 진입기 혹은 청년기는 정체성 발달에 있어 결정적 시기이다. 한 연구에 따르면, 대부분의 청년들은 특정 정체성에 헌신하지 않은 채 청년기를 보내게 되며 29세가 되어서야 1/3 정도가 특정 정체성에 헌신하게 된다고 한다(Kroger, 2015). 게다가 자아정체성을 획득한 후에도 자아정체성 상태는 일생을 거쳐 변화할 수 있다.

정체성 획득은 성숙한 자아의식, 통제감, 높은 수준의 자아존중감 및 도덕적 사고, 그리고 일이나 학업에 대한 긍정적 시각과도 정적인 관련이 있다(Spencer et al., 2015). 반면에 자아정체성 유예 상태는 청소년이나 청년으로 하여금 다양한 선택지에 대한 혼란을 느끼게 하고, 특정 정체성을 확정하는 과정 자체가 스트레스를 유발하여 극단적인 경우에는 정체성 탐색 과정 자체를 중지시키기도 한다(Klimstra et al., 2016). 특히 자아정체성 유예 상태에 있는 경우, 자신과 같은 불안정한 단계에 있는 이성과 만남으로써 내적 불안이 고조될 수 있는데, 이러한 내적 역동이 이성관계에서 갈등을 유발하거나 불만족스러운 경험을 갖게 할 수 있다. 하지만 정체감 성취를 이룬 경우에는 이성과 안정적인 관계를 맺을 수 있고 만족도도 높게 나타났다(박남숙, 2005; 곽금주, 2010 재인용).

청소년기 자아정체성 형성은 자신의 탐색활동뿐만 아니라 부모나 또래와의 관계 혹은 상호작용에 의해서 영향을 받는데, 청년기에는 파트너와의 관계와 상호작용도 자아정체성 형성에 중요한 영향을 미친다(Wängqvist et al., 2016). 물론 Erikson(1950)은 자아정체성 발달이 이성교제나 배우자 선택 등의 친밀한 관계 형성의 기초를 제공한다고 강조한다. 자아정체성 획득은 개인들이 자신에 대한 자신감, 진정성을 바탕으로 한 친밀한 관계를 형성케 하며, 이는 이성교제 시 적절한 선택을 하고, 파트너와의 건강한 경계를 설정하며, 관계 내에서 효과적인 의사소통을 하게 한다는 것이다. 또한, 정체성을 형성한 개인은 자신의 정체성을 보완하고 지원하는 파트너를 찾으려 하며, 상호성장과 이해를 도모하는 관계를 형성할 가능성이 높다. 이처럼, 성공적인 자아정체성 획득은 자신의 요구, 욕구 및 관계 목표에 대한 더 나은 이해를 하게 함으로써 건강하고 만족스러운 이성교제 경험에 기여한다. 반면에 자아정체성 획득에 어려움을 경험하고 있는 청년들은 자신의 선호도를 이해하고 관계에서 경계를 설정하는 데 어려움을 겪을 수 있으며, 또래나 주변 사람들 혹은 외부적인 영향에 더 취약하여 자신에게 적합한 선택을 내리는 데에도 어려움을 경험할 수 있다.

본 절에서는 자아개념, 자아존중감, 그리고 자아정체성에 대해 간단히 설명하였다. 청년기에 자신을 적극적으로 탐구하고 이를 통해 자기에 대해 제대로 이해하는 것은 자신의 정신적 안녕 및 진로 선택이나 미래계획을 위해서도, 그리고 성공적인 이성교제 및 배우자 선택을 위해서도 중요한 과정이다.

▼ 표 1-2 자아정체성 측정

자아정체성 측정

	문항내용	전혀 그렇지 않다	대체로 그렇지 않다	보통이다	대체로 그렇다	매우 그렇다
1	나는 내 일을 잘 처리할 수 있다.	1	2	3	4	5
2	나는 이 세상에서 있으나 마나 한 존재이다.	1	2	3	4	5
3	나는 앞으로 무엇이 되고 싶은지 잘 모르고 있다.	1	2	3	4	5
4	나는 시작할 때는 열성을 보이나 그것이 오래가지 못한다.	1	2	3	4	5
5	나는 다른 사람의 충고를 무턱대고 따르는 편이다.	1	2	3	4	5
6	나는 모임에 나가면 가급적 사람이 적은 곳이나 구석에 가서 앉는다.	1	2	3	4	5
7	누가 시키지 않아도 내 일은 내가 알아서 한다.	1	2	3	4	5
8	내가 보잘 것 없는 존재라고 생각할 때가 많다.	1	2	3	4	5
9	내가 무엇이 되고 싶은가를 나는 분명히 알고 있다.	1	2	3	4	5
10	나는 꾸준히 한 가지 일에 몰두하지 못한다.	1	2	3	4	5
11	나는 다른 사람이 하자는 대로 잘 이끌린다.	1	2	3	4	5
12	나는 낯선 사람을 만나는 것을 꺼려한다.	1	2	3	4	5
13	나의 일은 내 스스로 처리한다.	1	2	3	4	5
14	우리 집에서 나는 꼭 필요한 존재이다.	1	2	3	4	5
15	내가 장차 무엇을 하고 싶은지 나 스스로도 모르겠다.	1	2	3	4	5
16	나는 계획한대로 일을 끝까지 실행하지 못한다.	1	2	3	4	5
17	대다수 사람들이 하는 대로 따라가는 것이 최선이다.	1	2	3	4	5
18	나는 여러 사람들과 함께 있을 때 마음이 불편하다.	1	2	3	4	5
19	나는 내 판단에 자신이 있다.	1	2	3	4	5

20	나는 믿을 만한 가치가 없는 사람이다.	1	2	3	4	5
21	나는 어른이 되어 내가 어떤 직업을 갖게 될지 알고 있다	1	2	3	4	5
22	나는 빈둥거리며 많은 시간을 허송하는 편이다.	1	2	3	4	5
23	난 혼자서는 어떤 일을 결정하기가 어렵다.	1	2	3	4	5
24	여러 사람이 있는 곳에서는 앞에 나서기가 두렵다.	1	2	3	4	5
25	나는 하루하루를 열심히 살아간다.	1	2	3	4	5
26	이 세상 일은 결국 허무한 일이라고 생각한다.	1	2	3	4	5
27	나의 진로에 대하여 구체적인 계획을 갖고 있다.	1	2	3	4	5
28	나는 일하기를 별로 좋아하지 않는다.	1	2	3	4	5
29	나는 다른 사람을 이끌기보다는 따라가는 편이다.	1	2	3	4	5
30	할 말이 있어도 하지 못하고 그냥 넘어가는 때가 많다.	1	2	3	4	5
31	나는 내 모습 이대로를 자랑스럽게 생각한다.	1	2	3	4	5
32	나는 이 세상을 잘 살아갈 것 같지 않다.	1	2	3	4	5
33	내가 장래 무슨 직업을 택할 것인가 결정할 수가 없다.	1	2	3	4	5
34	나는 어렵거나 힘든 일은 피하는 편이다.	1	2	3	4	5
35	나는 결단력이 부족하다.	1	2	3	4	5
36	나는 여러 사람들 중에서 유별나게 보이는 것을 두려워한다.	1	2	3	4	5
37	나는 나의 목적을 달성하기 위해서 열심히 노력한다.	1	2	3	4	5
38	나는 다른 사람들보다 무능하다고 생각한다.	1	2	3	4	5
39	나는 뚜렷한 삶의 목표를 정해놓고 있다.	1	2	3	4	5
40	나는 남달리 잘하는 일이 별로 없다.	1	2	3	4	5
41	나는 스스로 생각하기보다는 남들의 좋은 생각을 기다린다.	1	2	3	4	5
42	나는 모임에서 지도자 역할을 기꺼이 맡는다.	1	2	3	4	5
43	나는 일단 시작한 일은 기어코 끝내고야 만다.	1	2	3	4	5
44	나는 자신에게 중요한 것이 무엇인지를 생각한 적이 없다.	1	2	3	4	5
45	지금 내가 할 일이 무엇인가를 잘 알고 있다.	1	2	3	4	5
46	하고 싶은 일 중에 무엇부터 해야 할지 모르겠다.	1	2	3	4	5
47	남의 말을 잘 받아들이고 타인의 말과 행동에 영향받기 쉽다.	1	2	3	4	5
48	나는 낯선 곳이나 새로운 일을 두려워한다.	1	2	3	4	5
49	나는 내가 매우 쓸모 있는 사람이라고 생각한다.	1	2	3	4	5
50	나는 근본적으로 무능하다고 생각한다.	1	2	3	4	5
51	미래를 위해 미리 준비하는 것은 현명한 일이다.	1	2	3	4	5

52	나는 무엇을 하려고 해도 의욕도 없고 빌빌 지나간다.	1	2	3	4	5
53	나의 감정을 솔직하게 표현할 수 있다.	1	2	3	4	5
54	나는 사람들과 사귀는 것을 좋아한다.	1	2	3	4	5
55	나는 내 스스로 선택하는 것을 좋아한다.	1	2	3	4	5
56	다른 사람들 앞에서 나의 참모습을 드러내는 것이 두렵다.	1	2	3	4	5
57	나는 내 장래 일에 대해 미리 계획하고 싶지 않다.	1	2	3	4	5
58	나는 앞으로 무엇이 되려고 하는지 분명히 알고 있다.	1	2	3	4	5
59	나는 내 자신에 대해 생각이 정리되어 있지 못하다.	1	2	3	4	5
60	나는 나의 부모님께서 원하는 이성과만 교제할 것이다.	1	2	3	4	5

출처: 박아청(2003). 정체감연구의 전망과 과제.

■ 점수 계산

- 전혀 그렇지 않다 1점 ~ 매우 그렇다 5점으로 계산
- 합산 점수가 높을수록 자아정체감이 높음을 의미
- 역채점 문항

  2, 3, 4, 5, 6, 8, 10, 11, 12, 15, 16, 17, 18, 20, 22, 23, 24, 26, 28, 29, 30, 32, 33, 34, 35, 36, 38, 40, 41, 44, 46, 47, 48, 50, 52, 56, 57, 59

2. 이성교제

이성교제란 서로에게 관심이 있는 두 사람 간의 낭만적이고 때로는 성적인 관계를 의미한다. 시간 함께 보내기, 정서나 감정 공유하기 등이 이성교제 활동에 포함되는데, 이렇게 이성과 친밀한 관계를 형성하고 상호작용을 하는 것은 청년들에게 중요한 경험이 된다. 특히, 이성교제를 통해 획득하게 되는 친밀감의 발달은 청년들에게 중요한 심리사회적 과제(Erikson, 1960)로 초기 청소년기에는 친구와의 친밀한 우정을 통해, 청년기에는 이성과의 우정과 낭

만적인 애정을 통해 건강한 친밀감이 발달하게 된다.

1) 이성교제의 의의

이성교제는 배우자 선택을 위한 경험의 장이 될 뿐만 아니라 이를 통해 인격의 정상적인 발달이 이루어지기 때문에 개인의 삶에서 중요한 역할을 한다. 미국 사회에서 데이트라고 불리는 이성교제가 등장한 것은 제1차 세계대전 이후부터이며, 1930년대에 와서야 일반화되었고, 1940~1950년대부터는 이성교제 시작 연령이 10대까지 확산되었다(김정옥 외, 2012). 하지만 서구에서도 최근에는 청소년기 이성교제율이 감소하고(Lenhart, 2015), 이성교제 시기가 청소년기에서 성인진입기, 즉 청년기로 이동하고 있다(Furman, Collie, Lantagne, & Golden, 2019). 조성호와 변수정(2020)에 따르면, 현재 배우자 또는 함께 사는 애인 · 파트너가 없는 대한민국 성인 남녀를 대상으로 교제 상대가 있는지 알아본 결과, 19~24세의 24.1%가 이성교제 중이라고 응답하였고, 25~29세의 36.7%가 교제 상대가 있다고 답하고 있다. 반면에 국내 청소년 이성교제 경험 관련 연구들은 이성교제 경험이 있는 청소년의 비율을 42~63%까지 다양하게 보고하고 있다(정유진, 2017 재인용). 즉, 청소년의 경우 반 정도는 평생 이성교제 경험이 없으며, 성인기로 넘어가서도 20대 초반보다는 후반에 이성교제율이 높다.

일반적으로 이성교제 시 파트너 선택의 중요한 요인으로는 신뢰성, 정직성, 친절함과 같은 긍정적인 성격특성을 꼽는다. 남성이 여성에 비해 신체적 매력을 더 중요시하는 경향이 있지만, 그 외 중요하게 고려하는 특성에는 남성과 여성 간에 큰 차이가 없다(Ha et al., 2010). 그리고 친구나 배우자를 선택할 때와 유사하게 이성교제 파트너 선택에서도 신체적 매력, 인기도, 그리고 학업 성취 등에서 유사한 파트너를 선택하는 경향이 높다(Furman & Rose, 2015). 이처럼 자신만의 기준으로 파트너를 선택하고, 자발적인 상호작용을 통해 이성교제는 한 개인의 발달과 정신적 안녕에 있어 여러 기능을 수행한다.

2) 이성교제의 기능

어떤 사람들은 즐거움이나 동반자적 감정을 느끼기 위해, 또 어떤 사람들은 배우자를 선택하거나 결혼에 앞서 이성교제를 한다. 또한, 이성교제를 통해 대인관계기술, 타인과의 원활한 교류, 그리고 갈등해결 방법 등을 배워 건강한 성격발달을 이룬다. 이성교제는 연령에 상관없이 공유된 활동을 통한 재미와 오락의 원천이 되지만, 청소년기에는 사회적 지위나 인기가 높은 파트너와의 이성교제를 통해 동료집단 내에서 지위를 얻기 위해 이성교제를 하기도 한다(Little & Welsh, 2018).

이성교제를 통해 감정적인 지원을 받기도 하는데(Furman & Rose, 2015), 특히 남성의 경우 가까운 관계 안에서의 친밀감을 발달시키는 데 도움이 된다. 즉, 여성의 경우에는 우정과 같은 또래관계 내에서도 친밀감을 발달시키지만, 남성의 경우에는 이성과의 관계를 통해 친밀감 혹은 친밀한 관계를 관리하는 능력을 발달시킨다(Buhrmester & Furman, 1987; van de Bongardt et al., 2015). 이처럼 이성교제를 통해 감정을 공유하고 타인의 필요에 민감해지는 능력을 배우면서 친밀감을 발달시킨다.

또한, 이성교제는 타인의 요구에 대한 민감성, 협력, 및 공감을 발달시키고, 사회적 지지를 주거나 받는 기회를 제공한다. Erikson과 Erikson(1982)은 정체감을 안정적 · 성공적으로 확립한 사람만이 친밀감을 획득할 수 있다고 하면서 친밀감이란 타인 안에서 자신을 잃지 않고 정체감을 찾아가는 것이라고

하였다(곽금주, 2010 재인용). 이러한 이성교제의 기능을 정리해 보면 다음과 같다(김혜수, 허혜경, 2022; 전영주 외, 2021; 정옥분, 2015 재인용).

(1) 인성발달의 기능

이성과의 상호작용은 사회가 기대하는 정상적인 인격을 형성하는 데 중요한 역할을 한다. 이성교제를 통해 자신의 장단점을 알게 되며, 자기반성을 함으로써 자기평가와 자의식을 발달시키는 계기가 되어 성숙한 인격을 형성할 수 있다. 즉, 자신의 말이나 행동이 상대방의 행동에 영향을 주는 것을 경험하면서 자신과 타인의 행동에 대한 이해가 깊어지고, 나아가 전반적인 대인관계 형성과 사회생활에 도움을 줄 수 있다.

또한, 이를 통해 친밀감을 형성하게 되며 정서적 지원을 받게 되어 원만한 인성을 형성하게 된다. Erikson의 발달 단계상 성인 초기에 해당하는 대학생 시기는 이성과의 의미 있는 관계를 도모하며 친밀감을 형성하는 것이 중요한 발달과업이다. 인간은 많은 사람 속에 있으면서도 외로움을 느끼는 순간이 있고, 사회적 동물로서 친밀감을 형성하고자 하는 욕구가 있는데, 정서적 외로움은 단순히 많은 사람과 상호작용을 한다고 해서 충족되는 것이 아니므로 특정 대상과의 이성교제를 통해 이를 극복할 수 있다.

(2) 사회적 자아 확인의 기능

이성교제 과정을 통해 사회적 자아를 확인하는 기회를 가질 수 있다. 이성교제를 하면서 상대방이 자신에게 제공하는 긍정적인 피드백을 통해서 스스로를 긍정적으로 바라보게 되며, 때로는 부정적인 피드백을 통해 자신의 행동을 되돌아보게 된다. 즉, 이성교제는 자신이 다른 사람에게 어떠한 영향을 주는지, 자신의 장단점은 무엇인지를 파악하여 대인관계 속에서 나 자신을 알게 되는 사회적 자아의 확인 기능을 가진다. 또한, 이러한 과정은 자신이 어떤 사람이며, 어떤 성격특성이 있고, 어떤 미래를 희망하는지 등과 같은 자아정체성 형성에도 영향을 준다.

(3) 즐거움 추구 기능

이성교제는 원래 오락의 형태로 출발하였고, 이에 즐거움 추구 기능은 연령에 상관없이 이성교제 시 기본적으로 추구하는 기능 중 하나이다. 이는 이성교제를 통해 서로 기쁘고 즐거운 시간을 가짐을 의미한다. 즉, 이성교제가 결혼을 목적으로 하거나 배우자를 선택하기 위한 만남만을 의미하는 것은 아니다.

(4) 사회화의 기능

이성교제는 성인 남녀의 역할 수행을 위한 준비를 돕고, 일반적인 사회생활에서도 성숙한 대인관계의 기술을 습득하게 된다. 또한, 이성교제를 하는 과정에서 이성에 대한 막연한 기대, 사랑에 대한 환상 또는 비현실적인 사고방식에서 점차 벗어나게 되고 자신의 행동을 조절할 수 있게 된다. 그리고 이성교제를 통해 어떻게 대화를 시작해야 하는지, 그리고 상대방의 말을 경청하거나 공감을 표현하는 것과 같은 대인관계기술을 발달시키게 된다. 이성친구와 교제를 하는 동안 동성친구에게서는 구할 수 없는 다양한 역할 모델을 실제 상호작용을 통해 배우게 되는데, 이런 경험을 통하여 사회생활을 훈련하게 된다.

(5) 배우자 선택의 기능

이성교제의 중요한 기능 중 하나로는 배우자 선택을 들 수 있다. 과거에 비해 이성교제를 통해 배우자를 선택하는 기능은 많이 약화되었지만, 다양한 이성교제를 통해 인격적으로 잘 조화되고 사랑할 수 있는 배우자를 선택하는 기회를 가질 수 있을 뿐만 아니라 배우자를 선택하는 안목을 키울 수 있다.

위에서 언급한 이성교제의 기능은 연령에 따라 변화한다. 청년 초기와 중기에는 여러 사람과 자유롭게 만나면서 이성교제를 하는 것이 특징이며, 이성교제에서 즐거움의 추구 기능이 주가 된다. 청년 후기 무렵에는 점차 한 사람과의 시간을 가지기를 원하고 좀 더 배우자 선택의 기능이 작동한다. 이성교제의 기능이 연령에 따라 다소 변화하는 것처럼, 이성교제가 개인의 적응에 미치는 영향도 연령에 따라 변화한다.

청년기 이성교제는 개인의 긍정적 자아개념, 고립감이나 외로움 감소, 의사소통 능력, 신체적 및 정신적 건강에 정적으로 영향을 주지만, 이른 시기, 즉 청소년기에 이성교제를 시작하는 것은 술, 흡연, 비행, 학업 역량 저하, 특히 여성의 경우 우울증 등의 비율이 높아지는 것과 연관이 있었다(Furman & Collibee, 2014). 이른 시기의 이성교제는 정체성 발달에 오히려 방해가 되었으며, 관계상에서 발생하는 감정적 요구를 처리하는 데에도 어려움을 겪게 한다. 이성관계 내의 역동은 매우 다양하고 감정적으로 강렬하기 때문에 인지적으로나 심리적으로 발달이 덜 된 청소년들이 해결하기에는 어려움이 있다(Ha et al., 2014). 반면 청년기에 긍정적인 이성교제를 경험한 청년들은 성인기에 문제행동을 적게 보이고, 건강한 이성교제를 경험하였고 정신건강 상태 역시 좋았다(Kansky & Allen, 2018).

우리나라 남녀 대학생 110명을 대상으로 한 이성교제 경험의 영향에 관한 연구(최지웅 외, 2023)에서도 응답자들은 이성교제에 대한 긍정적 영향이 부정적 영향보다 더 많다고 응답하였다. 이 연구에서 이성교제는 자기 이해 향상과 대인관계 역량 향상, 사랑과 연애에 대한 적응성 향상, 의사소통 기술역량 증진, 심리적 안녕감 향상 등의 긍정적 역할을 수행한다고 보고되었지만, 자기 감정적 소진, 대인관계 갈등과 연애에 대한 부적응적 태도 등의 부정적 측면도 존재한다고 보고되었다.

3) 이성교제의 문제: 데이트 폭력

앞서 살펴본 바와 같이 이성교제는 다양한 긍정적 기능을 수행하고 있으나 이처럼 긍정적인 기능만 있는 것은 아니며, 때로는 청년들이 예상치 못한 문제점이 발생하기도 한다. 이성교제 시 발생할 수 있는 문제들에는 성역할 등에 대한 이중 기준, 데이트 비용 문제 등을 포함하는 데이트 불안, 부모와의 갈등, 그리고 일이나 학업에 대한 지장 등이 있지만(김혜수, 허혜경, 2022), 가장 간과할 수 없는 문제 중의 하나는 혼전 성관계에 대한 문제이다. 이성교제를 하면서 자연스럽게 신체적 접촉의 기회와 빈도가 늘어나게 되지만, 육체적 쾌락에 대한 통제력 상실로 인한 무분별한 혼전 성관계가 문제시되기도 한다. 성 의식이 예전보다 개방적으로 변화했다고 하나 혼전 성관계에 따른 피임의 실패 및 불충분한 준비로 인한 미혼 부모의 발생 등은 중요한 문제가 된다. 또한, 우리나라는 여전히 여성이 남성보다 혼전 성 경험에 의한 부정적인 영향을 더 많이 받는다. 따라서 이성교제 시 자신의 성태도와 기준을 분명하게 밝히는 것이 필요하다.

그리고 그 피해가 심각하지만, 사적 영역의 문제로 여겨 도움을 주저하다가 더 큰 피해를 낳는 것이 데이트 폭력이다. 데이트 폭력(dating violence)은 로맨틱한 또는 연애관계 내에서 발생하는 학대 행동으로 신체적(때리기, 밀치기, 꼬집기), 정서적(협박, 통제, 심리적 조작), 언어적(욕설, 비하적인 언어), 그리고 성적 학대(원치 않는 성적 접촉, 강간 등)와 같은 다양한 형태로 나타날 수 있다

(Herrman, 2009). 미국에서는 "친밀한 관계에서나 친밀한 관계에 있었던 사람에 의해서 자행되는 폭력"으로 데이트 폭력을 정의하고 있으며, 미 법무부의 여성폭력방지국(The Office on Violence Against Women)은 성폭력, 성희롱, 협박, 신체적 · 성적 · 정신적 · 감정적 학대와 통제 및 사회적 고립, 디지털 및 인터넷 관련 범죄 및 스토킹 등을 데이트 폭력의 유형으로 정의 내리고 있다(정혜원, 2020 재인용).

데이트 폭력은 연인 간 논쟁을 시작으로 그들 중 한 사람이나 두 사람 모두 폭력적인 행동을 하면서 발생하는데, 이러한 갈등과 부정적인 관계 양상은 친구들과의 관계보다는 이성교제 시에 더 자주 발생하며(Kochendorfer & Kerns, 2020), 갈등을 해결하기 위한 회피와 강요와 같은 부적응적인 전략의 사용도 친구들과의 관계보다 이성교제 시에 더 자주 사용된다(Rogers et al., 2018).

이러한 데이트 폭력의 가해 비율은 남녀 간에 차이가 크지 않은데, 여성은 언어적 혹은 심리적 학대나 경미한 신체적 학대(꼬집기, 물건 던지기)를 가하는 경향이 있고, 남성은 주먹으로 때리기와 같은 더 심각한 유형의 신체적 학대 혹은 성적 학대를 가하는 경향이 있어 여성이 피해자가 되었을 때 더 심각한 신체적 상해를 입을 가능성이 크다(Giordano et al., 2010).

우리나라의 데이트 폭력은 2017년 14,136건, 2018년 18,671건, 2019년 19,940건으로 2017년 대비 2019년에 41.1%나 증가했다. 2019년 사건 중 범죄 유형을 살펴보면, 폭행 · 상해가 7,003명(71.0%)으로 가장 많고, 경범 등 기타가 1,669명(16.9%), 체포 · 감금 · 협박 1,067명(10.8%), 성폭력 84명(0.9%), 살인 35명(0.4%) 순이다(정혜원, 2020). 데이트 폭력 경험자의 최초 폭력 경험 시기는 '사귄 후 3개월~6개월 미만'이 22.2%로 가장 많고, 경험자의 62.0%가 사귄 후 1개월에서 1년 미만의 기간에 최초로 폭력을 경험한 것으로 나타나 데이트 초기에 발생하는 경향이 높다(정혜원, 2020). 이어서 2018년 기준 데이트 폭력 가해자의 연령별 현황을 살펴보면, 20대가 35.3%로 가장 많고, 그 다음으로는 30대 26.2%, 40대 18.6%, 50대 12.9%, 60대 이상 3.8%, 10대 3.2% 등의 순으로 나타나(정혜원, 2020) 20대 가해자의 비율이 가장 높았다.

데이트 폭력 가해 요인에는 가해자의 분노 관리 어려움, 부적절한 대인관계기술, 반사회적 또래와의 상호작용, 건강하지 못했던 부모나 또래관계 경험, 가정폭력 혹은 아동학대 피해 경험 등이 있다(Foshee et al., 2015). 반면에 피해 위험 요인에는 피해자의 우울증, 불안, 부정적인 상호작용 패턴 등이 있지만, 이 요인들은 데이트 폭력의 결과가 되기도 해서 인과관계를 명확히 파악하기에 어려움이 있다(Niolon et al., 2015). 게다가 피해자들은 신체적 상해 외에도 정서적 트라우마, 낮은 자아존중감, 외상 후 스트레스 장애(PTSD), 학업수행의 어려움, 혹은 자해 등으로 고통받을 수 있다.

이에 데이트 폭력의 주의신호를 알아차리는 것이 매우 중요한데, 잦은 다툼, 파트너의 소유욕, 통제적 행동, 질투, 극심한 기분 변화, 친구나 가족으로부터 격리시키기, 지속적인 비판이나 비하적인 발언이 그 주의신호가 된다. 하지만 청소년들이 부모와 친밀한 관계를 유지하는 경우, 이와 같이 건강하지 못한 관계를 쉽게 알아차리고, 데이트 폭력 발생 시 도움을 즉각적으로 요청할 가능성이 높아 궁극적으로는 데이트 폭력 예방에 도움이 된다(Leadbeater et al., 2008). 일반적으로는 감정을 조절하고 효과적으로 의사소통하는 기술을 배우는 것도 데이트 폭력 가해를 줄이는 데 도움이 된다고 알려져 있다(Rizzo et al., 2018).

데이트 폭력은 한 번으로 끝나지 않고 오랜 기간 폭력이 계속되는 경우가 많다. 폭력을 행사하면서도 사랑한다고 말하는 가해자의 언행으로 인해 피해자는 사랑과 폭력을 혼동할 수 있으며, 주변인 역시 그 경계를 혼동할 수 있다. 만약 데이트 폭력을 당하고 있는 경우라면, 이를 사적 영역의 문제로만 보지 말고 공적 영역의 도움과 지원을 신속하게 찾아보는 것이 매우 중요하다. 앞서 언급한 부모님 이외에도 관련 기관 등에 연락하여 상황을 이야기하고 가능한 자원을 탐색하는 것이 매우 중요하다.

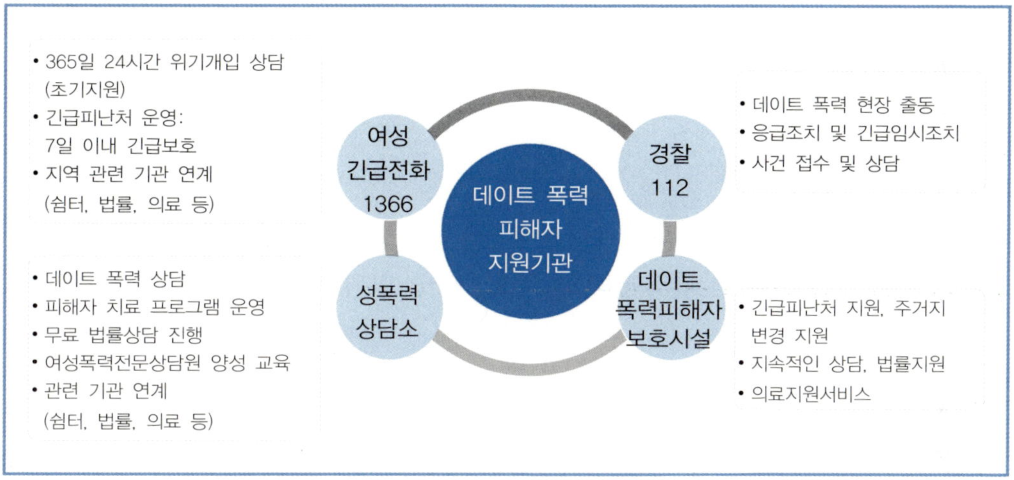

▲ 그림 1-2 데이트 폭력 피해자 지원제도

출처: 이젠센터(www.egen.or.kr)

▼ 표 1-3 데이트 폭력 피해 시 도움받을 수 있는 곳

기관	내용	연락처
여성긴급전화	• 24시간 여성폭력 상담 및 연계	국번 없이 1366
한국여성의전화 성폭력상담소	• 평일 오전 10시~오후 5시 • 이메일 상담: counsel@hotline.or.kr • 전화상담을 통해 예약 후 면접상담 • 의료 및 법률지원 가능	02-2263-6465
한국성폭력상담소	• 평일 오전 10시~오후 5시 • 의료 및 법률지원 가능 • 치유프로그램 및 쉼터 운영	02-338-5801~2

해바라기센터 (성폭력피해자 통합지원센터)	• 의료지원 (외과, 산부인과, 정신과 등 치료) • 수사지원 (증거물 채취, 피해자 진술서 작성지원) • 상담지원, 법률자문 지원 • 진료 비용 국가부담 (가정폭력, 성폭력, 성매매, 학교폭력 피해여성)	서울: 02-3400-1117 부산: 051-501-9117 대구: 053-556-9117 인천: 032-582-1170 광주: 062-225-3117 *각 시·도 설치

출처: 데이트공작소(hotline.or.kr/sogoodbye)

4) 이성교제의 종결

우리나라 대학생을 대상으로 이성교제 기간을 알아본 연구에서(서백임, 2017) 교제기간이 1년 미만인 경우가 65.4%로 나타나 최근의 이성교제 기간은 짧고 빠른 변화를 보여준다는 것을 알 수 있다(이희영 외, 2021 재인용). 이러한 이성교제의 종결은 종종 슬픔과 아픔을 동반하며, 특히 일방적인 헤어짐의 경우 충격이 더 크다.

이성교제 종결에는 호환성 부족, 의사소통 문제, 외부적인 요인, 감정의 변화 등 다양한 이유가 있다. 먼저, 이성교제를 하면서 목표나 가치, 관심사 등이 서로 간에 호환되지 않는다면, 초기의 관심이나 매력에도 불구하고 시간이 지나면서 이러한 호감이나 연결이 부족해지고 연애의 중단으로 이어질 수 있다. 둘째, 의사소통은 모든 종류의 관계에서 중요한데, 이성교제 시 파트너와 의사소통에 문제가 있거나 상대방의 요구나 욕망을 이해하는 데 어려움이 생긴다면, 이는 서로에게 분노를 일으켜 이성교제의 종결로 이어진다. 물론 물리적 거리, 부적절한 시기, 삶의 상황 등 다양한 외부 요인들로 인해 이성교제가 종결되기도 한다. 마지막으로 처음에 불타오르던 낭만적 감정이 사라지고 해결되지 않는 갈등이 반복되면 정서적으로 지치게 되며 이성교제가 종결된다. 물론 이외에도 신뢰감 부족 등 다양한 이유로 감정이 변화하게 되면 이성교제는 종결될 수 있다.

하지만 이성교제의 종결 역시 교제 과정의 정상적인 일부분임을 기억하는 것이 중요하다. 모든 이성교제가 장기적인 관계로 이어져 결혼으로 연결되는 것은 아니며, 건강하지 못한 관계이거나 시기가 적절하지 않다고 생각한다면 종결을 결정하는 것도 하나의 대안이 된다. 단, 이성교제의 종결이 발생했을 때 이를 존중하고, 개방적인 의사소통을 통해 서로의 상처를 최소화하고 건강한 관계를 유지하는 것이 더 중요하다.

참고문헌

고려대학교부설행동과학연구소(1999). **심리척도 핸드북**. 서울: 학지사.

곽금주(2010). **흔들리는 20대: 청년기 생애설계 심리학**. 서울: 서울대학교출판문화원.

김정옥, 박귀영, 유가효, 전귀연, 홍계옥(2012). **가족관계**. 파주: 양서원.

김혜미, 문혜진, 장혜림(2015). 성인기 자아존중감 변화와 영향요인에 대한 연구. **한국사회복지학, 67**(1), 83-107.

김혜수, 허혜경(2022). **포스트 코로나 시대의 청년 심리**. 서울: 학지사.

나은숙, 신서영(2022). 대학생의 입학만족도, 전공만족도, 자아존중감, 진로확신이 대학생활만족도에 미치는 영향-S 대학 사례를 중심으로. **안전문화연구, 19**, 45-62.

문선정, 가경환, 김은희(2019). 일부 농어촌지역 대학생의 이성교제 만족도 및 자아존중감에 관한 조사연구. **한국도서연구, 31**(4), 277-295.

박남숙(2005). 대학생의 자아정체감 수준이 이성교제 만족도에 미치는 영향. **한국심리학회지: 상담 및 심리치료, 17**(1), 197-215.

박아청(2003). **정체감 연구의 전망과 과제**. 서울: 학지사.

박현숙(2010). 청소년이 지각한 어머니의 양육태도가 자아존중감과 학교적응에 미치는 영향. 호서대학교 대학원 석사학위논문.

박효진, 변은경, 양현주(2019). 대학생의 자아존중감, 극복력, 대인관계유능성이 대학생활적응에 미치는 영향. **예술인문사회 융합 멀티미디어 논문지,** 9(12), 627–636.

서백임(2017). 대학생 남녀의 성인애착, 심리적 통제성, 성역할 태도가 데이트 폭력에 미치는 영향. 한국외국어대학교 교육대학원 석사학위논문.

유언규(2020). 한 · 중 대학생의 자아존중감, 사회성, 외국어학습신념이 영어말하기 학습전략에 미치는 영향. 전주대학교 일반대학원 박사학위논문.

유창민(2018). 이원적 자아존중감의 10년간의 변화과정 성인초기, 중년기, 노년기를 중심으로. **保健社會硏究,** 38(3), 7–44.

이문수, 박연복(2019). 대졸 초기 취업자의 직장만족도, 자아존중감의 변화 양상과 영향 요인 탐색. **학습자중심교과교육연구,** 19(19), 759–783.

이은정(2020). 후기청소년의 정서지능이 미래성공기대감에 미치는 영향 자아존중감과 부모–자녀 의사소통의 매개효과. 서울벤처대학원대학교 박사학위논문.

이희영, 최영미, 임희수, 김문정(2021). **대학생을 위한 예비부모교육 사랑, 결혼 그리고 부모됨.** 서울: 동문사.

전영주, 황경란, 송정숙, 이복숙, 염은선, 주국희, 배윤민, 김명화(2021). **뉴노멀 시대의 결혼과 가족.** 서울: 신정.

정옥분(2015). **청년심리학.** 서울: 학지사.

정유진(2017). 청소년의 이성교제 여부 변화와 관련 요인. **한국산학기술학회논문지,** 18(2), 660–671.

정혜원(2020). 데이트폭력의 현실. **KOSTAT 통계플러스,** 2020년 가을호, 28–39.

조성호, 변수정(2020). 미혼인구의 이성교제와 결혼의향에 영향을 미치는 요인에 대한 분석. **보건사회연구,** 40(4), 82–114.

최지웅, 이은설, 최병섭(2023). 청소년기 이성교제 경험의 영향에 대한 대학생의 주관적 인식. **한국청소년연구,** 34(1), 31–57.

한송이(2017). 대학생들의 자아존중감, 인성, 학교생활만족도 간의 구조적 관계 분석. **학습자중심교과교육연구,** 17(2), 453–469.

Birkeland, M. S., Melkevik, O., Holsen, I., & Wold, B. (2012). Trajectories of global self–esteem development during adolescence. *Journal of adolescence, 35*(1), 43–54.

Buhrmester, D., & Furman, W. (1987). The development of companionship and intimacy. *Child Development, 58*(4), 1101–1113.

Chung, J. M., Robins, R. W., Trzesniewski, K. H., Noftle, E. E., Roberts, B. W., & Widaman,

K. F. (2014). Continuity and change in self-esteem during emerging adulthood. *Journal of Personality and Social Psychology, 106*(3), 469–483.

Côté, J. E. (2009). Identity formation and self-development in adolescence. *Handbook of Adolescent Psychology, 1*(3), 266–304.

Crocetti, E., Rubini, M., Branje, S., Koot, H. M., & Meeus, W. (2016). Self-concept clarity in adolescents and parents: A six-wave longitudinal and multi-informant study on development and intergenerational transmission. *Journal of Personality, 84*(5), 580–593.

Iglesias, M. E. L., & de Bengoa Vallejo, R. B. (2012). Prevalence of bullying at work and its association with self-esteem scores in a Spanish nurse sample. *Contemporary Nurse, 42*(1), 2–10.

Erikson, E. H. (1950). *Childhood and society* (2nd ed.). New York, NY: Norton.

Erikson, E. H. (1960). Youth and the life-cycle. *Children, 7*(2), 43–49.

Erikson, E. H., & Erikson, J. M. (1982). *The life cycle completed.* NY: NortonWW Norton and Company.

Foshee, V. A., Reyes, L. M., Tharp, A. T., Chang, L. Y., Ennett, S. T., Simon, T. R., ... & Suchindran, C. (2015). Shared longitudinal predictors of physical peer and dating violence. *Journal of Adolescent Health, 56*(1), 106–112.

Furman, W., & Collibee, C. (2014). A matter of timing: Developmental theories of romantic involvement and psychosocial adjustment. *Development and Psychopathology, 26*(4 Pt 1), 1149–1160.

Furman, W., Collibee, C., Lantagne, A., & Golden, R. L. (2019). Making movies instead of taking snapshots: Studying change in youth's romantic relationships. *Child Development Perspectives, 13*(3), 135–140.

Furman, W., & Rose, A. J. (2015). Friendships, romantic relationships, and peer relationships. In. R. M. Lerner (Ed.), *Handbook of child psychology and developmental science* (pp. 1–43). Hoboken, NJ: John Wiley & Sons.

Giordano, P. C., Soto, D. A., Manning, W. D., & Longmore, M. A. (2010). The characteristics of romantic relationships associated with teen dating violence. *Social Science Research, 39*(6), 863–874.

Ha, T., Dishion, T. J., Overbeek, G., Burk, W. J., & Engels, R. C. (2014). The blues of adolescent romance: Observed affective interactions in adolescent romantic relationships associated with depressive symptoms. *Journal of Abnormal Child Psychology, 42*(4), 551–562.

Ha, T., Overbeek, G., & Engels, R. C. (2010). Effects of attractiveness and social status on dating desire in heterosexual adolescents: An experimental study. *Archives of Sexual Behavior, 39*(5), 1063–1071.

Harter, S. (2012). Emerging self-processes during childhood and adolescence. In. M. R. Leary & J. P. Tangney (Eds.), *Handbook of self and identity* (pp. 680–715). New York, NY: Guilford Press.

Herrman, J. W. (2009). There's a fine line... adolescent dating violence and prevention. *Pediatric Nursing, 35*(3), 164–170.

James, W. (1890). *Principle of pshychology.* New York: Holt.

Kansky, J., & Allen, J. P. (2018). Long-term risks and possible benefits associated with late adolescent romantic relationship quality. *Journal of Youth and Adolescence, 47*(7), 1531–1544.

Klimstra, T. A., Kuppens, P., Luyckx, K., Branje, S., Hale III, W. W., Oosterwegel, A., ... & Meeus, W. H. (2016). Daily dynamics of adolescent mood and identity. *Journal of Research on Adolescence, 26*(3), 459–473.

Kochendorfer, L. B., & Kerns, K. A. (2020). A meta-analysis of friendship qualities and romantic relationship outcomes in adolescence. *Journal of Research on Adolescence, 30*(1), 4–25.

Kroger, J. (2015). Identity development through adulthood: The move toward "wholeness". In K. C. McLean & M. Syed (Eds.), *The Oxford handbook of identity development* (pp. 65–80). Oxford, England: Oxford University Press.

Kuther, Tara L. (2021). *Adolescence in context.* California: SAGE Publications Inc.

Leadbeater, B. J., Banister, E. M., Ellis, W. E., & Yeung, R. (2008). Victimization and relational aggression in adolescent romantic relationships: The influence of parental and peer behaviors, and individual adjustment. *Journal of Youth and Adolescence, 37*(3), 359–372.

Lenhart, A. (2015, August 6). Social media and teen friendships. Pew Research Center. Retrieved from https://www.pewinternet.org/2015/08/06/chpater-4-social-media-and-friendships

Light, A. E., & Visser, P. S. (2013). The ins and outs of the self: Contrasting role exits and role entries as predictors of self-concept clarity. *Self and Identity, 12*(3), 291–306.

Little, K., & Welsh, D. (2018). Romantic experiences. In R. J. R. Levesque (Ed.), *Encyclopedia of adolescence* (99.3186–3194). Cham; Switzerland: Springer.

Lodi-Smith, J., Spain, S. M., Cologgi, K., & Roberts, B. W. (2017). Development of identity clarity and content in adulthood. *Journal of Personality and Social Psychology, 112*(5), 755-768.

Marcia, J. E. (1966). Development and validation of ego-identity status. *Journal of Personality and Social Psychology, 3*(5), 551-558.

Meeus, W. (2011). The study of adolescent identity formation 2000-2010: A review of longitudinal research. *Journal of Research on Adolescence, 21*(1), 75–94.

Morin, A. J., Maïano, C., Marsh, H. W., Nagengast, B., & Janosz, M. (2013). School life and adolescents' self-esteem trajectories. *Child Development, 84*(6), 1967–1988.

Niolon, P. H., Vivolo-Kantor, A. M., Latzman, N. E., Valle, L. A., Kuoh, H., Burton, T., ... & Tharp, A. T. (2015). Prevalence of teen dating violence and co-occurring risk factors among middle school youth in high-risk urban communities. *Journal of Adolescent Health, 56*(2), S5–S13.

Rizzo, C. J., Joppa, M., Barker, D., Collibee, C., Zlotnick, C., & Brown, L. K. (2018). Project Date SMART: A dating violence (DV) and sexual risk prevention program for adolescent girls with prior DV exposure. *Prevention Science, 19*(4), 416–426.

Rogers, A. A., Ha, T., Updegraff, K. A., & Iida, M. (2018). Adolescents' daily romantic experiences and negative mood: A dyadic, intensive longitudinal study. *Journal of Youth and Adolescence, 47*(7), 1517–1530.

Sippola, L. K., Buchanan, C. M., & Kehoe, S. (2007). Correlates of false self in adolescent romantic relationships. *Journal of Clinical Child and Adolescent Psychology, 36*(4), 515–521.

Spencer, M. B., Swanson, D. P., & Harpalani, V. (2015). Development of the self. In M. E. Lamb (Ed.), *Handbook of child psychology and developmental science* (pp.1–44). Hoboken, NJ: John Wiley & Sons.

Stevens, E. N., Lovejoy, M. C., & Pittman, L. D. (2014). Understanding the relationship between actual: Ideal discrepancies and depressive symptoms: A developmental examination.

Journal of Adolescence, 37(5), 612–621.

Tolan, P. H., & Larsen, R. (2014). Trajectories of life satisfaction during middle school: Relations to developmental-ecological microsystems and student functioning. *Journal of Research on Adolescence, 24*(3), 497–511.

U.S Department of Justice(2013). About the Office on Violence Against Women. https://www.justice.gov/file/29836/download 3 WHO clinical and policy guidelines, 2013

van de Bongardt, D., Yu, R., Deković, M., & Meeus, W. H. (2015). Romantic relationships and sexuality in adolescence and young adulthood: The role of parents, peers, and partners. *European Journal of Developmental Psychology, 12*(5), 497–515.

van Doeselaar, L., Becht, A. I., Klimstra, T. A., & Meeus, W. H. (2018). A Review and Integration of Three Key Components of Identity Development: Distinctiveness, Coherence, and Continuity. *European Psychologist, 23*(4), 278–288.

Van Dijk, M., Branje, S., Keijsers, L., Hawk, S. T., Hale, W. W., & Meeus, W. (2014). Self-concept clarity across adolescence: Longitudinal associations with open communication with parents and internalizing symptoms. *Journal of Youth and Adolescence, 43*(11), 1861–1876.

von Soest, T., Wichstrøm, L., & Kvalem, I. L. (2016). The development of global and domain-specific self-esteem from age 13 to 31. *Journal of Personality and Social Psychology, 110*(4), 592-608.

Wängqvist, M., Carlsson, J., van der Lee, M., & Frisén, A. (2016). Identity development and romantic relationships in the late twenties. *Identity, 16*(1), 24–44.

Zimmerman, M. A., Copeland, L. A., Shope, J. T., & Dielman, T. E. (1997). A longitudinal study of self-esteem: Implications for adolescent development. *Journal of youth and Adolescence, 26*(2), 117–141.

[사이트]

데이트공작소. http://hotline.or.kr/sogoodbye

이젠센터. https://www.egen.or.kr

Positive Psychology. https://positivepsychology.com

CHAPTER

02

사랑과 섹슈얼리티

CHAPTER

02 사랑과 섹슈얼리티

사랑은 상대에 대한 애착, 애정, 연민 그리고 친절을 모두 포함하는 개념이다. 사랑한다는 것은 마음을 열고 서로의 생각과 감정을 공유하고, 감사를 표현하며, 혼자하기보다는 기꺼이 상대방에게 도움을 요청하는 것을 말한다. 사랑은 친밀한 행동과 정서적 유대로 사람들을 연결해 주고 이는 종종 성적 행위로 이어지고 결혼으로 발전한다. 성적인 연결은 낭만적인 연인들의 관계에서 매우 중요한 측면으로 성행위는 친밀감을 높이고 기분을 좋게 하며 자존감을 높이기도 한다. 많은 사람들은 이러한 과정들이 별 노력 없이도 저절로 잘 되어갈 것이라 착각한다. 엄청난 희망과 기대로 시작했지만 사랑만큼 자주 실패하는 활동이나 사업은 없다. 따라서 우리는 성공적인 사랑과 인간관계를 이해하기 위해 사랑과 섹슈얼리티(sexuality)에 대해 배우고 그 역동성을 바르게 이해할 필요가 있다. 이에 본 장에서는 사랑 및 섹슈얼리티의 본질과 오류, 건강하고 성공적인 사랑과 성행동을 위한 방안 등을 살펴보고자 한다.

1. 사랑의 의미

사랑은 무엇인가? 인류학에서부터 신경과학에 이르기까지 수많은 학자들이 이 질문에 답하기 위하여 오랫동안 노력해왔지만 사랑을 단일차원으로 정의하기는 어렵다. 사랑에 대한 정의가 어려운 이유는 '사랑'이라는 용어가 사람마다 문화마다 다른 것을 의미할 수 있기 때문이다. 사랑의 이러한 특성으로 인해 학자들은 다양한 방식과 차원으로 사랑을 정의하고 있다.

1) 사랑의 생리학적 특성

사랑은 무엇인가를 밝히기 위한 노력의 일환으로 Helen Fisher 교수는 사랑의 생리학적 특성을 주장하였다. Fisher(1998, 2000)에 의하면 인간은 짝짓기, 번식, 육아를 위해 뇌에서 성욕, 끌림, 애착이라는 세 가지 기본적인 감정-동기 체계를 진화시켜왔다고 한다. 각 체계는 각각 특징적인 호르몬과 관계가 있다.

(1) 성욕

성욕(lust)은 성적 만족에 대한 갈망으로 이것의 진화적 기제는 번식이다. 유기체는 번식을 통해 자신의 유전자를 후세에 전달하고 종의 영속화에 기여한다. 성욕은 에스트로겐 및 테스토스테론과 관계가 있는데, 뇌의 시상하부는 고환과 난소에서 성호르몬인 테스토스테론과 에스트로겐을 분비하도록 자극한다. 이 두 호르몬은 남성과 여성 호르몬으로 각각 분류되지만 남성과 여성 모두에게서 분비된다.

테스토스테론은 남성뿐 아니라 여성의 성욕과도 관계가 있다. 테스토스테론이 부족하면 남녀 모두 일상적인 성욕과 성적 흥분 및 활력 감소, 성기관의 감각 둔화로 오르가즘을 느낄 수 있는 능력과 강도가 줄어든다. 반면, 성욕에 미치는 에스트로겐의 역할은 테스토스테론보다는 덜 명확하지만 에스트로겐이 성적 절정에서 방출되는 옥시토신의 기능을 촉진하고, 에스트로겐 수치가 높은 배란기 동안 여성이 성적으로 더 흥분된다는 점에서 성욕과 관계가 있다고 여겨진다.

(2) 끌림

끌림(attraction) 체계는 상대에게 빠져들어 그 사람 생각이 머릿속을 떠나지 않는 '침습적 사고(intrusive thought)'가 주 특징으로 끌림의 진화기제는 적절한 대상을 선택하여 그 사람에게 관심을 집중함으로써 에너지를 절약하는 것이다. 끌림은 주로 뇌의 '보상'회로와 관계가 있는데, 이 보상회로에는 해마, 편도체, 전두엽 피질이 포함되며 이 영역들은 모두 식욕, 성교, 도박, 약물중독과 같은 쾌락 유발 행동에 자극을 받는다.

끌림 단계에서 가장 중요한 호르몬은 시상하부에서 생성되는 도파민으로 도파민은 끌리는 사람과 시간을 보내거나 성관계를 가질 때 분비된다. 사랑에 빠지는 느낌이 코카인이나 암페타민과 같은 마약을 복용했을 때와 유사한 황홀감을 경험하는 것은 이러한 마약들이 도파민 분비를 유도하기 때문이다. 도파민은 또한 주의와 집중에도 관여하는데, 이 때문에 그 사람 생각이 뇌리에서 떠나지 않는다.

끌림 단계에서 방출되는 또 다른 호르몬은 노르에피네프린이다. 노르에피네프린은 우리가 주변을 경계하게 하여 투쟁 또는 도피반응을 일으키게 한다. 사랑에 빠지는 것과 관련된 불안과 스트레스는 신체의 자연스러운 도피 또는 투쟁 반응과 관계가 있다. 도파민과 노르에피네프린의 결합으로 우리는 활기차고 행복감이 넘치며 심지어 잠도 못자고 밥도 못 먹을 정도로 누군가에게 끌리게 된다.

끌림은 또한 세로토닌과도 관계가 있는데 세로토닌은 식욕, 기분, 기억, 소화, 성욕의 조절을 돕는 호르몬이다. 사랑에 빠지면 우리 몸에서는 위기나 스트레스가 많은 상황에 대처하기 위해 코르티솔 수치가 증가한다. 따라서 세로토닌 수치는 감소한다. 강박장애가 있는 사람들도 세로토닌 수치가 낮기 때문에 과학자들은 사랑의 초기 단계에 나타나는 압도적인 도취가 세로토닌과 관련된 것으로 본다.

(3) 애착

애착(attachment) 체계는 동반자적 사랑에서 느껴지는 평온, 안정, 편안함, 정서적 결합이 특징이다. 애착의 진화적 기초는 여성과 남성이 오랫동안 애정 결속을 유지하여 자녀가 자랄 때까지 양육 의무를 다하도록 하는 것이다. 두 사람 사이에 애착이 견고해지도록 도와주는 호르몬은 옥시토신과 바소프레신이다. 뇌의 시상하부에서 생성되는 옥시토신은 '포옹 호르몬(cuddle hormone)'이라고도 한다. 옥시토신은 성관계, 모유 수유, 출산 중에 다량 분비되는데, 상대를 껴안고 싶은 욕구를 불러일으키고 상대에게 깊은 유대감을 갖도록 해준다. 바소프레신은 성관계 직후 다량 분비된다. 바소프레신은 상대를 지켜주고자 하는 마음이 들게 하고 자기 영역에 강한 애착을 갖게 하므로 일부일처제나 장기적인 결합에 기여한다고 알려져 있다.

이 세 가지 감정 동기 체계는 서로 협력하여 기능하지만 서로 독립적으로 작용하기도 한다. 어떤 사람에게 애착을 갖지만 다른 사람에게 성욕을 느껴

성교를 맺기도 하고 성적 접촉이 없이 누군가를 사랑하기도 한다. 한 예로 여성에게 테스토스테론을 투여한 결과 성적 욕망, 성적 흥분의 강도 그리고 성적 환상의 빈도는 증가하였지만 대상에 대한 낭만적인 열정이나 애착은 증가하지 않았다(Sherwin et al., 1985).

성욕, 끌림, 애착 체계는 성별에 따라 차이가 있다(Fisher et al., 2002). 남성의 성욕은 시각적인 것에 자극을 많이 받기 때문에 남성은 음란물을 더 자주 본다. 반면, 여성은 이야기나 영화에 나오는 낭만적인 단어, 이미지, 주제에 의해 성적으로 더 흥분된다. 또한 남성의 성욕은 일정한 반면, 여성의 성욕은 간헐적이지만 더 강렬할 수 있다. 남성의 성욕은 성교에 초점을 맞추지만 여성의 성욕은 다양한 자극을 내포하고 있다. 성별 차이는 끌림에서도 볼 수 있다. 남녀 모두 신뢰할 수 있고, 성숙하고, 친절하며, 건강하고, 영리하고, 학벌이 좋고, 사교적이며, 가정적인 상대에게 끌린다. 그러나 배우자가 될 사람을 선택할 때 남성은 여성의 외모, 특히 젊음과 아름다움에 끌리는 반면, 여성은 경제력, 학벌/지위를 가진 남성에게 더 끌린다. 남성과 여성은 애착 감정을 유발하는 요인에서도 차이를 보인다. 예를 들어, 남성은 정서적으로 가깝다는 것을 나란히 앉아 함께 어떤 것을 하는 것이라고 정의하는 반면, 여성은 정서적으로 친밀하다는 것을 얼굴을 맞대고 이야기하는 것으로 보았다.

2) 사랑의 유형

사랑을 개념화한 대표적인 이론은 캐나다의 사회학자인 Lee(1974)의 사랑의 유형이론이다. Lee는 다양한 사랑의 유형을 색에 비유하여 사랑의 방식에서 나타나는 개인차를 연구하였다. 무지개의 모든 색이 빨강, 노랑, 파랑의 삼원색에서 비롯되듯이 사랑에도 에로스, 루두스, 스토르게 세 가지 기본 유형이 있고 이러한 기본 유형이 혼합되어 새로운 유형인 마니아, 프래그마, 아가페와 같은 사랑의 2차색이 나타난다는 것이다. 또한 색에 순위가 없듯이 사랑 유형에도 순위가 없으며 단지 선호의 차이가 있을 뿐이라 하였다.

(1) 에로스: 낭만적 사랑

에로스(eros)는 '사랑'을 의미하는 그리스 단어 'Air-ohs'에서 기원한 것으로 낭만적 사랑을 의미한다. 에로스적 사랑은 첫눈에 반한 사랑으로 진행 속도가 빠르며 감정이 강렬하다. 이 유형의 사랑을 하는 사람은 지속적으로 성적인 감정이나 욕망, 성적 친밀감을 갈구하고, 배타적 관계를 원한다. 이들은 특히 신체적 접촉을 통해 상대를 즐겁게 해주는 것을 중요하게 여기므로 이 욕구에 부응하지 못하면 관계를 끝내는 경향이 있다. 에로스적 사랑을 하는 사람은 빨리 상대에 관해 알고 싶어하므로 긍정적인 측면만 보고 상대의 실체를 왜곡하기 쉽다.

(2) 스토르게: 동료적 사랑

스토르게(storge)는 고대 그리스어 'storgay'에서 유래하였으며 애정 어린 동료적 사랑을 의미한다. 스토르게는 첫눈에 반한 사랑이 아니라 시간이 지날수록 서로에 대한 헌신, 존중, 우정이 서서히 사랑으로 무르익는 유형이다. 이 유형의 사랑을 하는 커플들은 오랜 친구나 형제자매관계에서와 같이 오랜 친숙함을 기반으로 상호협조적이고 서로 보완적인 관계를 유지하며 상대에 집착하지 않는다. 스토르게식 사랑은 특히 서로 인내하고 협조하며 오랜 기간 행복한 결혼생활을 유지하는 부부에게서 많이 볼 수 있다.

(3) 루두스: 유희적 사랑

루두스(ludus)는 놀이나 게임을 의미하는 라틴어 'lewdus'에서 유래하였으며 사랑을 심심풀이 놀이나 재미로 삼는 유형이다. 이 유형은 한 사람과 진지한 관계를 추구하기보다는 여러 명의 성적 파트너와 즐기는 것을 선호하므로 상대에게 장기적인 애착을 갖지도 않고 상대방이 자신에게 몰입하는 것도 부담스러워 한다. 루두스식 사랑을 하는 사람은 상대방의 욕구에는 관심이 없으며 성적인 관계를 맺는 것은 오직 자신의 재미와 만족을 위한 것이다. 따라서 사랑을 나눈다 해도 결혼으로 발전하기는 어렵다.

(4) 마니아: 중독된 사랑

마니아(mania)는 거칠고 폭력적인 정신장애, 강박 또는 광기를 나타내는 그리스어 'mania'에서 유래하였다. 마니아는 에로스와 루두스가 혼합된 사랑의 2차색으로 중독된 사랑을 의미한다. 이 유형의 사랑을 하는 사람은 상대를 독점하고자 하므로 상대에 대한 집착과 의존이 강하고 끊임없이 자신의 사랑을 확인받고 싶어한다. 마니아도 강한 성적 욕구와 정서적 강렬함을 수반하지만, 상대에 대한 감정이 변덕스럽고 강한 질투심을 동반하고 있다는 점이 에로스와 차이점이다. 마니아는 Lee의 여섯 가지 사랑 유형 중 사랑의 정의와 가장 거리가 먼 유형으로 볼 수 있다.

(5) 프래그마: 논리적 사랑

프래그마(pragma)는 실용주의를 뜻하는 그리스어 'PRAG-mah'에 기원하고 있다. 프래그마는 루두스와 스토르게가 혼합된 사랑의 2차색으로 논리적이고 실용적인 사랑을 의미한다. 프래그마식 사랑을 하는 사람은 인간관계에서 실용적인 요소를 강조하므로 상대방의 가치관, 흥미, 배경, 자산 등을 평가하여 자신에게 어울릴만한 상대를 찾는다. 이들은 상대방의 교환 가치를 발견할 때까지는 사랑하거나 헌신하지 않는다. 중매결혼은 프래그마의 전형적인 형태로 볼 수 있다.

(6) 아가페: 이타적 사랑

그리스어로 '사랑의 잔치(love feast)'를 뜻하는 아가페(agape)는 에로스와 스토르게가 혼합되어 나타나는 사랑의 2차색으로 이타적 사랑 또는 연민적 사랑을 의미한다. 아가페식 사랑을 하는 사람은 사랑하는 그 자체에 만족하므로 다른 보상이나 요구를 하지 않고, 상대의 행복이나 성장을 위해서라면 기꺼이 자신을 희생한다. 이들은 상대가 자신보다 다른 사람과 더 행복할 수 있다고 생각되면 자신의 모든 것을 단념할 수 있다. 조건 없이 사랑을 베푸는 신의 인간에 대한 사랑이나 부모의 자녀에 대한 사랑이 아가페 사랑의 예이다.

사랑의 유형은 성격특질(personality trait), 결혼관, 성행동, 결혼만족도 등과 관련이 있는 것으로 나타났다. 청소년들의 마니아는 적대성, 정신병적 경향성, 애착상실, 부정적 정서성, 탈억제의 병리적 성격 특질 모두와 정적 상관이 있었지만, 프래그마는 이 모두와 관계가 없었다(Jonason et al., 2020). 결혼에 대해 긍정적으로 인식하는 대학생일수록 에로스와 프래그마가 높았고 결혼에 대해 보수적인 가치관을 갖는 경향이 높을수록 루두스가 높았다(오유미, 2019). 또한, 사랑에 빠진 대학생들은 그렇지 않은 대학생에 비해 성행동에 대해 덜 관대하고 덜 도구적인 경향을 보였는데, 이들은 에로스와 아가페는 더 높고 루두스는 더 낮았다(Hendrick & Hendrick, 2019). 더불어 기혼 부부를 대상으로 한 연구에서 결혼생활 만족도에 지속적으로 중요한 요인은 에로스인 것으로 나타났다(박성애, 하정, 2013).

▼ 표 2-1 애정형 척도 검사

애정형 척도 검사

문항	그렇다	아니다
1. 나는 '첫눈에 반한다'는 것이 가능하다고 생각한다.		
2. 나는 한참 지난 다음에야 비로소 내가 사랑하고 있음을 알았다.		
3. 우리들 사이의 일이 잘 풀리지 않으면 나는 소화가 잘 되지 않는다.		
4. 현실적인 관점에서, 나는 사랑을 고백하기 전에 먼저 나의 장래목표부터 생각해 보지 않으면 안 된다.		
5. 먼저 좋아하는 마음이 얼마 동안 있은 다음에 비로소 사랑이 생기게 되는 것이 원칙이다.		
6. 애인에게 나의 태도를 다소 불확실하게 해두는 것이 언제나 좋다.		
7. 우리가 처음 키스하거나 볼을 비볐을 때, 나는 성기에 뚜렷한 반응(발기, 축축함)이 오는 것을 느꼈다.		
8. 전에 연애 상대였던 사람들 거의 모두와 나는 지금도 좋은 친구관계를 유지하고 있다.		
9. 애인을 결정하기 전에 인생설계부터 잘 해두는 것이 좋다.		
10. 나는 연애에 실패한 후 너무나 우울해져 자살까지도 생각해 본 적이 있다.		
11. 나는 사랑에 빠지면 너무 흥분되어 잠을 이루지 못하는 때가 있다.		
12. 애인이 어려운 처지에 빠지면 설사 그가 바보처럼 행동한다 하더라도 힘껏 도와주려고 노력한다.		
13. 애인을 고통받게 하기보다는 차라리 내가 고통받겠다.		
14. 연애하는 재미란 두 사람 간의 관계를 발전시키면서 동시에 내가 원하는 것을 거기서 얻어내는 재주를 시험해 보는 데 있다.		
15. 사랑하는 애인이라면 나에 관하여 다소 모르는 것이 있다 하더라도 그것 때문에 그렇게 속상해 하지는 않을 것이다.		
16. 비슷한 배경을 가진 사람끼리 사랑하는 것이 가장 좋다.		
17. 우리는 만나자 마자 서로가 좋아서 키스를 했다.		
18. 애인이 나에게 관심을 보이지 않으면 나는 온몸이 쑤시고 아프다.		
19. 나의 애인이 행복하지 않으면 나도 결코 행복해질 수 없다.		
20. 제일 먼저 나의 관심을 끄는 것은 대개 그 사람의 외모이다.		
21. 최상의 사랑은 오랜 기간의 우정으로부터 싹튼다.		

22. 나는 사랑에 빠지면 다른 일에는 도무지 집중하기 힘들다.		
23. 그의 손을 처음 잡았을 때 나는 사랑의 가능성을 감지했다.		
24. 나는 어느 사람과 헤어지고 나면 그의 좋은 점을 발견하려고 애를 쓴다.		
25. 나의 애인이 다른 사람하고 같이 있는 것 같은 생각이 들면 도저히 견딜 수 없다.		
26. 나의 애인 두 사람이 서로 알지 못하도록 교묘하게 재주부린 적이 적어도 한 번은 있었다.		
27. 나는 매우 쉽고 빠르게 사랑했던 관계를 잊어버릴 수 있다.		
28. 애인을 결정하는 데 한 가지 가장 고려해야 할 점은 그가 우리 가정을 어떻게 생각하는가 하는 것이다.		
29. 사랑에서 가장 좋은 것은 둘이 함께 살며, 함께 가정을 꾸미고 함께 아이들을 키우는 일이다.		
30. 애인이 원하는 것을 위해서라면 나는 기꺼이 내가 원하는 것을 희생시킬 수 있다.		
31. 배우자를 결정하는 데 있어서 가장 먼저 고려해야 할 점은 그가 좋은 부모가 될 수 있겠는가 여부이다.		
32. 키스나 포옹이나 성관계는 서둘러서는 안 된다. 그것들은 서로 충분히 친밀해지면 자연스럽게 이루어지는 것이다.		
33. 나는 매력적인 사람들과 바람피우는 것을 좋아한다.		
34. 나와 다른 사람들과 사이에 있었던 일을 애인이 알게 된다면 매우 속상해 할 것이다.		
35. 나는 연애를 시작하기 전부터 나의 애인이 될 사람의 모습을 분명히 정해 놓고 있었다.		
36. 만일 나의 애인이 다른 사람의 아기를 갖고 있다면, 나는 그 아기를 내 자식처럼 키우고 사랑하며 보살펴 줄 것이다.		
37. 우리가 언제부터 서로 사랑하게 되었는지 정확히 알 수 없다.		
38. 나는 결혼하고 싶지 않은 사람하고는 진정한 사랑을 할 수 없을 것 같다.		
39. 나는 질투 같은 것은 하고 싶지 않지만, 나의 애인이 다른 사람에게 관심을 가진다면 참을 수 없을 것 같다.		
40. 내가 애인에게 방해물이 된다면, 차라리 나는 포기하겠다.		
41. 나는 애인의 것과 똑같은 옷, 모자, 자전거, 자동차 등을 갖고 싶다.		
42. 나는 연애하고 싶지 않은 사람하고는 데이트도 하고 싶지 않다.		
43. 우리들의 사랑은 이미 끝났다고 생각될 때도, 그를 다시 보면 옛날 감정이 되살아나는 때가 적어도 한번쯤은 있었다.		

44. 내가 가지고 있는 것은 무엇이든지 나의 애인이 마음대로 써도 좋다.		
45. 애인이 잠시라도 나에게 무관심해지면, 나는 그의 관심을 끌기 위하여 때로는 정말 바보 같은 짓도 할 때가 있다.		
46. 깊이 사귀고 싶지는 않아도, 어떤 상대가 나의 데이트 신청에 응하는지를 시험해 보는 것도 재미있는 일이다.		
47. 상대를 택할 때 고려해야 할 한 가지 중요한 점은 그가 자신의 직업을 어떻게 생각하는가 하는 것이다.		
48. 애인과 만나거나 전화한 지 한참 되었는데도 아무 소식이 없다면, 그에게 그럴 만한 이유가 있기 때문일 것이다.		
49. 나는 누구와 깊게 사귀기 전에 우리가 아기를 가지게 될 경우 그쪽의 유전적 배경이 우리와 잘 맞는지부터 먼저 생각해 본다.		
50. 가장 좋은 연애관계란 가장 오래 지속되는 관계이다.		

■ **채점**

각 척도별로 '그렇다'로 응답한 문항수의 백분율을 계산하여 값이 가장 높은 척도가 자신의 애정형을 나타낸다. (예) 스토르게 척도에서 6문항을 '그렇다'로 응답했다면 스토르게 척도는 총 8문항이므로 백분율 값은 6/8=75%이다.

스토르게형	아가페형	프래그마형	마니아형	에로스형	루두스형
2	12	4	3	1	6
5	13	9	10	7	14
8	19	16	11	17	15
21	24	28	18	20	26
29	30	31	22	23	27
32	36	38	25	33	34
37	40	42	39	35	46
50	44	47	43	41	·
·	48	49	45	·	·
합계:	합계:	합계:	합계:	합계:	합계:

출처: 김중술(2007). 사랑의 의미.

3) 사랑의 이론

(1) Sternberg의 사랑의 삼각형이론

Sternberg(1986)는 삼각형의 꼭지점을 이루는 세 가지 구성요소, 즉 친밀감, 열정, 결심/약속의 관점에서 사랑을 이해할 수 있다고 주장한다. 이 세 구성요소는 각각 사랑의 다른 측면을 나타내며 친밀감(intimacy)은 정서적 요소, 열정(passion)은 동기적 요소, 결심/약속(decision/commitment)은 인지적 요소를 대표한다. 친밀감은 사랑하는 관계에서 느끼는 따뜻한 경험으로 사랑하는 사람과 가깝게 연결되어 있다는 느낌이나 결합되어 있다는 특별한 감정의 체험을 포함한다. 열정은 서로에게 느끼는 낭만적 감정과 욕구, 신체적 매력을 말하며 성적 충동과 성적 극치감을 포함한다. 결심/약속은 단기적으로는 상대방을 사랑하겠다는 결심을 의미하고 장기적으로는 그 사랑을 유지하겠다는 약속을 의미한다.

사랑의 세 가지 구성요소는 사랑이 성장하고 변화함에 따라 서로 다른 시기에 다른 속도로 발달한다. 즉, 친밀감은 관계가 지속되면서 꾸준히 증가하다 어느 순간 한계점에 도달하는 반면, 열정은 사랑의 초기에 가장 큰 요소로 작용하다 시간이 지나면서 가장 먼저 사라진다. 결심/약속은 가장 늦게 발달하는 요소로 시간이 지나면서 오히려 더욱 깊어지고 증가한다. 이 세 가지 구성 요소는 모두 사랑하는 관계의 중요한 부분이지만 그 중요성은 관계마다 다를 수 있고 주어진 관계 내에서도 시간이 지남에 따라 변화할 수 있다.

Sternberg는 사랑의 이 세 가지 요소를 조합하여 여덟 가지 유형의 사랑을 제시하였다. 사랑이 아닌 것(nonlove)은 사랑의 세 가지 요소가 모두 없을 때를 말하며, 좋아함(liking)은 열정과 결심/약속 없이 사랑의 친밀감만 있는 것을 말한다. 도취된 사랑(infatuated love)은 친밀감과 결심/약속의 요소는 없고 열정만 있을 때, 공허한 사랑(empty love)은 친밀감과 열정이 없는 상태에서 다른 사람을 사랑할 것을 결심하고 그 사랑을 지키겠다고 약속하는 유형이다. 그리고 낭만적인 사랑(romantic love)은 친밀감과 열정의 조합, 동반자적 사랑(companionate love)은 친밀감과 결심/약속의 조합, 얼빠진 사랑(fatuous love)은 열정과 결심/약속 요소가 결합된 결과로 생겨난다. 마지막으로 완전한 사랑(consummate or complete love)은 사랑의 세 가지 요소가 모두 결합된 유형이다.

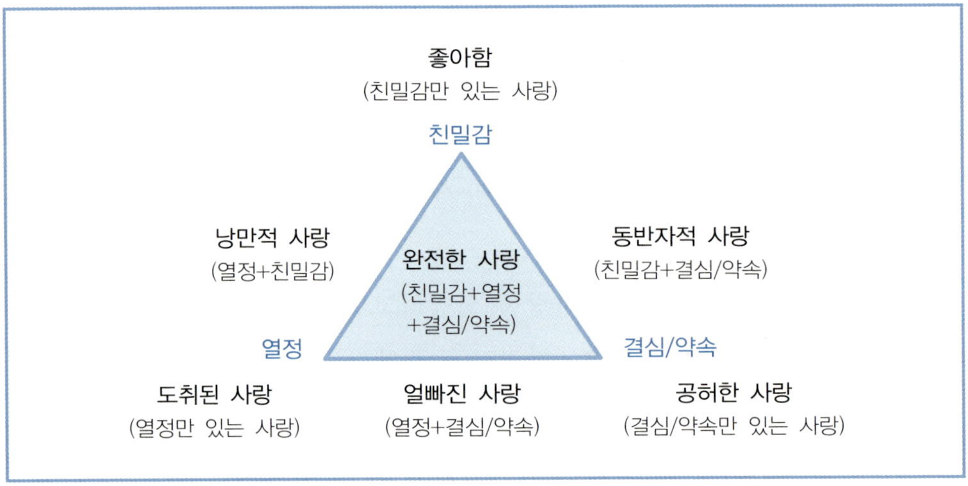

▲ 그림 2-1 사랑의 삼각형이론

출처: Jhangiani & Tarry (2022). Principles of social psychology.

'사랑의 삼각형'은 사랑의 양과 균형의 두 요소에 따라 달라진다. 사랑의 양이 많을수록 삼각형의 크기가 커지며, 세 요소의 균형의 차이는 삼각형의 모양으로 표현된다. 예를 들어, 세 가지 요소가 같은 비율로 균형을 이룰 때는 정삼각형으로 표현된다. Sternberg(1986)는 한 개인의 사랑이 한 가지가 아니라 다양한 형태를 취할 수 있다고 하였다. 즉, 자신의 실제 삼각형과 이상적인 삼각형이 다를 수 있고, 어느 한 사람에 대한 삼각형과 다른 대상에 대한 삼각형이 다를 수 있으며, 감정의 삼각형과 행동의 삼각형이 다를 수 있다. 다음 [그림 2-2]를 통해 실제 삼각형과 이상적인 삼각형을 비교해 볼 수 있다. Sternberg(1986)에 의하면 실제 삼각형과 이상적인 삼각형 사이의 겹치는 영역은 만족도와 관계가 있지만 두 삼각형에서 중첩되지 않는 영역은 관계 불만족과 관련이 있다고 한다.

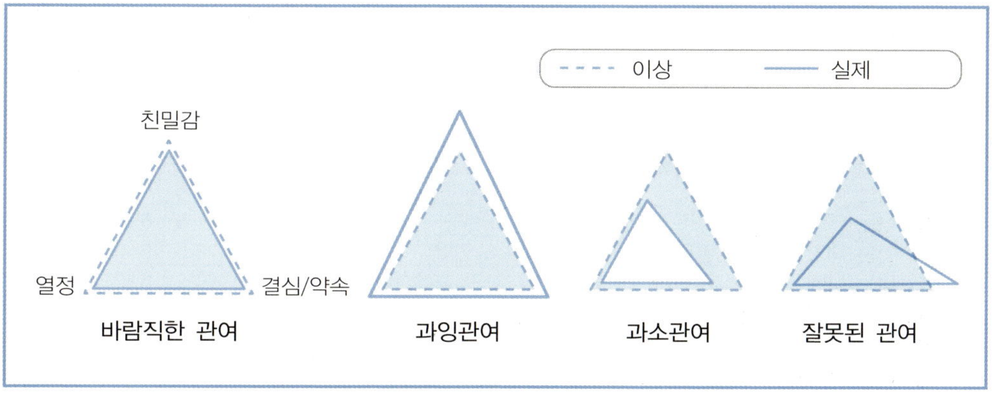

▲ 그림 2-2 사랑에서의 이상과 실제의 차이

출처: Sternberg (1986). A triangular theory of love.

▼ **표 2-2 사랑의 삼각형 척도**

사랑의 삼각형 척도

다음 각 문장의 OO에 당신이 사랑하거나 매우 좋아하는 분(예, 배우자, 교제 파트너)을 대입한 후, 그(녀)에 대한 당신의 느낌이나 생각을 가장 잘 나타내는 번호를 1(전혀 그렇지 않다) ~ 9(전적으로 그렇다) 중 하나를 골라 O 표해주십시오.

1. 나는 OO의 행복을 위해 적극적으로 지원한다.	1	2	3	4	5	6	7	8	9
2. 나는 OO와 친한 관계이다.	1	2	3	4	5	6	7	8	9
3. 내가 힘들 때 OO에게 의지할 수 있다.	1	2	3	4	5	6	7	8	9
4. OO가 힘들 때 나에게 의지할 수 있다.	1	2	3	4	5	6	7	8	9
5. 나는 나 자신과 내가 소유한 모든 것을 OO와 공유할 수 있다.	1	2	3	4	5	6	7	8	9
6. 나는 OO로부터 정서적으로 상당한 지지를 받고 있다.	1	2	3	4	5	6	7	8	9
7. 나는 OO에게 정서적으로 상당한 지지를 주고 있다.	1	2	3	4	5	6	7	8	9
8. 나는 OO와 말이 잘 통한다.	1	2	3	4	5	6	7	8	9
9. 나는 내 인생에서 OO를 매우 중요하게 생각한다.	1	2	3	4	5	6	7	8	9
10. 나는 OO에게 친근함을 느낀다.	1	2	3	4	5	6	7	8	9
11. 나는 OO와 편안한 관계를 맺고 있다.	1	2	3	4	5	6	7	8	9
12. 나는 내가 OO를 정말로 이해하고 있다고 느낀다.	1	2	3	4	5	6	7	8	9
13. 나는 OO가 나를 정말로 이해하고 있다고 느낀다.	1	2	3	4	5	6	7	8	9
14. 나는 내가 OO를 정말로 신뢰할 수 있다고 느낀다.	1	2	3	4	5	6	7	8	9
15. 나는 나에 관한 지극히 개인적인 정보도 OO와 공유한다.	1	2	3	4	5	6	7	8	9
16. 나는 OO를 바라보기만 해도 흥분이 된다.	1	2	3	4	5	6	7	8	9
17. 하루에도 여러 번 OO 생각을 하는 나 자신을 발견한다.	1	2	3	4	5	6	7	8	9
18. 나와 OO와의 관계는 매우 로맨틱(낭만적)하다.	1	2	3	4	5	6	7	8	9
19. 나는 개인적으로 OO가 매력적이라고 생각된다.	1	2	3	4	5	6	7	8	9
20. 나는 OO를 이상화하고 있다.	1	2	3	4	5	6	7	8	9
21. OO만큼 나를 행복하게 해주는 사람은 상상할 수 없다.	1	2	3	4	5	6	7	8	9
22. 나는 그 누구보다도 OO와 함께 하고 싶다.	1	2	3	4	5	6	7	8	9
23. 나에게 OO와의 관계보다 더 중요한 것은 없다.	1	2	3	4	5	6	7	8	9
24. 나는 OO와 신체 접촉(스킨십)하는 것을 특히 좋아한다.	1	2	3	4	5	6	7	8	9
25. 나와 OO와의 관계에는 거의 "마법"과 같은 그 무엇이 있다.	1	2	3	4	5	6	7	8	9
26. 나는 OO를 너무 좋아한다.	1	2	3	4	5	6	7	8	9
27. 나는 OO없는 인생을 상상할 수 없다.	1	2	3	4	5	6	7	8	9
28. 나와 OO의 관계는 뜨겁고 열정이 넘친다.	1	2	3	4	5	6	7	8	9
29. 나는 로맨틱한 영화나 소설을 볼 때면 OO 생각이 난다.	1	2	3	4	5	6	7	8	9
30. 나는 OO에 대한 상상에 잠기곤 한다.	1	2	3	4	5	6	7	8	9
31. 나는 내가 OO에게 관심을 갖고 마음 쓰고 있다는 것을 안다.	1	2	3	4	5	6	7	8	9
32. 나는 OO와 관계를 지속하는데 전심전력을 다하고 있다.	1	2	3	4	5	6	7	8	9
33. 나는 OO에게 헌신하기 때문에 다른 사람이 우리 사이에 끼어 드는 것을 허용할 수 없다.	1	2	3	4	5	6	7	8	9

34. 나는 OO와 오래도록 안정된 관계를 유지할 자신이 있다.	1	2	3	4	5	6	7	8	9
35. 내가 OO에게 헌신하는데 있어서 어떠한 방해도 용납할 수 없다.	1	2	3	4	5	6	7	8	9
36. 나의 여생 동안 OO에 대한 나의 사랑은 지속될 것이라 예상한다.	1	2	3	4	5	6	7	8	9
37. 나는 OO에게 늘 강한 책임감을 가지고 있다.	1	2	3	4	5	6	7	8	9
38. OO에 대한 나의 헌신은 확고하다고 생각한다.	1	2	3	4	5	6	7	8	9
39. 나는 OO와의 관계가 끝난다는 것을 상상할 수 없다.	1	2	3	4	5	6	7	8	9
40. OO에 대한 나의 사랑을 확신한다.	1	2	3	4	5	6	7	8	9
41. 나는 OO와의 관계가 영원할 것이라고 생각한다.	1	2	3	4	5	6	7	8	9
42. 나는 OO와의 관계를 잘한 결정이라고 생각한다.	1	2	3	4	5	6	7	8	9
43. 나는 OO에 대하여 책임감을 느낀다.	1	2	3	4	5	6	7	8	9
44. 나는 계속해서 OO와 관계를 유지할 계획이다.	1	2	3	4	5	6	7	8	9
45. 나는 OO를 다루기 힘들 때조차도 우리 관계에 헌신한다.	1	2	3	4	5	6	7	8	9

출처: Sorokowski et al. (2021). Universality of the triangular theory of love: Adaptation and psychometric properties of the Triangular Love Scale in 25 countries.

■ 채점

- 1번에서 15번까지의 점수를 합산한 것이 당신의 친밀감 점수이다.
- 16번에서 30번까지의 점수를 합산한 것이 당신의 열정 점수이다.
- 31번에서 45번까지의 점수를 합산한 것이 당신의 결심/약속 점수이다.

※ 세 구성요소의 점수를 세 변 길이로 하여 삼각형을 그려본 후 삼각형이 어떤 모양을 하고 있는지, 어떤 구성요소가 가장 크고 가장 작은지, 이것이 당신의 사랑에 대해 무엇을 의미하는지 생각해 보자. 또한 자신의 삼각형과 상대의 삼각형을 비교해 볼 수도 있다.

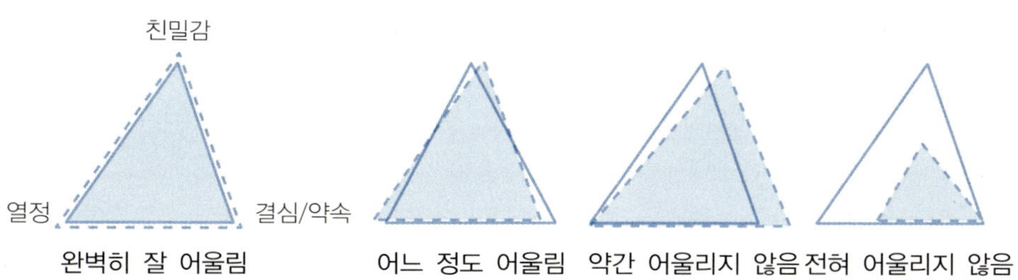

▲ 그림 2-3 나의 삼각형과 상대방의 삼각형 비교

출처: Sternberg (1986). A triangular theory of love.

읽을거리

첫눈에 반하는 데 걸리는 시간은 8.2초

이성에게 첫눈(first sight)에 반한다는 말이 있다. 첫눈에 반하는 일은 남성이 많을까, 여성이 많을까? 이 질문에 남성의 50퍼센트 이상은 첫눈에 반한 경험이 있고, 여성은 10퍼센트 정도가 첫눈에 반한 경험이 있다고 한다. 남성은 세 번 만나면 사랑에 빠져들기에 충분하고, 여성은 최소 여섯 번은 만나야 사랑을 확신할 수 있다고 한다.

진화론적인 입장에서 남성은 본능적으로 가능한 많은 자손을 남기려고 한다. 다시 말해서 양(量)을 추구한다. 남성은 그냥 첫눈에 반하고 사랑에 빠져 모든 것을 내던지기도 한다. 동물 세계에서 수컷은 사랑을 얻기 위해 죽음의 곡예도 마다하지 않는다. 반면 임신과 출산을 하는 여성은 좋은 유전자를 받기 위해, 건강한 자손을 얻기 위해 남성을 선택하는 데 시간을 더 투자해야 한다. 나아가 "이 남성이 내 아이에게 좋은 아버지가 될 것인가? 나를 지켜줄 수 있는 남자인가?" 같은 질문을 스스로 던져보며 꼼꼼하게 따진다. 여성은 그렇게 진화해 왔다. 양이 아니라 질(質)을 중요시해 왔다. 그래서 첫눈에 함부로 반하지 않는 것이다.

첫눈에 반했는지 아닌지를 알 방법에 대한 연구가 있다. 네덜란드의 라드바우트 대학을 비롯해 3개 대학 소속 연구자들이 공동으로 학생들과 영화배우들을 대상으로 진행한 연구 결과다. 첫눈에 반하거나 사랑에 빠졌다고 할 때, 그 '첫눈'이 머무르는 시간. 연구자들은 그 시간이 '8.2초'라는 결론을 내렸다. 말하자면 남성이 여성을 보고 사랑의 포로가 되는 시간이 8.2초라는 거다. 여성에게 던진 눈길이 8.2초간 지속되었다면 그 남성은 여성에게 한마디로 '뽕' 간 거나 다름이 없다. 만약 4초 이내에 눈길을 돌리면 그 여성에게 관심이 없다는 뜻이다. 그러나 여성은 남성과 다르다. 여성은 남성에게 끌리든 끌리지 않든 관계없이 비슷한 시간 동안 시선을 두는 것으로 나타났다. 즉, 여성이 남성을 바라보는 시간으로 그녀가 그에게 매력을 느끼는지 여부를 평가할 수 없었다고 한다. 그렇다면 더 근본적인 물음을 던져보자. 우리는 왜 첫눈에 반하게 되는 걸까?

첫눈에 반해 사랑에 빠진 뇌 속을 보면 답이 나온다. 사랑을 시작하면, '사랑의 묘약'이라 불리는 신경전달물질인 '페닐에틸아민(Phenylethylamine)'의 농도가 상승하여 우리 마음을 지배한다. 페닐에틸아민 수치가 올라가면 이성이 마비되고 열정이 분출돼 행복감에 도취된다. 여기에 흥분과 긴장 그리고 유쾌함까지 동반된다.

마약에도 작용시간이 있듯 사랑에 빠진 황홀한 기분에도 작용시간이 있다. 과학자들은 '사랑의 묘약' 페닐에틸아민의 마법이 지속되는 시간은 길어야 3년이라고 말한다. 결혼한 부부에게서는 보통 3개월에서 3년 사이에 분비가 거의 끝난다. 특히 페닐에틸아민의 분비가 끝나가는 속도는 남자가 여자보다 빠르다.

출처: 헬스조선(2023.08.26). 부부 뇌 설명서.

(2) Reiss의 수레바퀴이론

사회학자 Reiss(1960)는 '사랑의 수레바퀴이론(Wheel Theory of the Development of Love)을 통해 사랑은 라포 형성, 자기개방, 상호의존, 그리고 개인의 욕구충족의 4단계를 거쳐 발전한다고 하였다(Seccombe, 2014 재인용). 첫 번째 단계인 라포(rapport) 형성은 친밀감을 형성하는 단계로 서로에게 편안함을 느끼고 서로에 대해 알고 싶어 하고, 자신을 개방하고자 하는 단계이다. 일반적으로 유사한 배경을 가진 사람들끼리는 공통점이 많아 서로를 더 잘 이해할 수 있어 쉽게 친해질 수 있다. 하지만 이질적이거나 보완적인 배경을 가진 사람들 간에는 자기와 다른 상대에게 흥미를 느끼거나 자신이 가지고 싶었던 특성을 상대에게서 볼 수 있다는 점에서 친밀감을 형성하기도 한다.

이렇게 형성된 친밀감은 두 번째 단계인 자기개방(self-revelation)으로 이어진다. 이 단계에서는 자신의 느낌과 생각을 표현하고 나누는데 상대방에 더 편안함을 느낄수록 자기를 더 많이 개방한다. 하지만 자기개방은 사회화 방식과도 많은 관계가 있다. 자신의 약점이나 진짜 감정은 가족에게만 말해야 한다고 교육을 받고 자랐다면 상대에 대해 확실한 믿음이 생기기 전까지는 자신을 개방하지 않을 것이다.

자기개방으로 서로에 대해 만족감이 상승하게 된 연인들은 다음 단계인 상호의존(mutual dependency)으로 발전하게 된다. 이제 두 사람은 서로가 서로의 존재를 필요로 하므로 많은 시간을 함께 보내고 싶어 하고 상대가 없으면 허전함과 상실감을 느낀다.

마지막 단계는 개인의 욕구충족(personality need fulfillment)이다. 우리 모두는 누군가를 사랑하고, 사랑받고, 누군가를 믿고 자신을 털어놓고, 지지받고자 하는 개인적 욕구가 있는데, 이제 두 사람은 이러한 욕구를 충족시키기 시작한다. 개인적 욕구가 충족됨에 따라 더 깊은 친밀감이 형성되고 자기개방과 상호의존의 수준도 높아지며, 결과적으로 더 깊은 욕구충족으로 이어진다. 이 단계는 수레바퀴가 돌듯이 순환성을 지니고 있으며, 지속적이고 깊은 관계에서는 무한히 반복될 수도 있고, 지나가는 관계에서는 몇 번만 발생할 수도 있다.

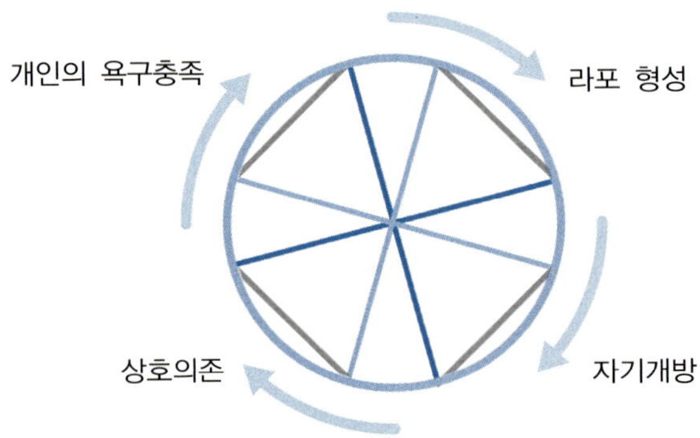

▲ 그림 2-4 Reiss의 사랑의 수레바퀴 이론
출처: Seccombe (2014). Exploring marriages and families(2nd ed).

4) 사랑에 대한 오류

Erich Fromm(1956)은 사랑이란 자신의 기쁨, 흥미, 이해, 지식, 유머, 슬픔 등 자기 자신 안에 있는 모든 것을 상대에게 표현하고, 상대방의 생활을 풍요롭게 만들어 그 속에서 자신이 살고 있음을 느끼며, 그러한 사랑을 통해 서로의 참된 자아를 찾아서 보다 성숙한 인간이 되는 것이라고 보았다. Fromm(1956)은 자신의 저서 『사랑의 기술(The Art of Love)』에서 사랑에 관해 현대인들이 가지고 있는 오류를 비판하며 사랑에는 지식과 노력이 필요함을 주장한다. 사람들이 지닌 오류들은 다음의 가정에 기반하고 있다.

첫째, 사람들은 사랑의 문제를 능동적으로 누군가를 '사랑하는 것(loving)' 혹은 '사랑할 줄 아는 능력(capacity to love)'으로 여기지 않고 수동적으로 '사랑받는 것(being loved)'이라 생각한다. 이런 생각으로 인해 사람들은 누군가를 사랑하기보다 돈이나 외모를 갖추어 사랑스럽게 보이거나 사랑받으려 노력한다. 그 결과 현대사회에서 '사랑스럽다'는 '인기 있고 성적 매력을 가진 것'을 의미하게 되었다.

둘째, 사람들은 사랑의 문제를 '능력(faculty)'이 아니라 '대상(object)'의 문제로 생각한다. 즉, 사람들은 사랑하는 것은 간단하지만 '적절한 대상(right object)'을 찾는 것이 어렵다고 생각한다. 이로 인해 사람들은 '자신의 교환 가치의 한계'를 고려하여 최적의 대상을 물색하는 것에 높은 가치를 둔다.

셋째, 사람들은 사랑에 '빠지는(falling)' 초기 경험과 사랑을 '하고 있는 상태(standing)'를 혼동한다. 낯선 두 사람이 만나 서로의 벽을 허물고 친밀감을 느끼며 하나가 되었다고 느끼는 순간은 인생에서 가장 강렬한 경험 중 하나이다. 하지만 이러한 열정적인 순간은 오래가지 못한다. 시간이 지날수록 친밀감과 일체감의 흥분은 점차 사라지고 적대감, 실망감, 권태감이 증가한다. 사람들은 이러한 과정을 알지 못한 채 강렬한 사랑의 감정이 지속되리라고 착각한다. 이러한 착각으로 사람들은 사랑에 실패한다. 사랑하는 능력은 저절로 타고나는 능력이 아니라 기술이다. 따라서 사랑하기 위한 첫 단계는 사랑하는 법을 배우는 것이다.

2. 섹슈얼리티

성은 유전에 기반한 신체적 측면의 생물학적 성(sex)과 생물학적 성을 기반으로 사회적 환경과 훈련에 의해 형성된 사회화된 성(gender)으로 구분할 수 있다. 성과 관련된 행위, 태도, 감정, 욕망, 관계 맺기를 비롯해 해부학적, 생리학적, 심리학적 요인들과 정서 및 행동적 현상을 모두 포함하는 용어는 섹슈얼리티(sexuality)이다. 성숙된 성적 행동이나 태도는 올바른 성개념과 가치관을 통해 형성되므로 이를 위해서는 성에 대한 올바른 이해가 매우 중요하다.

1) 생물학적 성과 사회적 성

성과 관련된 우리의 행동 및 태도는 생물학적 성을 기반으로 한 성적 성숙, 그리고 우리 사회의 성에 대한 전반적인 기대인 사회적 성과 밀접한 관계가 있다(정옥분, 정순화, 2020).

(1) 생물학적 성

남녀의 생물학적 성은 여성의 난자와 남성의 정자가 만나 수정하는 순간 결정된다. 여성의 난자는 X성염색체만을 가지고 있는데 남성의 정자는 XY성염색체를 모두 가지고 있어 난자가 정자의 X성염색체를 만나면 여아가 되고 Y성염색체를 만나면 남아가 된다. 이후 남성과 여성의 생식기관은 임신 3개월경부터 구분되며 출생 시 남아와 여아는 생식기와 성염색체로 구분할 수 있다.

사춘기가 되면 성호르몬 분비가 급격히 증가하면서 이차 성징이 나타난다. 남성은 고환에서 분비되는 테스토스테론의 영향으로 변성이 오고, 근육이 발달하며, 체모가 증가하고, 정자를 생산하며 성욕이 증가한다. 여성은 난소에서 에스트로겐과 프로게스테론이 분비되는데, 에스트로겐은 여아의 유방을 발달시키고, 월경을 시작하게 하며, 자궁 발달을 촉진한다. 반면 프로게스테론은 수정란의 착상을 돕고, 임신을 유지시키며, 임신이 되지 않으면 월경을 하도록 한다. 이렇듯 남성과 여성의 생물학적 성은 XX와 XY의 성염색체, 안드로겐과 에스트로겐의 성호르몬, 난소와 고환의 생식선, 그리고 음경과 음핵의 생식기로 구분된다.

(2) 사회적 성

출생 후 자신의 성별을 인식하게 되면서 개인은 사회에서 남성과 여성에게 적합하다고 규정한 특성들을 습득한다. 자기가 속한 문화권 안에서 남성 및 여성과 관련된 행동양식, 태도, 가치관 등을 내면화하는 과정을 성 유형화(sex-typing)라고 하며, 성유형화 과정을 통해 개인은 성역할(gender role)을 학습하게 된다. 개인이 자신의 성을 알고 이에 따른 성역할을 인식하여 그에 적합한 행동을 하는 것은 사회화 과정에서 매우 중요하다. 개인이 성역할을 습득하는 과정을 설명하는 이론들을 살펴보면 다음과 같다(임지영 외, 2018; 정옥분, 정순화, 2020).

먼저 정신분석이론에서는 부모에 대한 동일시 과정에서 성역할을 습득한다고 본다. 부모에 대한 동일시는 아이가 부모의 가치나 태도, 그리고 행동적 특성 등을 수용하여 내재화하는 과정을 말한다. Freud(1933)에 의하면 심리성적 발달 단계 중 세 번째 단계인 남근기에 남아는 오이디푸스 콤플렉스(Oedipus complex)를, 여아는 엘렉트라 콤플렉스(Electra complex)를 겪게 된다.

이를 해결하기 위해 동성의 부모를 동일시하게 되면서 남아는 아버지로부터 남성의 성역할을 여아는 어머니로부터 여성의 성역할을 습득하게 된다.

사회학습이론에서는 성역할 발달을 모방과 강화로 설명한다. 즉, 부모는 자녀가 자신의 성에 적합한 행동을 할 때 이를 강화하고 그렇지 않으면 벌함으로써 자녀의 성역할을 학습시킨다. 성역할 학습은 강화를 통해서 뿐만 아니라 부모, 교사, 친구 등을 관찰하고 성역할을 모방하는 과정을 통해서도 이루어진다.

인지발달이론에서는 자신이 남자인지 여자인지에 대한 판단이 성역할 발달에 중요한 역할을 한다고 본다. Kohlberg(1966)에 의하면 성에 대한 이해는 성인식 단계, 성안정성 단계, 그리고 성항상성의 단계를 거쳐 점진적으로 발달한다.

성도식이론에서는 성유형화가 성도식 과정(gender schematization)을 통해 형성된다고 본다. Bem(1985)에 의하면 유아는 성도식에 근거해서 모든 정보를 부호화하고 조직화함으로써 성역할을 발달시켜 간다. 즉, 자신의 성도식과 일치하는 정보에 대해서는 부호화하고 기억하지만 불일치하는 정보는 무시함으로써 자신의 성에 맞는 가치나 흥미, 행동을 습득하게 된다.

2) 성에 대한 신화

인간의 성에 관해서는 터무니없는 많은 신화들이 존재하는데, 이러한 신화는 많은 사람들에게 걱정과 불안을 불러일으키고 심지어 위험에 처하게 할 수도 있다. 성 전문가인 Schwartz와 Kemper(2019)는 전혀 과학적이지 않지만 많은 사람들이 믿고 있는 성에 관한 신화들을 제시하였다(고경심 외, 2019 재인용). 이들 중 신체적, 정신적 위해가 될 만한 몇 가지를 살펴보고자 한다.

(1) 음경은 클수록 좋다.

음경이 클수록 좋다는 신화로 인해 음경이 작은 남성들은 열등감을 느끼고 성관계를 피하거나 음경 확대를 위해 보형물을 삽입하기도 한다. 하지만 여성의 성적 흥분과 오르가즘은 음경의 크기와는 상관이 없다. 이유는 여성의 질벽이 음경을 감싸면서 음경 크기에 적합하게 작용하기 때문이다. 사실 음경이 크면 일부 여성들에게는 고통을 주기도 하고 음경의 혈액순환이 잘되지 않아 물렁거리는 경우도 있다.

(2) 질은 불결하고 냄새가 난다.

질은 몸의 외부와 자궁을 연결하는 관이다. 외음부는 땀샘과 분비샘이 많이 분포하므로 특유의 냄새가 날 수 있지만 이는 불결해서 그런 것이 아니다. 냄새가 평소와 다르거나 매우 심하면 감염의 징후이지만 그렇지 않으면 걱정하지 않아도 된다. 그리고 질은 건강 유지를 위한 유산균이 균형을 이루어 상주하면서 자정기능을 하므로 질세정제, 특수비누, 여성청결제로 질을 세척할 필요가 없다. 이는 감염 가능성을 높일 뿐이다.

(3) 테스토스테론은 남성 성욕의 지표이자 해결책이다.

테스토스테론은 성적인 흥분과 성욕에 중요한 역할을 한다. 혈중 테스토스테론의 농도가 낮으면 발기가 잘 되지 않고 성욕도 떨어진다. 하지만 테스토스테론 농도가 높다고 무조건 성적 활동과 발기가 잘 되는 것은 아니다. 흥분과 발기부전의 근본 원인은 주로 성에 대한 정신적 문제, 성 기능에 대한 두려움, 관계의 단절 또는 매력저하 등이기 때문이다.

(4) 여자들은 침대에서 지배받고 싶어한다.

남성의 빠르고 격렬하고 거친 섹스에서 여성은 처음에는 주저하지만 곧 성적으로 흥분하게 되고 이후 정열을 불태우게 된다고 믿는 신화는 여성의 본성은 수동적이어서 남성에 의해 성적인 자극을 받아야 흥분한다는 남성 중심의 성역할에 근거한다. 이러한 섹스가 현실에서 일어난다면 여성은 단 몇 분 만에 통증을 느끼고 타박상을 입을 수도 있다. 때로는 거친 섹스가 섹스 라이프에 양념이 될 수도 있을 것이다. 그렇다고 해도 파트너가 이것을 좋아할 것이라 단정짓기 전에 반드시 물어보기 바란다.

(5) 자위는 파트너와 섹스에 문제가 있다는 신호이다.

자신의 파트너가 자위를 하는 모습을 본다면 충격을 받을 것이다. 하지만 성적으로 활발한 사람이 더 자주 자위를 하는 것으로 나타났다. 즉, 자위는 파트너와 문제가 있거나 기능장애가 있다는 증거가 아니라 오히려 건강한 성적 발달의 한 부분이다. 자위는 파트너 간 섹스와 평화롭게 공존한다. 자위는 여분의 오르가즘을 제공해 주는 것이다. 하지만 파트너가 당신을 계속 피하고 자위만 한다면 관계에 문제가 있다는 신호이다.

(6) 알코올은 섹스를 더 좋게 한다.

영화나 드라마에서 보이는 데이트 장면에는 와인이나 맥주가 있다. 알코올은 중추신경계에 작용하여 성기능에 영향을 미치는 약물이다. 그럼 알코올은 섹스를 더 좋게 만들까? 소량의 알코올은 남성에게 거의 영향을 주지 않는다. 반면 술을 많이 마신 남성은 흥분이 상당히 감소하고 사정 능력이 손상된다. 더불어 술을 마신 여성들도 혈류를 측정해 흥분도를 조사한 결과 대조군에 비해 흥분도가 덜한 것으로 나타났다.

(7) 성폭행: 그녀가 원한 것이다.

강간범이 무기를 휘두르며 성폭행을 저지른 극단적인 경우를 제외하고는 피해자가 입었던 옷이나 있었던 장소, 또는 보냈던 성적 메시지 등을 근거로 성폭행 피해자가 성폭행을 자초했다고 생각하는 사람들이 있다. 이러한 문화가 아직도 성폭행이 지속되는 데 일조하고 있다. 하지만 상대방의 옷차림이나 말, 행동이 어떠하든지 간에 타인과의 합의 없이 섹스를 할 권리를 가진 사람은 아무도 없다. 섹스는 두 사람이 합의한 경우에만 용납된다.

3) 성 관련 이슈들

(1) 음란물

성적 표현물은 '음란물', '성인물', '포르노그라피', '외설물' 등의 다양한 용어로 불리는데, 일반적으로 음란물이라고 하면 책, 잡지, 영화, 사이버 공간 등에서 유포되는 성적으로 노골적인 글이나 이미지를 말한다. 최근 인터넷의 발달과 스마트폰 보급의 확산으로 온라인을 통한 성관련 경험이 급속히 증가하여 대학생들의 89.8%가 온라인으로 성에 대한 정보를 얻고, 76.5%가 성적인 오락을 즐기며 30.8%는 사이버 섹스를 한다고 응답하였다(김순구, 2021). 음란물을 보는 것은 고대 그리스까지 거슬러 올라갈 정도로 그 역사가 오래되었지만 최근의 발달된 정보통신기술은 이전의 음란물과 차별화된 특성을 지니고 있다(Gassó et al., 2021). 즉, 최근 제작되어 배포되는 음란물들은 고성능 장비로 녹화되어 화질이 좋고, 음란물을 보는 데 비용이 거의 들지 않고, 다양한 기기들로 별 제약 없이 접근가능하며, 콘텐츠가 무제한으로 제공된다. 무엇보다도 내용이 자극적이다.

이러한 이유로 음란물은 중독성이 강하다. 음란물 중독은 약물 중독과 같은 신경생물학적 특성을 지니므로 동일한 흥분 수준을 유지하기 위해 더 많은 양과 더 노골적인 콘텐츠에 빠져든다. 음란물에 중독된 사람은 왜곡된 성지식을 학습하여 바람직하지 않은 성행동을 할 가능성이 높고 심지어 성범죄에 연루되기도 한다. 음란물이 청소년과 청년층에 미치는 영향은 다음과 같다(Gassó et al., 2021).

첫째, 음란물 시청은 성 불평등에 기여하고 여성을 성상품으로 여기게 한다. 대부분의 음란물에서 남성은 자신의 성적 만족을 위해 여성을 학대하고 무시하며 폭력을 가하는 인물로, 여성은 남성의 명령에 복종하는 성적 대상에 불과한 인물로 묘사된다. 여기에는 여성 혐오가 깔려 있다.

둘째, 음란물은 여성의 신체를 왜곡하게 한다. 음란물에 보여지는 연기자들은 가슴이나 소음순 수술을 받아 일반적인 여성의 신체와 다르다. 하지만 음란물을 자주 시청하는 사람은 수술로 변형된 연기자의 신체를 이상적인 몸이라고 여긴다.

셋째, 음란물은 위험한 성행위의 가능성을 높인다. 음란물을 자주 보는 사람들은 더 이른 시기에 더 많은 성적 파트너와 관계를 맺으며 피임기구를 사용하지 않고 성관계를 하는 경향이 많다.

넷째, 음란물은 성범죄에 연루될 가능성을 높인다. 자극적인 성적 콘텐츠를 많이 보는 사람들은 성적 메시지나 이미지를 주고받는 섹스팅에 참여할 가능성이 높다. 더불어 성적 영상물을 찍도록 유인한 뒤 유포하겠다고 협박해 돈을 갈취하는 온라인 그루밍의 피해자가 될 뿐만 아니라 가해자가 될 가능성도 높다.

다섯째, 음란물 시청은 왜곡된 성지식을 강화한다. 성지식은 올바른 교육과 정확한 정보에 의해 형성되어야 하지만 음란물에 중독된 청소년이나 청년들은 건강한 성관계가 어떤 것인지 알지 못한다. 그들에게는 음란물에서 보는 비현실적인 섹스가 '성적 멘토' 역할을 하여 왜곡된 성지식이 강화된다.

(2) 훅업과 프렌즈 위드 베네핏

많은 남성과 여성은 서로 헌신하는 관계에서 성관계를 맺지만 최근 특히 젊은 층에서는 연인 사이가 아닌 타인, 때로는 처음 보는 사람과 일회성의 가벼운 성관계를 갖는 일도 있다. 훅업(hook up)은 이러한 가벼운 섹스, 즉 캐주얼 섹스(casual sex)를 의미하며 주로 파티나 술집에서 술을 마시면서 연결된다(Lamanna et al., 2020). 가벼운 섹스로 시작한 만남이 사랑으로 이어지는 경우도 드물게 있기는 하지만 훅업의 전형적 특징은 성관계를 맺는 두 사람 간 친밀을 전제로 하지 않으며 서로에게 헌신하겠다는 약속이나 기대가 없다는 점이다. 따라서 이들은 훅업을 가진 후 자신들의 관계가 발전하리라 기대하지 않는다. 훅업 후 남성은 즐거움을 더 많이 보고한 반면, 여성은 후회를 더 많이 보고하였다. 즉, 훅업 후 반응에서 남성은 성적인 기량과 공격성에 비중을 두었고 여성은 임신과 부모의 반응을 염려하며 자신의 행동에 죄책감을 느끼는 경우가 많았다(Lehmiller, 2016; 손정락 외, 2016 재인용).

프렌즈 위드 베네핏(friends with benefits: FWBs)은 연인 사이가 아닌 친구 사이의 성관계를 말한다. 훅업이 일회성인 반면, 프렌즈 위드 베네핏은 지속적으로 관계가 유지된다는 것이 차이점이다. 즉, 성관계가 추가된 우정 관계이다. 프렌즈 위드 베네핏을 시작하는 이유는 정기적인 성관계이지만 관계가 지속되면서 낭만적 관계로 발전하기도 한다.

프렌즈 위드 베네핏 관계에 대한 인식에서도 남녀 간 차이가 있었다. 남성들은 프렌즈 위드 베네핏 관계를 갖는 동기가 성관계였지만 여성들은 정서적인 유대로 생각하는 경향이 상대적으로 더 많았다. 또한 남성들은 이 상태를 유지하고 싶어했지만 여성들은 연인관계로 발전하거나 원래의 친구상태로 돌아가기를 원했다(Lehmiller et al., 2011). 이는 훅업에서와 마찬가지로 전통적인 성역할 기대와 성적 이중잣대가 남성과 여성이 프렌즈 위드 베네핏에 접근하는 방식에 영향을 줄 수 있음을 의미한다.

4) 피임

피임이란 성관계 시 원하지 않는 임신이 일어나지 않도록 의도적으로 막는 것이다. 피임법에는 일반적으로 임신 가능 기간을 피하여 성관계를 하거나 기구 또는 약품, 수술 등의 방법을 이용하여 임신을 막는 방법 등이 있다. 100% 완벽한 피임법은 없으며 각 방법마다 장단점이 존재하므로 각 피임법의 장단점을 숙지하는 것이 필요하다. 현재 보편적으로 사용되고 있는 피임법에는 다음과 같은 것들이 있다(전귀연 외, 2021).

(1) 여성 피임법

① 자연피임법

● 월경주기법

월경주기법은 월경주기를 이용하여 피임하는 방법이다. 월경주기가 규칙적인 여성의 경우 다음 월경 시작일 14일 전 배란이 이루어진다. 이 기간에 여성의 체내에서 정자가 생존하는 기간 3일과 난자의 생존기간 1일을 고려하여 월경 예정일 전 12~19일까지를 임신 가능 기간으로 보고 이 시기 성교를 피한다. 하지만 여성에 따라 월경주기가 다르고 질병이나 스트레스 등 환경적 요인에 따라 배란기에 변화가 있을 수 있어 안심할 수 있는 방법은 아니다.

● 기초체온법

기초체온이란 아침에 눈을 떠 안정상태에서 잰 체온을 말한다. 기초체온은 월경 중이나 월경 후에는 저온기가 계속되다가 이후 고온기로 이행된 후 다시 저온기로 바뀌는데, 저온기에서 고온기로 전환될 때가 배란이 되는 시기로 본다. 피임을 위해서는 체온 상승 전 4일에서 상승 후 3일 정도 성교를 피해야 한다. 하지만 매일 자신의 체온을 정확하게 측정해야 하고 체온의 변화가 0.5℃ 정도로 미약하며, 감기 등 질병에 걸렸을 때도 체온 변화가 있기 때문에 신뢰로운 피임방법은 아니다.

● 점액관찰법

질 분비물은 배란기가 아닌 시기에는 거의 나오지 않다가 배란이 임박해서는 분비물의 양이 많아지며 색과 형태가 달라진다. 분비물은 우윳빛에서 점차 색이 엷어져 흰자처럼 투명하고 미끈거리며 점도가 높아져 약간 뻑뻑한 상태가 되는데 이때가 배란일이다. 피임을 위해서는 분비물의 양이 가장 많고 투명하며 점성이 높은 날부터 4일간 성관계를 피해야 한다. 하지만 자신의 질 점액 특성을 구별하기는 쉽지 않다.

② 호로몬피임법

● 경구피임약

가장 일반적인 피임약은 에스트로겐과 프로게스테론의 복합체로서 배란을 억제하는 효과가 있다. 처음 약을 복용할 때는 생리 첫날부터 복용하며 21일간 복용한 후 7일 간 휴약한다. 약을 복용한 후 일주일 정도 지난 후 피임효과가 있기 때문에 복용 첫 주에는 콘돔 등의 차단 피임방법을 병행해야 한다. 먹는 피임약은 성관계를 자주 갖는 사람이나 아기를 출산하지 않은 35세 미만

여성에게 적합하다. 대체로 안전한 것으로 알려져 있으나 혈압 상승, 월경과다, 혈전증, 체중증가 등이 드물게 보고되고 있으며, 35세 이상이나 흡연자, 그리고 고혈압, 간 질환, 정맥혈전증 등이 있는 여성은 복용에 주의해야 한다.

● 응급피임약(사후피임약)

응급피임약은 정규 피임법을 사용하지 못했거나 성폭력 상황과 같은 응급상황에서 사용하는 경구피임약이다. 응급피임약은 다량의 호르몬을 체내에 투여해 수정란의 착상을 막는 피임방법으로 의사의 처방이 필요하다. 성관계 후 24시간 이내 복용 시 95%, 72시간 이내 복용 시에는 58% 정도의 피임효과가 있다. 응급피임약은 낙태약이 아니므로 일단 착상이 되었다면 효과가 없으며 응급피임약을 장기복용할 경우 체내 호르몬 농도가 비정상적으로 높아져 생리주기가 바뀌거나 출혈, 배란장애, 복통 등의 부작용이 나타날 수 있다.

● 기타 호르몬요법

호르몬 주사는 근육에 주사를 맞는 방법으로 프로게스테론 성분이 배란을 억제하고 자궁경관의 점액을 끈끈하게 만들어 정자가 통과하기 어렵게 한다. 한번 맞으면 3개월 간 피임효과가 있다.

피하이식법은 작은 성냥개비 모양의 호르몬 캡슐을 팔의 상부에 이식하는 것으로 캡슐에 있는 프로게스테론이 매일 조금씩 분비된다. 한 번 시술로 2~3년 효과가 유지된다.

피임패치는 1주일에 한 장씩 3주간 피부에 붙이고 4주째는 붙이지 않는다. 패치에서 전달되는 에스트로겐과 프로게스테론이 배란을 억제하는 피임효과를 지닌다. 피임패치는 먹는 피임약과 같은 호르몬이 들어 있어 부작용도 유사하다.

호르몬 분비 자궁 내 장치(미래나)는 T자 모양의 소형 플라스틱을 자궁 내에 삽입하는 것으로 장착된 튜브에서 레보놀게스트렐이라는 황체호르몬이 매일 일정량 분비된다. 분비되는 호르몬은 자궁내막을 얇게 만들어 수정란의 착상을 막고 정자의 활동을 방해한다. 한 번 시술로 5년 간 피임효과가 유지된다.

③ 구리 자궁 내 장치

이 방법은 구리가 감겨진 피임장치인 루프를 자궁에 삽입해 수정란이 착상되는 것을 막는 방법이다. 구리 자궁 내 장치 피임방법은 오랜 기간 피임을 원하지만 호르몬 부작용이 염려되는 경우 유용한 방법이다. 자궁 내 장치는 피임 성공률이 비교적 높고 임신을 원할 경우 간단히 제거할 수 있다. 하지만 이 시술은 골반염, 하복부 통증, 월경량 증가 등의 부작용이 발생할 가능성이 있고 자궁경부가 좁거나 출산 경험이 없는 여성은 시술 과정에서 통증이 발생할 수 있다.

④ 난관불임수술

난관불임수술은 난소에서 배란된 난자가 자궁으로 가는 길인 나팔관을 잘라 묶는 방법이다. 난관불임수술은 높은 피임효과를 지니지만 아주 드물게 묶은 부위가 풀리는 경우 임신이 될 수도 있다. 전신마취가 필요한 수술이나 최근에는 복강경을 이용하여 하복부 개복 없이 수술할 수 있다. 다시 임신을 원할 경우 복원수술도 가능하나 정관불임수술에 비해 성공률은 낮은 편이다.

(2) 남성 피임법

① 질외사정법

질외사정법은 남성이 사정 직전에 성기를 빼내어 정액이 질 내부로 들어가지 않도록 하는 방법이다. 질외사정법은 다른 도구가 필요하지 않고 비용도 들지 않아 쉽게 사용할 수 있지만 실패율이 매우 높다. 이는 남성이 사정을 완벽히 조절하기는 매우 어려울 뿐더러 질 밖에 사정하더라도 사정 직전에 분비되는 쿠퍼액 속에 이미 어느 정도의 정자가 포함되어 있기 때문이다.

② 남성용 콘돔

이 방법은 성교 시 콘돔을 음경에 끼워 사정 시 정자가 질 내에 도달하지 못하도록 하는 방법이다. 콘돔은 쉽게 구입할 수 있고, 부작용도 거의 없으며, 피임효과 외에도 HIV를 비롯한 여러 가지 성매개 질환을 예방할 수 있지만 정확히 사용하지 않으면 피임효과가 떨어진다. 콘돔 없이 성교를 하다가 사정 직전에 콘돔을 씌우는 것은 이미 흘러나온 쿠퍼액에 섞여 있는 정자로 인해 피임에 실패할 수도 있다. 또한 콘돔이 찢어지는 것을 막기 위해 돌출 부분을 비틀어 공기를 빼야 하며, 사정 후 발기가 풀린 상태에서는 콘돔이 빠져 정액이 질 내로 들어갈 수 있으므로 주의해야 한다.

③ 정관불임수술

정관불임수술은 정관을 자른 후 양쪽 끝을 묶어 고환에서 생산된 정자가 이동하는 통로를 막는 피임법이다. 남성의 정관은 피부 가까이 있으므로 국소마취로 수술이 가능하다. 정관불임수술 후 남성호르몬이 감소하거나 성기능이 감퇴한다는 것은 낭설이다. 정자와 남성호르몬 모두 고환에서 만들어지지만 정자는 체외로 배출되는 반면 남성호르몬은 혈액으로 흡수되기 때문이다. 즉, 정관불임수술은 정자의 이동을 막을 뿐 남성호르몬에는 아무런 영향을 주지 않는다. 정관불임수술 후에도 정관이나 정낭 등에 정자들이 남아 있으므로 약 6주, 사정횟수로는 15~20회 정도 다른 피임방법을 사용해야 한다.

▼ 표 2-3 각 피임법에 따른 첫 1년간의 피임실패율

피임방법		최저실패율(%)	최고실패율(%)
여성 피임법	월경주기법	9.0	25.3
	복합경구피임약	0.3	8.7
	호르몬분비 자궁 내 장치	0.1	0.1
	피하이식법	0.05	1.0
	호르몬 주사제	0.3	0.3
	구리 자궁 내 장치	0.6	1.0
	난관불임수술	0.5	0.7
남성 피임법	질외사정	4.0	18.4
	남성용 콘돔	2.0	17.4
	정관불임수술	0.1	0.2

출처: 질병관리청 국가건강정보포털(2023). 피임실패율 재구성

피임방법을 선택할 때 최우선으로 고려해야 하는 것은 피임효과이다. 피임효과를 나타낼 때는 'Pearl Index'를 사용하는데, 이는 여성 100명이 1년간 임신한 비율, 즉 피임실패율을 나타낸다. 피임실패율은 정확하게 방법을 준수했을 때의 최저실패율과 실제 사용 후 보고된 일반실패율인 최고실패율로 구분된다. 최고실패율에서 호르몬분비 자궁 내 장치와 정관수술은 실패율이 낮은 반면, 월경주기법, 질외사정, 그리고 남성용 콘돔은 실패율이 높은 것으로 나타났다. 피임방법을 선택할 때는 피임효과성과 안전성이 가장 중요하지만 부작용이나 편의성, 현재의 건강상태 등을 고려한 후 결정하는 것이 필요하

다. 무엇보다도 피임은 남성과 여성 공동의 책임이라는 인식을 분명히 해야 할 것이다.

읽을거리

한국 여성의 생애주기별 피임실천현황

한국 여성의 생애주기별 성·생식 건강조사에서 밝혀진 여성의 피임실천현황을 보면 지난 1년간 성관계 경험이 있는 청소년의 54.6%, 19~39세 초기 성인의 52.2%가 성관계 시 항상 피임을 한다고 응답하였다. 성관계 시 피임을 주로 누가 했는지를 물어본 결과 지난 1년간 성관계 경험이 있는 청소년 중 56.0%, 초기 성인의 59.7%가 성관계 시 주로 파트너(남성)가 피임을 했다고 응답했다.

피임방법으로는 청소년의 85.3%, 초기 성인의 62.3%가 콘돔을 사용했다고 응답했다. 콘돔을 제외하고는 청소년의 경우 질외사정(64.0%), 월경주기(42.7%), 경구피임약(13.3%), 사후피임약(13.3%) 순이었고, 초기 성인의 경우도 콘돔을 제외하고 질외사정(60.0%) 월경주기순(36.6%), 경구피임약(17.1%), 사후피임약(11.2%) 순으로 나타났다. 여러 피임방법 중 지난 1년간 월경주기와 질외사정 외의 피임방법만 사용한 사람의 비율은 청소년 24.0%, 초기 성인 28.2%, 중장년 26.2%로 나타났다. 청소년의 22.7%, 초기 성인의 25.8%는 성관계 시 콘돔을 사용하기를 원했지만, 배우자나 파트너 등 성관계 상대가 콘돔을 사용하지 않은 적이 있다고 응답했다.

출처: 전진아(2023). 여성의 피임실천 현황과 시사점.

5) 성매개감염병

성매개감염병은 성행위를 통해 감염되는 질병을 말하며, '성병'이 주는 부정적인 어감으로 인해 요즈음은 흔히 성매개감염병(Sexually Transmitted Disease: STD)으로 불리고 있다. 성매개감염병은 미와 사랑의 여신인 비너스(Venus)의 이름을 따서 'Venereal Disease'라고도 불리는데, 특별한 자각 없이 잠복해 있다가 갑자기 합병증을 유발하는 경우가 적지 않다. 주요 성매개감염병을 살펴보면 다음과 같다(질병관리청 국가건강정보포털, 2023).

(1) 임질

임질은 성접촉을 통해 임질균(Neisseria gonorrhea)에 감염된 질환으로 임질균에 의해 발생하는 요도염을 임균성 요도염이라고 한다. 임균성 요도염의 가장 흔한 증상은 소변이 급하거나 자주 마렵고 배뇨 시 작열감이 느껴지는 것이다. 이 외에도 남성의 경우 요도 끝이 부어오르고 고름이 나기도 하고, 여성의 경우 질 분비물 증가나 비정상적인 출혈이 나타나기도 한다. 임질균에 감염된 임산부의 아기는 출생 시 결막염에 걸릴 수도 있다. 많은 경우 특히 여성의 경우 증상의 강도가 약하거나 무증상인 경우가 많다. 이로 인해 자신도 모르게 상대에게 감염시킬 수 있고, 치료시기를 놓쳐 남성은 요도협착, 전립선염, 여성은 난관염, 나팔관 손상 등의 협병증이 생길 수도 있다. 임질은 항생제로 치료한다.

(2) 매독

매독은 성접촉에 의해 세균인 트레포네마 팔리듐균(Treponema pallidum)에 감염된 것으로 다른 성병에 비해 휴유증이 더 심각하다. 매독의 증상은 10~90일 정도의 잠복기를 지나서 발현되는데, 1기 매독은 통증이 없는 생식기 궤양이 주 증상으로 치료를 받지 않아도 저절로 없어진다. 증상은 없어졌지만 매독균은 혈액을 타고 이동하여 다음 단계로 이행된다. 2기 매독에서는 손발 등의 피부발진과 발열, 두통, 탈모 등이 나타나지만 이 역시 저절로 없어진다. 1기와 2기는 증상이 경미하여 감염상태를 알아차리지 못할 수도 있지만 전염력이 매우 강하다. 이를 치료하지 않으면 2기 매독은 잠복매독으로 접어들어 장기간 무증상 상태로 있다가 3기 증상으로 발현된다. 3기에서는 매독균이 신경, 척수, 눈, 뇌 등으로 침범하여 실명, 청력상실, 기억상실, 정신이상, 신경마비 등 전신에 다양한 증상을 초래한다. 특히 매독에 감염된 임부는 태반을 통해서 매독균이 전달되어 태아에게 선천성 매독을 유발하기도 한다. 매독은 페니실린으로 치료한다.

(3) 비임균성 요도염

비임균성 요도염은 임질균을 제외한 클라미디아 등의 세균, 트리코모나스와 같은 기생충, 칸디다와 같은 곰팡이 등에 의해 생긴 요도염을 말하며 주원인균은 클라미디아균이다. 비임균성 요도염의 증상은 임균성 요도염과 유사하다. 치료는 원인균에 따라 달라지지만 비임균성 요도염은 임질균에 의한 복합 감염이 30% 정도를 차지하므로 임질균과 비임균성 요도염을 함께 치료해야 하는 경우가 많다. 임균성 요도염과 마찬가지로 무증상으로 인해 치료시기를 놓쳐 합병증이 생기기도 한다.

(4) 성기단순포진

성기단순포진은 헤르페스 바이러스(Herpes simplex virus)에 의해 생식기에 수포와 감염이 생기는 질환이다. 헤르페스 바이러스는 유전적 · 생물학적으로 8종으로 구분하는데, 대표적인 것은 단순포진바이러스라 불리는 헤르페스 1형과 2형이다. 헤르페스 1형 바이러스는 바이러스 보유자와의 단순 접촉을 통해 대부분 감염되며 2형은 주로 성적 접촉을 통해 전파된다. 일반적으로 헤르페스 1형은 주로 입 주위에, 2형은 주로 성기 주위에 병변을 유발한다. 수포가 없어진 후에도 바이러스는 없어지지 않고 잠복해 있다가 주기적으로 증상이 재발되는 특징이 있다. 임질이나 매독과 마찬가지로 임산부로부터 태아에게 감염될 수도 있다.

(5) 첨규콘딜롬

첨규콘딜롬은 사람유두종바이러스(Human papilloma virus) 감염에 의해 콘딜로마(사마귀)가 생기는 질환으로 귀두, 음경, 음경 포피, 항문 주위에 많이 발생한다. 첨규콘딜롬은 음경의 편평 세포암 발병과도 연관이 있다. 1~3개월의 잠복기 후 다양한 형태의 콘딜로마가 나타나는데 끝이 뾰족한 첨규형이 가장 흔하다. 크기나 개수, 연령 등을 종합하여 치료법을 결정하며 사마귀를 얼려서 제거하거나, 화학적 부식제로 녹여 내거나 또는 전기소작법으로 제거하며, 최근에는 이산화탄소 레이저를 이용해 절제하기도 한다. 시간이 경과하면서 자연적으로 없어지는 경우도 있다.

(6) 사람유두종바이러스감염증

사람유두종바이러스(Human papillomavirus: HPV)에는 100가지 이상의 종류가 있는데, 이 중 40여종은 생식기 점막에 감염된다. 저위험군 바이러스는 첨규콘딜롬을 유발하고, 고위험군 바이러스는 자궁경부암을 비롯하여 질암, 외음부암, 음경암 등 생식기 암을 일으킬 수 있다. 하지만 대부분은 증상 없이 6~12개월간 유지되다가 자연적으로 사라진다. 치료는 질환의 종류에 따라 결정되며, 사람유두종바이러스 자체를 치료할 수 있는 방법은 없다. 자궁경부암 등을 일으키는 고위험군 사람유두종바이러스는 예방접종을 통해 감염을 예방할 수 있다.

(7) 후천성 면역결핍증

후천성 면역결핍증(AIDS), 즉 에이즈는 HIV(인체면역결핍바이러스) 감염으로 면역이 저하되는 질환이다. HIV 바이러스는 감염된 사람의 혈액과 체액, 특히 혈액, 정액, 질분비물, 모유에 많이 존재하며 주로 성관계, 오염된 주사기 사용, 혈액이나 혈액제제의 투여로 전파되며, 감염된 모체로부터 태아에게 수직감염되기도 한다.

HIV에 감염되면 3~6주 후에 발열, 인후통, 임파선 비대, 두통, 관절통, 근육통, 구역, 구토, 피부의 구진성 발진 등의 급성 HIV증후군이 나타나며, 이후 무증상 잠복기가 수년간 지속된다. 이 시기에는 HIV 감염을 의심할만하게 드러나는 증상은 없지만 HIV 바이러스는 감염성 질환과 싸우는 우리 몸의 방어체계 중 하나인 CD4 helper lymphocyte를 지속적으로 공격한다. 결국 면역저하로 인해 건강한 사람에게는 거의 발생하지 않는 여러 종류의 감염증이나 악성 종양들이 많이 발생하게 되는데, 이러한 상태를 에이즈라고 부른다. 에이즈를 완치하는 약은 아직 개발되지 않았지만 감염 후 적절한 항레트로바이러스 치료를 통해 면역력을 유지하고 오랫동안 생존할 수 있다.

성매개감염병은 매해 꾸준히 발생하고 있으며, 특히 20대 젊은 층의 감염비율이 높다. 2022년 감염병 신고현황에 따르면 사람유두종바이러스 감염증이 12,969명, 성기단순포진 10,403명, 클라미디아감염증 6,862명, 첨규콘딜롬 3,750명, 임질 1,371명, 1기 매독 256명, 2기 매독 138명, 선천성 매독 7명, 연성하감 1명의 순으로 나타났다. 이 외에도 후천성면역결핍증(AIDS)의 감염은 825명인 것으로 나타났다. 이를 연령대별로 보면 매독, 임질, 클라미디아 감염증 그리고 첨규콘딜롬은 20대가 가장 많았으며, 사람유두종바이러스감염증은 30대가 가장 많았고, 후천성면역결핍증(AIDS)의 감염 역시 20~40대가 대부분을 차지하였다(질병관리청, 2023). 2013년에서 2022년까지 10년간 연도별 주요 성매개감염병의 신고현황은 [그림 2-5]와 같다.

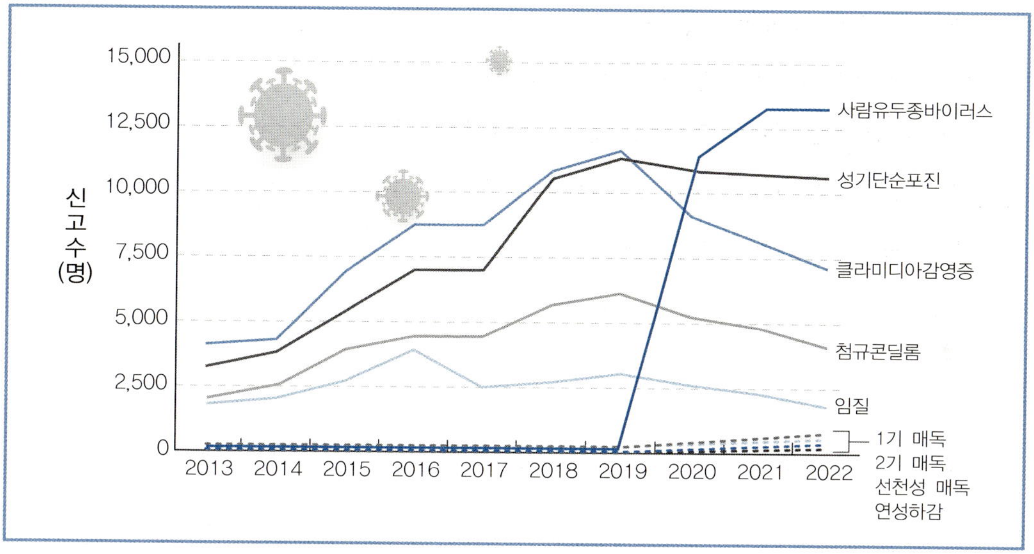

▲ 그림 2-5 연도별 성매개감염병 신고 현황

주1) 그림은 법정 제4급 감염병으로 지정된 7종을 보여주며, 후천성면역결핍증(HIV/AIDS)은 법정 제 3종으로 분류되어 그림에서 제외됨

주2) 사람유두종바이러스감염증은 2020년 성매개감염병으로 추가되었음

출처: 질병관리청 감염병 누리집(2023). 질병별 통계–성매개감염병(7종) 신고현황.

성매개감염병을 예방하기 위해서는 다음의 원칙들을 지켜야 한다(질병관리청 국가건강정보포털, 2023).

첫째, 성매개감염병에 대한 올바른 지식을 갖추어야 한다. 감염병에 대해 잘 알고 있어야 예방하고 치료하며 전파를 막을 수 있다. 예방, 검사 및 치료는 자신과 상대의 불임, 성기능 문제를 비롯한 여러 후유증을 최소화할 수 있다.

둘째, 감염의 위험성이 있는 성접촉 시에는 콘돔을 사용하며, 성접촉 후 즉시 외부생식기 부위를 씻어야 한다. 혹 의심스러울 때는 신속히 검사를 받고 치료해야 한다.

셋째, 성매개감염병으로 진단받으면 반드시 성관계를 가진 상대에게 감염

사실을 알려 검진과 치료를 받게 해야 한다. 또한 성매개 감염병은 완치 후에도 면역력이 생기지 않으므로 재감염되지 않도록 주의해야 한다.

마지막으로 성매개감염병 예방의 최선은 건강한 성생활이다. 감염병 가능성이 있는 대상과는 성관계를 피하고 오랫동안 관계를 유지한 상대와만 성접촉을 유지하는 것이 안전하다.

참고문헌

김순구(2021). 대학생의 성인지 감수성, 성적 자율성, 성태도, 인터넷 음란물 접촉이 성행동에 미치는 영향. **한국산학기술학회논문지, 22**(8), 268–278.

김중술(2007). **사랑의 의미**. 서울: 서울대학교 출판부.

박성애, 하정(2013). 기혼남녀의 자아상태와 사랑유형에 따른 결혼만족도. **상담학연구, 14**(2), 931–949.

오유미(2019). 대학생의 결혼관과 사랑유형에 관한 연구. **홀리스틱융합교육연구, 23**(2), 165–186.

전귀연, 이지민, 이순복, 임지영, 박혜란, 배문조, 임주영, 정유진, 김은지, 신현정(2021). **결혼준비교육**. 서울: 신정.

임지영, 도금혜, 류혜원, 문영경, 배기조, 송혜영, 이수원(2018). **영유아발달**. 고양: 공동체.

전진아(2023). 여성의 피임실천 현황과 시사점. **보건복지포럼**, 7월호, 28–40.

정옥분, 정순화(2020). **결혼과 가족**. 서울: 학지사.

질병관리청(2023). 2022 감염병 신고현황 연보.

질병관리청 감염병 누리집(2023). 질병별 통계–성매개감염병(7종) 신고현황.

질병관리청 국가건강정보포털(2023). 이미지 자료실 피임실패율.

헬스조선(2023.08.26). 부부 뇌 설명서.

Fisher H. E. (1998). Lust, attraction, and attachment in mammalian reproduction. *Human Nature, 9*(1), 23–52.

Fisher H. E. (2000) Lust, attraction, and attachment: Biology and evolution of the three primary emotion systems for mating, reproduction, and parenting. *Journal of Sex Education and*

Therapy, 25(1), 96–104.

Fisher, H. E., Aron, A., Mashek, D., Li, H., & Brown, L. L. (2002). Defining the brain systems of lust, romantic attraction, and attachment. *Archives of Sexual behavior, 31*(5), 413-419.

Fromm, E. (1956). The art of loving. Harper Perennial.

Gassó, A. M., & Bruch–Granados, A. (2021). Psychological and forensic challenges regarding youth consumption of pornography: A narrative review. *Adolescents, 1*(2), 108–122.

Hendrick, C., & Hendrick, S. S. (2019). Styles of romantic love. In R. J. Sternberg & K. Sternberg (Eds.), *The new psychology of love* (pp. 223-239). Cambridge University Press.

Jhangiani, R., & Tarry, H. (2022). Principles of social psychology (1st international H5P edition). BCcampus.

Jonason, P. K., Lowder, A. H., & Zeigler-Hill, V. (2020). The mania and ludus love styles are central to pathological personality traits. *Personality and Individual Differences, 165*, 110–159.

Lamanna, M. A., Riedmann, A., & Stewart, S. D. (2020). *Marriages, families, and relationships: Making choices in a diverse society*. Cengage Learning.

Lee, J. A. (1974). The styles of loving. *Psychology Today, 8*(5), 43–51.

Lehmiller, J. J. (2016). **인간 성행동 심리학.** 손정락, 최영심, 소현영 공역. 전주: 전북대학교 출판문화원.

Lehmiller, J. J., VanderDrift, L. E., & Kelly, J. R. (2011). Sex Differences in approaching friends with benefits relationships. *Journal of Sex Research, 48*, 275–284.

Schwartz, P., & Kemper, M. (2019). **인간의 성에 관한 50가지 신화.** 고경심, 유채영, 이수연 공역. 파주: 한울.

Seccombe, K. (2014). Exploring Marriages and Families, 2nd edition. Pearson Education, Inc.

Sherwin, B. B., Gelfand, M. M., & Brender, W. (1985). Androgen enhances sexual motivation in females: A prospective, crossover study of sex steroid administration in the surgical menopause. *Psychosomatic Medicine, 47*(4), 339-351.

Sorokowski et al. (2021). Universality of the triangular theory of love: Adaptation and psycho–metric properties of the Triangular Love Scale in 25 countries. *The Journal of Sex Research, 8*(1) 106-115.

Sternberg, R. J. (1986). A triangular theory of love. *Psychological Review, 93*(2), 119–135.

CHAPTER

03

배우자 선택과 결혼

1. 배우자 선택
2. 결혼
3. 결혼식 설계

CHAPTER

03 배우자 선택과 결혼

과거와 달리 현대 우리 사회에서 결혼은 필수가 아닌 다양한 선택 중 하나로 여겨지고 있다. 어떤 배우자를 만나 결혼하느냐는 이후 자신의 삶에 중요한 영향을 미칠 수 있다. 따라서 결혼을 통해 행복한 삶을 살아가기로 결정하였다면 가장 먼저 자신에게 적합한 배우자를 선택해야 한다. 이에 본 장에서는 먼저 배우자 선택과 범위 및 유형, 배우자 선택 이론, 배우자 선택의 실제 및 배우자 선택 시 고려할 점 등에 대해 살펴봄으로써 바람직한 배우자를 선택할 수 있는 판단력을 기르는 데 도움을 주고자 한다.

인생의 동반자인 배우자를 선택하였다면 행복한 결혼생활을 유지하기 위한 노력이 요구된다. 그 노력은 결혼에 대한 전반적인 이해와 결혼을 준비하는 과정에서부터 시작될 것이다. 따라서 본 장에서는 결혼의 의미, 동기, 현황 및 견해를 살펴봄으로써 결혼에 대한 이해를 도모하고 결혼식과 관련하여 전통혼례, 현대식 혼례 및 뉴노멀 결혼식에 대한 정보를 제공함으로써 결혼을 결정한 커플이 결혼을 준비하는 데 도움을 주고자 한다.

1. 배우자 선택

1) 배우자 선택과 범위 및 유형

행복한 결혼생활과 새로운 가족을 형성하기 위하여 자신에게 적합한 배우자를 선택하는 것은 개인의 일생에서 매우 중요한 선택 중 하나이다. 현대사회는 과거 세대의 전통성과 오늘날의 개방성이 상호 공존하기에 젊은 세대는 배우자 선택에 있어 혼란과 갈등을 경험할 수 있다. 따라서 성공적인 배우자 선택 과정을 거치기 위한 지식과 태도를 갖추도록 노력해야 한다.

배우자 선택은 일정한 규범을 갖고 있으며, 이는 사회, 문화, 계층 등에 따라 다르게 나타난다(Eshleman, 2000). 결혼은 인륜지대사(人倫之大事)로 전통사회에서는 가문의 번영과 영속을 위해 일정한 범위 안과 밖으로 한정하여 배우자를 선택하도록 하는 내혼제(endogamy)와 외혼제(exogamy)의 규범을 갖고 있다. 내혼제란 자신이 속한 특정집단 안에서 배우자를 선택하는 규범으로 인종, 국적, 종교, 사회계층, 연령 등이 비슷한 사람을 배우자로 선택하는 것이며, 외혼제란 근친혼을 금하는 것과 같이 자신이 속한 집단 밖에서 배우자를 선택하는 것이다(문혁준, 양성은, 김상림 외, 2020).

배우자 선택의 유형은 교제 경로와 선택의 결정권이 누구에게 있느냐에 따라 중매혼, 자유혼, 절충혼으로 구분된다(유가효, 2007). 중매혼은 결혼을 가문과 가문의 결합으로 보기에 배우자 선택의 결정권이 결혼하려는 당사자보다 가족에게 있다. 즉, 부모의 의사가 존중되며, 배우자 선택조건으로 사회경제적 지위가 중요시되는 경향이 있다. 연애혼이라고도 불리는 자유혼은 배우자 선택에서 결혼 당사자의 의견이 가장 중요시된다. 즉, 개인은 학교, 직장, 종교 및 동호회 등에서 함께 생활하다 매력과 사랑의 감정을 느껴 결혼하는 경우가 많다. 마지막으로 절충혼은 중매혼과 자유혼을 절충한 것으로 자유로운 교제 후 본인이 배우자를 선택하여 부모에게 동의를 얻는 방식과 부모가 주도권을 갖고 배우자를 물색하여 자녀의 동의를 얻는 방식으로 나누어진다. 오늘날에는 배우자 선택 시 부모는 여전히 중요하지만 이들의 결정권은 점차 약화되는 반면, 자녀의 의사결정이 더욱 중요해지는 경향을 보이고 있다.

2) 배우자 선택 이론

배우자 선택은 일생에 영향을 미칠 수 있는 하나의 중요한 의사결정이다. 자신에게 가장 적합한 배우자를 선택하기 위하여 각 개인은 의식적, 무의식적으로 복잡한 의사결정 과정을 거치며, 수많은 요인들이 이러한 과정에 관여한다. 배우자 선택은 개인적, 시대적, 사회적 요인에 영향을 받을 수 있기에 하나의 통합된 이론으로 설명하기 어려우나 다음에 제시되는 다양한 이론들은 배우자 선택 과정에 대한 이해를 도울 것이다.

(1) 교환이론

인간은 합리적으로 이익을 추구하는 존재이기에 비용(costs)을 최소화하고 보상(rewards)을 최대화함으로써 이익을 얻고자 한다는 교환이론(exchange theory)은 배우자 선택에도 적용된다. Knox와 Schacht(2012)에 따르면, 배우자 선택은 누가 최소의 비용으로 최대의 보상을 가져다줄 것인가에 대한 평가에 의해 이루어진다(전귀연 외, 2021 재인용). 여기서 의미하는 보상은 개인이 관계에서 얻을 수 있는 기쁨, 이익, 만족감 등이며, 비용은 관계를 유지하기 위해 요구되는 부정적 측면이다(문혁준, 양성은, 김상림 외, 2020). 교환이론은 배우자 선택을 남성과 여성이라는 상품을 중심으로 하여 일종의 결혼시장에서 이루어지는 거래라고 보며, 현대사회의 결혼상을 잘 나타내 준다(장은영, 유지연, 2005). 즉, 개인은 보상을 극대화시켜 줄 배우자를 찾는 과정에서 자신이 가지고 있는 것과 그렇지 않은 것을 고려하여 합리적인 선택을 한다. 시대와 문화에 따라 가치의 기준은 다를 수 있으나 일반적으로 외모, 신체적 매력, 연령, 학력, 사회경제적 지위 등을 교환함으로써 배우자를 선택하려 한다(예: 남성은 사회경제적 자원을 여성의 신체적 매력과 교환). 상호 간 관계를 유지함으로써 얻는 보상이 비용보다 크다고 판단될 경우 두 사람의 관계는 유지될 수 있으며, 이때 상호교환하는 자원에 대한 객관적인 공평성보다는 개인의 주관적 평가가 더 중요하게 작용된다(Surra & Boelter, 2013).

(2) 공평이론

공평이론(equity theory)은 교환이론을 정교화한 것으로 공평은 '공정성'을 의미한다. Schwartz와 Scott(2012)에 따르면, 사람들은 다른 사람과의 관계에서 자신이 준 것과 균형을 이루어 취득하려 하고 자신이 준만큼 받을 수 있는 사람에게 끌린다(전귀연 외, 2021 재인용). 즉, 사람들은 공평한 관계에서 편안함을 느끼기에(Walster et al., 1978) 자신이 대가를 더 지불하거나 보상을 더 받기를 바라지 않는 공정한 거래에 더욱 끌릴 수 있다. 따라서 이 이론은 어느 한쪽이 이익이나 손해를 보는 관계보다 양쪽 모두 공평한 관계를 원한다고 가정하고, 사람들은 한쪽이 지나치게 보상을 받게 될 경우 불편한 감정을 갖게 되기에 자신과 유사한 상대를 선택하려 한다는 것이다. 이는 교육수준, 사회경제적 지위, 종교 및 가치관 등 자신과 유사한 사람과 결혼하려는 경향이 있는 동질혼의 입장을 취한다고 볼 수 있다(Blackwell & Lichter, 2000). 이러한 측면에서 배우자 선택은 누구도 손해를 보았다는 느낌을 가장 덜 받는 안정되고 균형잡힌 방법이라고 볼 수 있다.

(3) 보완욕구이론

배우자 선택에 있어 사람들은 자신이 선택 가능한 범위 안에서(field of eligible) 자신에게 가장 큰 만족을 줄 수 있는 사람을 찾는다(Winch et al., 1954). 즉, 각 개인은 자신과 비슷하기보다는 부족한 부분을 채워줄 수 있는 보완적인 특성을 가진 사람을 배우자로 선택하는 것이다. Winch(1958)는 자신과 성격이 반대인 사람에게 끌리게 된다는 보완욕구이론(complementary needs theory)을 주장하였으며, 보완적 특성의 예로는 지배적-순종적, 양육적-의존적, 외향적-내향적 등의 상반된 성향이 있다. 따라서 보완욕구이론은 상호 간 최대의 만족을 얻기 위해서 자신을 보완해 주는 상대를 선택한다는 입장을 취한다. 해당 이론은 성격에 있어 이질적인 상대에게 매력을 느끼게 된다는 점에서 개인의 심리적 특성의 이질혼이 강조될 수 있으나(전귀연 외, 2021 재인용), 배우자 선택에 있어 상호 간 인생관이나 가치관을 서로 공유하는 가운데 성격의 상호보완을 추구해야 한다는 점에서 자신과 유사한 사람을 배우자로 선택하는 동질성이론과 상호보완적인 입장을 취한다(문혁준, 양성은, 김혜금 외, 2020).

(4) 여과망이론

Kerckhoff와 Davis(1962)가 제시한 여과망이론(filter theory)에 따르면, 배우자 선택은 동질성이론과 보완욕구이론이 결합되어 개인은 시간의 흐름에 따라 일련의 여과망을 통과함으로써 가장 적합한 배우자를 선택할 수 있다. [그림 3-1]과 같이 Udry(1971)는 이들의 견해를 더 발전시켜 모든 데이트 가능한 상대로부터 관계를 맺기 시작하여 결혼에 이르기까지 여섯 단계의 여과망을 거치면서 최종적으로 배우자를 선택하게 된다는 모델을 제시하였다(문혁준, 양성은, 김상림 외, 2020; 정옥분, 정순화, 2020).

첫째, 근접성(propinquity)의 여과망에서는 모든 가능한 데이트 상대들은 지리적 근접성에 의해 걸러져 시 · 공간적으로 접촉하기 쉬운 사람들로 대상이 제한된다. 둘째, 매력(attractiveness)의 여과망에서는 외모, 성격, 능력 등 상호 간 매력을 느끼고 끌리는 사람들로 대상이 다시 좁혀진다. 셋째, 사회적 배경(social background)의 여과망에서는 교육수준, 직업, 사회적 지위, 종교, 정치적 견해 등이 유사한 사람들과 지속적으로 만날 가능성이 높아진다. 넷째, 상호의견일치(consensus)의 여과망에서는 인생관, 결혼관 등 중요한 문제에 있어 유사한 가치관이나 견해, 태도를 가진 사람과 더욱 친밀한 관계로 발전하게 된다. 다섯째, 상호보완성(complementarity)의 여과망에서는 상호 간 욕구를 충족시켜 주고 보완해줄 수 있는 사람을 선택하게 되고, 마지막으로 결혼준비상태(readiness for marriage)의 여과망에서는 두 사람 모두 결혼할 준비가 되었을 때 실제 결혼에 이르게 된다.

이처럼 배우자 선택의 초기 단계에서는 근접성, 매력, 사회적 배경, 의견일치 등과 같은 동질적인 측면이 중요한 영향을 미치지만 이후 관계의 발전에는 상호보완성이 더욱 중요한 영향을 미친다. 따라서 유사한 사회적 배경, 태도, 가치관 등을 갖지 못한 사람은 초기 단계에서 관계를 형성하기 어렵고, 상호보완적인 요인을 갖지 못할 경우에는 최종 배우자 선택에 이르기 어렵다(정옥분 외, 2009).

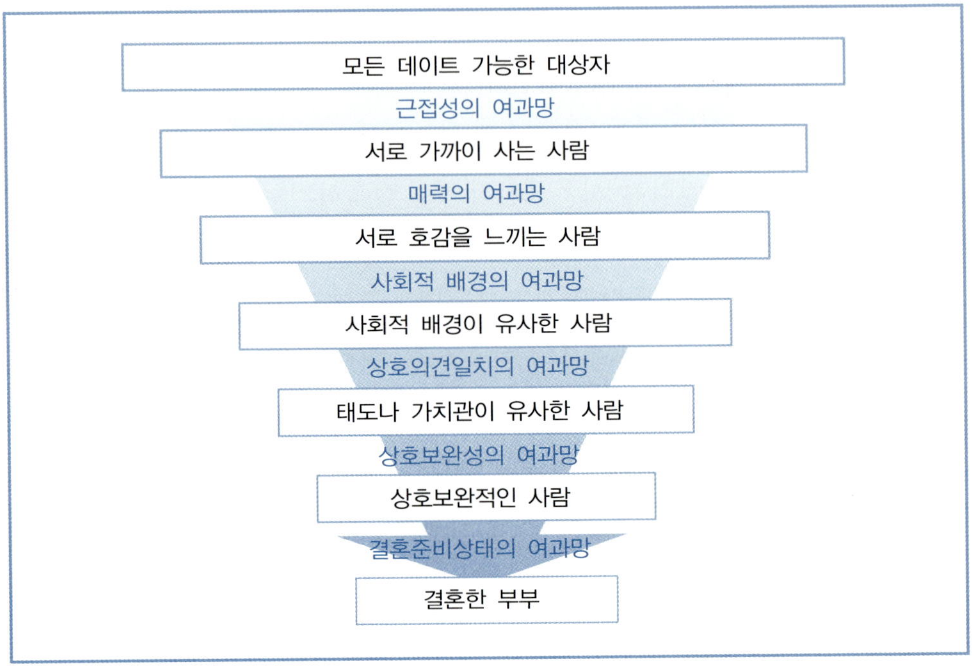

▲ 그림 3-1 배우자 선택의 여과망
출처: Udry (1971). The social context of marriage.

(5) 자극-가치-역할이론

Murstein(1970, 1987)은 앞서 살펴본 여과망이론과 교환이론을 결합 및 보완하여 배우자 선택이 세 단계를 거쳐 일어난다는 자극-가치-역할이론(stimulus-value-role theory: SVR)을 제안하였다. 각 단계마다 대가나 보상이 교환되는 것은 중요하며, 이러한 교환 과정에서 균형 또한 중요하다고 본다(이기숙 외, 2009). 자극-가지-역할이론의 각 단계를 살펴보면 다음과 같다(문혁준, 양성은, 김상림 외, 2020; 이희영 외, 2021).

첫째, 자극(stimulus) 단계는 최소한의 상호작용만 존재하는 단계로 자신의 시각, 청각 등에 의해 상대방에게 매력을 느낀다. 즉, 사람들은 외모, 목소리,

성격, 능력, 사회경제적 배경 등 바로 식별할 수 있는 특성들에 의해 상호 매력을 느끼게 되고, 이러한 특성이 공평하게 교환될 수 있는지 분석한다. 총체적인 매력이 균형을 이룰 경우 다음 단계로 들어서게 된다. 둘째, 가치(value) 단계는 상대방의 매력이 직접적인 상호작용 없이 평가되는 자극 단계와 달리 언어적 상호작용을 통해 이루어진다. 두 사람은 인생관, 결혼관 등에 대한 가치나 태도들이 서로 공존하고 양립할 수 있는지 평가한다. 이 단계에서 상호 유사성을 발견하게 되면 관계는 더욱 발전해 그 다음 단계로 넘어간다. 마지막인 역할(role) 단계는 상대방에게 기대하는 역할을 상대가 적절하게 수행할 수 있는 능력이 있는지를 파악하는 것으로 두 사람이 부부역할, 부모역할, 며느리 및 사위역할 등 부부로서 여러 가지 역할을 수행하는 데 얼마나 적합한지를 살펴본다. 따라서 이 단계에서 상호 간 역할에 대한 인식이 일치하면 결혼으로 발전되고, 그렇지 못한 경우에는 관계가 종결되기에 특정한 상황에서 각자에게 기대되는 역할을 정립하는 것이 중요하다.

이상의 세 단계는 연속적으로 이루어지기도 하지만 반드시 순서대로 진행되는 것은 아니며, 동시에 이루어질 가능성도 있다(성은주, 2008). 자극-가치-역할이론은 관계를 평가하고 이를 계속할 것인지 끝낼 것인지를 결정하는 데 도움을 주므로(Olson et al., 2013) 이러한 단계를 넘어서면 두 사람은 결혼에 이르게 된다.

3) 배우자 선택의 실제

배우자 선택은 개인, 사회의 태도 및 가치관을 반영하는 등 다양한 요인에 의해 영향을 받는다. 〈표 3-1〉, 〈표 3-2〉에 한국보건사회연구원에서 미혼남녀를 대상으로 배우자 선택에서 가장 중요하게 생각하는 조건을 살펴본 결과를 나타내었다.

▼ 표 3-1 미혼남녀(20~44세)가 제시한 배우자 조건(2015) (단위: %)

구분	남성	여성
신체적 조건	3.9	0.4
건강	9.3	4.3
직업	3.6	7.2
경제력	4.0	21.1
성격	44.1	37.0
신뢰와 사랑	20.6	16.1
가정환경	6.1	8.7
기타	8.5	5.1

출처: 이삼식 외(2015). 2015년 전국 출산력 및 가족보건 · 복지실태조사.

▼ 표 3-2 미혼남녀(20~44세)가 제시한 배우자 조건(2018) (단위: %)

구분	남성	여성
학력	31.0	55.0
직업	49.9	87.1
경제력	53.0	92.7
성격	95.9	98.3
외모 등 신체조건	62.4	64.4
건강	95.1	97.7
공통의 취미 유무	76.9	83.2
일에 대한 이해, 협조	90.8	95.6
가사나 육아에 대한 태도	91.1	97.9
가정환경	75.1	89.8

주: 응답률은 매우 중요하다+중요하다 합계
출처: 이소영 외(2018). 2018년 전국 출산력 및 가족보건 · 복지 실태조사.

배우자 선택에서 가장 중요한 한 가지를 선택하도록 한 2015년 조사결과에 따르면, 남성은 성격, 신뢰와 사랑, 건강, 가정환경 순서로, 여성은 성격, 경제력, 신뢰와 사랑 순서로 나타났다. 1순위는 성격으로 남녀 모두 동일하나 2순위는 남성은 신뢰와 사랑, 여성은 경제력으로 차이가 나타났다(이삼식 외, 2015). 배우자 선택에서 매우 중요하거나 중요하다고 생각하는 조건에 대해 살펴본 2018년 조사결과 역시 2015년과 유사하게 남녀 모두 '성격'이 가장 중요한 요인으로 나타났으나, '경제력'은 배우자 조건 중에서 남성과 여성이 중요하다고 생각하는 차이가 가장 큰 것으로 나타났다(이소영 외, 2018).

먼저, 성격은 개인이 가진 역동적이고 조직화된 특성으로 다양한 상황에서 개인의 행동에 영향을 줄 수 있다(Ryckman, 2000). 부부의 성격차이는 부부갈등에 영향을 미치고(이영숙, 박경란, 2011), 특히 부부의 성격차이가 클수록 결혼만족도와 질은 낮은 것으로 보고되었다(Knox & Schacht, 2012). 실제로 2021년 한국보건사회연구원의 연구결과에 따르면, 최근 이혼안 기혼여성(19~49세)의 이혼 사유를 살펴본 결과 성격차이가 35.8%로 가장 많은 것으로 나타났다(박종서 외, 2021). 즉, 부부의 성격 조화는 결혼생활에 큰 영향을 미치기 때문에 행복한 결혼생활을 위해 결혼 전 이를 충분히 파악할 필요가 있다.

경제력 역시 안정적인 결혼생활을 이어나갈 수 있는 하나의 조건이므로 배우자 선택에서 중요하게 다루어진다. 특히 남성의 경제력은 혼인에 있어 상대적으로 중요한 요인으로 작용하나(이소영 외, 2018), 현대사회는 맞벌이를 선호한다는 점에서 남녀 구분 없이 경제력을 중요하게 여기며, 남성 또한 여성의 경제력에 의지하려는 경향을 보이기도 한다(전귀연 외, 2021). 이러한 경제력은 교육수준과도 밀접한 관련이 있는데, 교육수준은 사회경제적 지위를 예측할 수 있는 중요한 변수로 남성은 자신과 동등하거나 낮은 수준의 배우자를, 여성은 자신과 동등하거나 높은 교육수준의 배우자를 선택하는 경향이 있다(정옥분, 정순화, 2020).

이와 더불어 2020년 여성가족부에서 실시한 결혼중개업실태조사를 살펴보면, 결혼중개업체에서 사전에 확인하는 회원들의 희망 상대방 조건들로는 성격, 경제력(소득 및 재산) 및 교육수준(학력 및 출신학교)과 더불어 나이, 직업, 건강상태, 신체적 매력(키, 몸무게, 얼굴 등), 종교, 거주지역 및 고향, 가족관계 등이 있어(KOSIS, 2023.08.17. 인출) 이 역시 배우자 선택에 중요한 영향을 미치는 것을 알 수 있다.

4) 배우자 선택 시 고려할 점

배우자는 서로의 인생에 상당한 영향을 미치기에 배우자 선택은 행복한 결혼생활을 위한 전제조건이다. 사랑의 감정은 결혼의 필수조건으로 배우자는 서로가 원하는 사람이어야 하지만 결혼은 책임과 의무가 따르는 현실이라는 점을 반드시 명심해야 한다. 서로의 사랑만 있으면 모든 것이 잘 될 것이라는 생각은 현실과는 다소 맞지 않다. 따라서 사랑을 기반으로 행복하고 지속적인 결혼생활을 영위하기 위하여 배우자 선택은 신중히 이루어져야 할 것이다. 이에 배우자 선택 시 고려해야 할 점에 대해 살펴보면 다음과 같다(문혁준, 양성은, 김상림 외, 2020; 옥선화 외, 2006; 이성희, 한희선, 2020; 정옥분, 정순화, 2020).

첫째, 충분한 교제기간을 가져야 한다. 교제기간이 결혼의 절대적인 행복을 보장하는 것은 아니지만 충분한 교제기간을 통해 상대방의 내면적인 부분(성격, 정서적 특성, 성숙 정도 등)과 가족문화, 가족문제, 집안 분위기 등에 대해 서로 파악하고 이해한다면 결혼 후 부부간 적응에 보다 도움이 될 것이다.

둘째, 내면적 요인의 상호 조화를 고려해야 한다. 배우자 선택에 있어 외모, 경제력, 직업 등 외적 조건만으로는 행복한 결혼생활을 지속하기 어려울 수 있다. 따라서 외적 조건만을 고려하기보다는 성격, 가치관, 결혼 및 가족관 등 내적 요인들이 본인과 조화를 이룰 수 있는지 살펴보아야 한다.

셋째, 자기 자신과 상대에 대한 이해가 이루어져야 한다. 자신과 상대의 성격, 가치관, 결혼에 대한 동기, 결혼을 통해 무엇을 얻고자 하는지 등에 대해 알아야 한다. 충분한 탐색은 배우자를 지혜롭게 선택할 수 있게 만들어 줄 것이다. 또한, 이 과정에서 자신과 상대의 장단점을 객관적으로 평가하고 서로의 약점이나 부족한 면은 그대로 수용할 수 있어야 한다. 이를 위해서는 상호 간 완벽함을 기대하지 않는 현실적 안목과 지혜가 필요하며, 상대방을 변화시키기보다 서로 이해하고 적응하려는 노력이 요구된다.

넷째, 두 사람 모두 독립과 성숙이 이루어져야 한다. 바람직한 배우자는 부모로부터 정서적, 경제적으로 독립함으로써 결혼 및 가족과 관련된 문제를 스스로 해결하고 결정할 수 있는 능력이 요구된다. 또한, 결혼이라는 현실을 조우하는 순간 다양한 어려움과 갈등이 발생될 수 있기에 이를 슬기롭게 해결하기 위해서는 성숙함을 갖추는 것 역시 중요하다. 일반적으로 독립과 성숙은 나이가 들어감에 따라 성장하므로 너무 이른 나이에 결혼하는 것은 숙고할 필요가 있다.

다섯째, 지지를 받을 수 있는 배우자를 선택해야 한다. 배우자 선택은 개인의 자유의지에 의해 결정될 수 있으나 결혼은 가족 간의 결합이라는 특성도 있으므로 배우자와의 관계가 가족에게 어떤 영향을 미칠지를 고려해야 한다. 따라서 배우자 선택에는 가족의 지지가 요구되며, 한편 지나친 간섭에 대해서는 한계를 설정하는 것도 필요하다. 또한, 낭만적인 사랑에 빠진 두 사람은 상대에 대한 정확한 판단이 어려울 수 있으므로 부모, 친지 및 친구 등 주위의 사람들이 자신이 선택한 배우자를 반대한다면 시간적 여유를 두고 이를 객관적으로 살펴본 뒤 합리적이지 않을 경우 설득하는 노력도 필요할 것이다.

위의 고려사항 외에도 배우자 선택에서 결혼 결정을 너무 빨리하는 것, 비현실적인 기대를 갖는 것, 성격 · 행동적 문제를 지니고 있는데 이를 간과하는 것 등과 같은 저지르기 쉬운 잘못(Warren, 1994; 이희영 외, 2021 재인용)을 깨닫고 이를 피해야 한다. 또한, 결혼에 대한 압력, 결혼할 기회가 다시는 없을 것이라는 두려움, 연애에 실패한 후 상처를 치유받기 위해서, 외로움·불행한 가정에서 탈출하기 위해서 등과 같은 부정적 동기(김양희 외, 2011; 박경란 외, 2001)를 가지고 결혼을 결정해서는 안 된다.

2. 결혼

1) 결혼의 의미

결혼은 정식으로 남녀가 부부관계를 맺는 것으로 상호 간 정서적, 육체적 친밀감과 더불어 다양한 과업, 경제적 자원 및 가치관을 공유하기 위하여 두 사람이 정서적, 법적으로 책임을 지는 관계이다(Olson et al., 2019; 정옥분, 정순화, 2020 재인용). 이러한 정의에 따라 결혼의 의미를 살펴보면 다음과 같다.

먼저, 결혼은 법률적 계약으로 권리와 의무를 따르기에 법적 구속력이 없는 동거, 사실혼과 같은 사회적 결혼이 아닌 법적 결혼(legal marriage)을 의미한다. 또한, 결혼은 경제적 측면을 공유함과 더불어 상호 간 친밀한 관계를 더욱 발전시켜 나아갈 수 있는 기회가 된다. 즉, 결혼은 법적인 계약과 동시에 정서적 측면이 중요한 부분을 차지하므로 서로에 대한 사랑, 신뢰, 존중, 정직 등이 요구된다. 그리고 결혼이 상호 간 성적 소유를 공표한다는 측면에서 두 사람은 결혼을 통해 합법적으로 성적 욕구를 충족시키고, 자녀를 출산함에 따라 사회적 단위를 형성하고 이를 통해 그 사회는 존속된다.

이와 유사하게 Knox와 Schacht(2010)는 결혼의 의미를 구성하는 5가지 요소를 법적 관계, 정서적 관계, 성적인 일부일처제(sexual monogamy)의 관계, 적절한 양육과 보호를 제공하는 것과 같이 자녀에 대한 법적 책임을 갖는 관계, 결혼식과 같은 의례를 통해 가족과 일가친지에게 관계를 공식화하는 공식적인 관계로 나누어 제시하였다(문혁준, 양성은, 김상림 외, 2020 재인용). 이렇듯 결혼은 두 사람의 신체적 · 정서적 · 사회적 결합을 의미한다고 볼 수 있다.

2) 결혼의 동기

비혼, 독신과 같이 결혼을 원하지 않거나 혼자 살기를 원하는 사람들이 증가하고 있는 상황 속에서도 대부분의 사람들은 결혼의 가치를 인정하고, 결혼을 원한다. 사람들이 무엇으로 인해 결혼을 선택하게 되는지, 왜 결혼하려고 하는지를 파악하기 위한 배경으로 결혼의 동기에 대해 살펴보고자 한다(Turner & Helms, 1994; 정옥분, 정순화, 2020 재인용).

결혼의 동기는 크게 개인적 차원과 사회적 차원으로 나누어 볼 수 있다. 개인적 차원의 동기로는 사랑하는 사람과 함께 살고 싶어 하는 사랑의 실현, 합법적 성적 욕구 충족 및 정서적, 경제적 안정 등이 있다. 사회적 차원으로는 대부분의 사회의 경우 성인이 되면 결혼을 해야 한다고 여겨 결혼을 통해 성인으로서의 신분을 획득한다거나 사회적 기대에 부합하고자 하는 동기가 있을 수 있다. 마지막으로 자녀출산의 동기는 가계 계승과 사회구성원을 충원한다는 점에서 두 가지 차원의 의미를 모두 지니고 있다.

한편, 결혼의 동기로 불행한 가정환경, 고독감으로부터의 탈피와 같이 바람직하지 않는 동기 역시 존재하기에 결혼을 선택하기에 앞서 결혼에 대한 비현실적인 기대나 환상을 가지고 있는 것은 아닌지를 점검해 볼 필요가 있다.

생각해 보기 Think about

결혼에 대한 환상을 현실적 사고로 바꾸어 봅시다.

결혼에 대한 환상	결혼에 대한 현실적 사고
결혼을 하면 무조건 행복해질 수 있다.	
우리의 결혼은 남들과 분명 다를 것이다.	
결혼을 하면 배우자와 나는 같은 것을 기대할 것이다.	
결혼을 통해 사랑이 깊어지면 갈등은 줄어들 것이다.	
결혼생활에 있어 나의 배우자는 내가 원하는 것을 모두 충족시켜 줄 수 있다.	

3) 결혼의 현황 및 견해

(1) 결혼의 현황

인구동향조사를 통해 결혼의 현황을 혼인건수, 조혼인율 및 초혼연령 중심으로 살펴보면 다음과 같다(표 3-3 참조). 먼저, 혼인건수는 2000년 332,090건에서 2021년 192,507건으로, 조혼인율(인구 1천 명당 혼인건수)은 2000년 7.0건에서 2021년 3.8건으로 급격히 감소된 추세를 보이고 있다. 반면, 최초 혼인 시 연령을 의미하는 초혼연령의 평균은 2000년 남성 29.28세, 여성 26.49세에서 2021년 남성 33.35세, 여성 31.08세로 지속적으로 증가하여 남녀 모두 평균 초혼연령이 30대로 진입하였다. 이와 같이 혼인건수, 조혼인율 감소 및 초혼연령의 증가는 학업이나 경제활동에 따라 결혼을 늦추거나 '결혼을 하지 않아도 좋다'와 같이 결혼에 대한 태도 변화에 기인한 것으로 보인다.

▼ **표 3-3 혼인건수, 조혼인율 및 초혼연령** (단위: 건, 천명당, 세)

구분		2000	2005	2010	2015	2021
혼인건수		332,090	314,304	326,104	302,828	192,507
조혼인율		7.0	6.5	6.5	5.9	3.8
초혼 연령	남성	29.28	30.87	31.84	32.57	33.35
	여성	26.49	27.72	28.91	29.96	31.08

출처: KOSIS(kosis.kr)

(2) 결혼에 대한 견해

통계청의 사회조사를 통해 결혼에 대한 견해를 살펴본 결과는 다음과 같다(표 3-4 참조). 결혼을 '반드시 해야 한다'라고 응답한 비율은 2012년 20.3%에서 2022년 15.3%, '하는 것이 좋다'라고 응답한 비율은 2012년 42.4%에서 2022년 34.8%로 감소하는 추세이다. 반면, 결혼을 '하지 않는 것이 좋다'라고 응답한 비율은 2012년 1.5%에서 2022년 2.9%. '하지 말아야 한다'라고 응답한 비율은 2012년 0.3%에서 2022년 0.7%로 증가하여 결혼에 대한 견해가 시간의 흐름에 따라 다소 바뀌었음을 알 수 있다.

성별을 중심으로 살펴보면, 남성은 결혼에 대해서 '하는 것이 좋다'가 2012년 46.0%에서 2022년 38.2%로 감소하긴 하였으나 가장 높은 응답을 보인 반면, 여성은 '해도 좋고, 하지 않아도 좋다'가 2012년 39.4%에서 2022년 48.7%로 증가하여 결혼에 대한 견해는 성별에 따른 차이를 보였다. 상대적으로 남성에 비해 여성은 결혼 후 불합리한 가족문화, 아이를 낳게 되면 무너지는 평등한 관계 및 사회적 불이익 등으로 적절한 연령에 이르러도 과거에 비해 결혼을 선택하지 않을 수 있다(조성호, 변수정, 2020). 즉, 오늘날 현대사회에서는 남성에 비해 여성이 전통적인 결혼생활 풍습과 가부장적 사고로부터 받을 수 있는 부담감을 더 크게 인식하기에 결혼에 대한 견해에 남녀 간 차이가 발생할 수 있다는 것을 보여준다(홍성희, 2020).

▼ 표 3-4 결혼에 대한 견해

(단위: %)

구분			반드시 해야 한다	하는 것이 좋다	해도 좋고, 하지 않아도 좋다	하지 않는 것이 좋다	하지 말아야 한다	잘 모르겠다
2012	계		20.3	42.4	33.6	1.5	0.3	1.9
	성별	남자	23.0	46.0	27.7	1.1	0.2	2.0
		여자	17.7	38.9	39.4	1.9	0.3	1.8
2014	계		14.9	41.9	38.9	1.6	0.4	2.2
	성별	남자	16.3	45.2	34.4	1.3	0.4	2.4
		여자	13.5	38.8	43.2	2.0	0.4	2.0
2016	계		12.5	39.3	42.9	2.5	0.6	2.2
	성별	남자	13.4	42.9	38.9	1.9	0.6	2.3
		여자	11.7	35.9	46.7	3.2	0.6	2.0
2018	계		11.1	37.0	46.6	2.5	0.5	2.3
	성별	남자	12.0	40.8	42.3	1.9	0.4	2.7
		여자	10.3	33.2	50.8	3.1	0.7	1.9
2020	계		16.8	34.4	41.4	3.5	0.9	3.0
	성별	남자	19.7	38.5	35.4	2.3	0.7	3.3
		여자	13.9	30.4	47.3	4.6	1.0	2.8
2022	계		15.3	34.8	43.2	2.9	0.7	3.2
	성별	남자	17.6	38.2	37.7	2.2	0.6	3.8
		여자	13.0	31.4	48.7	3.5	0.9	2.6

출처: KOSIS(kosis.kr)

읽을거리

혼인 관련 법: 민법 제3장 혼인

제2절 혼인의 성립

제807조(혼인적령) 18세가 된 사람은 혼인할 수 있다.

제808조(동의가 필요한 혼인) ① 미성년자가 혼인을 하는 경우에는 부모의 동의를 받아야 하며, 부모 중 한쪽이 동의권을 행사할 수 없을 때에는 다른 한쪽의 동의를 받아야 하고, 부모가 모두 동의권을 행사할 수 없을 때에는 미성년후견인의 동의를 받아야 한다. ② 피성년후견인은 부모나 성년후견인의 동의를 받아 혼인할 수 있다.

제809조(근친혼 등의 금지) ① 8촌 이내의 혈족(친양자의 입양 전의 혈족을 포함한다) 사이에서는 혼인하지 못한다. ② 6촌 이내의 혈족의 배우자, 배우자의 6촌 이내의 혈족, 배우자의 4촌 이내의 혈족의 배우자인 인척이거나 이러한 인척이었던 자 사이에서는 혼인하지 못한다. ③ 6촌 이내의 양부모계(養父母系)의 혈족이었던 자와 4촌 이내의 양부모계의 인척이었던 자 사이에서는 혼인하지 못한다.

제810조(중혼의 금지) 배우자 있는 자는 다시 혼인하지 못한다.

제812조(혼인의 성립) ① 혼인은 「가족관계의 등록 등에 관한 법률」에 정한 바에 의하여 신고함으로써 그 효력이 생긴다. ② 전항의 신고는 당사자 쌍방과 성년자인 증인 2인의 연서한 서면으로 하여야 한다.

제813조(혼인신고의 심사) 혼인의 신고는 그 혼인이 제807조 내지 제810조 및 제812조 제2항의 규정 기타 법령에 위반함이 없는 때에는 이를 수리하여야 한다.

제814조(외국에서의 혼인신고) ① 외국에 있는 본국민 사이의 혼인은 그 외국에 주재하는 대사, 공사 또는 영사에게 신고할 수 있다. ② 제1항의 신고를 수리한 대사, 공사 또는 영사는 지체 없이 그 신고서류를 본국의 재외국민 가족관계등록사무소에 송부하여야 한다.

제4절 혼인의 효력: 제1관 일반적 효력

제826조(부부간의 의무) ① 부부는 동거하며 서로 부양하고 협조하여야 한다. 그러나 정당한 이유로 일시적으로 동거하지 아니하는 경우에는 서로 인용하여야 한다. ② 부부의 동거장소는 부부의 협의에 따라 정한다. 그러나 협의가 이루어지지 아니하는 경우에는 당사자의 청구에 의하여 가정법원이 이를 정한다.

제826조의2(성년의제) 미성년자가 혼인을 한 때에는 성년자로 본다.

제827조(부부간의 가사대리권) ① 부부는 일상의 가사에 관하여 서로 대리권이 있다. ② 전항의 대리권에 가한 제한은 선의의 제삼자에게 대항하지 못한다.

출처: 국가법령정보센터(www.law.go.kr)

3. 결혼식 설계

결혼을 결정하게 되면 결혼식에 관한 계획을 세워야 한다. 결혼식은 두 사람의 결합을 사회적으로 인정하는 중요한 통과의례이다. 결혼식 설계를 위하여 먼저 우리의 전통혼례는 어떠한지 살펴보고, 오늘날의 현대식 혼례인 결혼식을 위해 예비신랑, 신부들이 어떠한 준비를 하는지 그 과정에 대해 살펴보도록 하자.

1) 전통혼례

전통의례에서 결혼은 혼인, 결혼식은 혼례라고 한다. 전통혼례는 반친영제(半親迎制)로 신랑이 신부집에 가서 혼례를 치르고 단기간 머문 후 신부를 데리고 본가로 가는 형태를 띤다(문혁준, 양성은, 김혜금 외, 2020). 절차는 의혼, 납채, 납폐, 친영의 4단계의 순서로 진행되며, 이에 대한 내용을 자세히 살펴보면 다음과 같다(문혁준, 양성은, 김혜금 외, 2020; 정옥분, 정순화, 2020).

의혼(議婚)은 자녀의 혼처를 알아보는 과정으로 중매인을 통해 양가 왕래하며 자녀의 혼인을 의논한다. 중매가 들어오면 상대방의 집안, 결혼 당사자의 됨됨이 등을 살펴본다. 허혼 여부는 주로 양가 부모에 의해 결정되며 결혼 당사자들은 서로의 얼굴을 보지 못한다. 양가 어른들의 협의가 이뤄지고 궁합을 본 뒤 신랑 집에서 신부 집으로 청원서를 보내면 신부 집에서는 허혼서를 보낸다.

납채(納采)는 신랑 집에서 사주를 보내고 신부 측에 연길을 청하는 것이다. 즉, 양가에서 혼인을 결정하면 신랑 측에서는 신랑 될 사람의 사주와 택일을 청하는 납채문을 황색 보자기에 싸서 신부 집에 보낸다. 신부 측에서는 사주에 따라 신랑과 신부에게 길일인 날을 정하여 혼인날을 종이에 적어 신랑 집에 보낸다.

혼례일 전날 신랑 집에서는 혼인 성사에 대한 감사 편지인 혼서와 예물을 함에 넣어 신부 집에 보내는데 이를 납폐(納幣)라고 한다. 혼서는 결혼 문서로 소중히 여겨 신부가 간직하고 있다가 죽을 때 관 속에 넣어간다. 한편, 예물은 두 가지 이상으로 하되 열 가지를 넘지 않도록 사례편람(관혼상제에 관한 제도와 절차를 모아 엮은 책)에 규정되어 있는데, 이는 사치를 방지하고 정성으로 예물을 보내는 풍습을 의미한다고 볼 수 있다.

혼례절차 중 가장 중요한 의식이자 오늘날의 결혼식을 의미하는 친영(親迎)은 신랑이 신부 집에 가서 혼례를 치르고 신부를 찾아오는 의례다. 신부 어머니에게 기러기를 드리는 전안례, 신랑 신부가 맞절을 하고 백년해로를 서약하는 교배례, 부부의 화합을 의미로 신랑과 신부가 술잔을 나누어 마시는 합근례의 순서로 진행된다. 친영 후에는 신랑과 신부가 신랑의 집으로 가는 신행(新行)이 이루어진다. 신랑의 집에 도착하면 이들은 대추, 밤, 육표, 편포 등을 차려놓고 시부모와 시댁 식구들에게 처음으로 인사를 하는 폐백(幣帛)을 드린다.

2) 현대식 혼례

현대식 혼례인 결혼식은 전통혼례와 서구식 혼례가 절충된 형태이다. 결혼을 위하여 궁합, 사주를 보거나 택일을 하는 것, 결혼식 당일의 폐백 등은 오늘날의 혼례에서도 볼 수 있으나, 서구 문화의 유입으로 결혼식은 기존의 신부의 집이 아닌 예식장에서 이루어지고, 혼례복으로 웨딩드레스와 양복을 주로 사용하며, 신혼여행을 가는 등 혼례의 모습에는 변화가 생겼다. 특히 개성이 중시되는 현대사회에서는 결혼식의 절차 및 형태 역시 다양해지고 있다. 현대식 혼례의 준비 과정 및 일반적 절차에 대해 살펴보면 다음과 같다(이희영 외, 2021; 정옥분, 정순화, 2020).

(1) 결혼식 전

결혼식에 앞서 먼저, 양가 부모로부터 결혼 허락을 받으면 결혼 당사자, 양가 부모 및 직계가족을 모시고 식사를 하며 인사를 나누는 상견례를 한다. 결혼식 날짜가 정해지면 예식장, 호텔, 종교시설, 야외 등 결혼 장소를 물색하고 원하는 시간대에 예약이 가능한지 확인한다. 이때 양가 하객 수를 고려하여 수용 가능 인원, 이용 가능한 시간, 교통의 편리성, 주차시설 등을 확인한다. 예식장 음식의 경우 먼저 예비부부가 시식해 보고 평가하는 것이 좋다. 식장과 관련된 비용은 양가가 공동으로 부담하는 것이 일반적이다.

예식장 예약이 끝나면 웨딩촬영 유무를 결정하고 스드메(스튜디오, 드레스, 메이크업)를 준비한다. 이 시기에 예비부부는 신혼여행지 선정과 더불어 함께 살 신혼집을 알아보기도 한다. 신혼집이 결정되면 신혼집의 규모에 맞는 혼수품을 구입하는 것이 바람직하며, 신부측에서 준비하는 예단 역시 양가 조율하여 준비하는 것이 필수적이다. 예단은 주로 현금 예단과 현물 예단(이불, 반상기, 은수저 등)으로 구성한다. 또한, 결혼을 앞둔 예비부부는 한복을 맞추거나 대여하고 보석, 시계 등과 같은 예물을 준비한다. 2023 결혼비용 보고서에 따르면, 최근 2년 이내 결혼한 신혼부부의 총 결혼비용은 평균 3억 3,050만원으로 나타났다. 각 항목별로는 주택 2억 7,977만원, 혼수 1,573만원, 예식홀 1,057만원, 예단 797만원, 예물 739만원, 신혼여행 485만원, 웨딩패키지(스튜디오, 드레스, 메이크업) 333만원, 이바지 89만원으로 주택자금을 제외한 결혼비용은 총 5,073만원으로 보고되었다(더파워뉴스, 2023.02.16).

전반적인 결혼식 준비가 완료되면 사회자, 주례자, 신부도우미, 부케를 받을 친구, 축가 등 결혼 예식을 도울 사람을 섭외한다. 주례가 있는 결혼식이라면 주례는 평소 친분이 있고 존경하던 분이 좋으며, 사회자는 전문 사회자를 섭외하거나 친한 친구나 동료에게 부탁한다. 결혼식에 초대할 하객의 명단이 작성되면 청접장을 준비한다. 청접장은 일반적으로 한 달 또는 3주일 전에 전달하며, 늦어도 결혼식 1주일 전에 도착하도록 하는 것이 바람직하다. 최근에는 인터넷의 발달로 직접 전달하기가 어려울 경우 스마트폰을 통해 모바일 청접장을 전송하기도 한다. 마지막으로 신랑 측에서 허혼에 대한 감사의 표시로 신부 측으로 예물을 보내는 함들이는 보통 결혼 일주일 전 이루어진다. 일반적인 결혼식 설계 순서를 정리하면 [그림 3-2]와 같다.

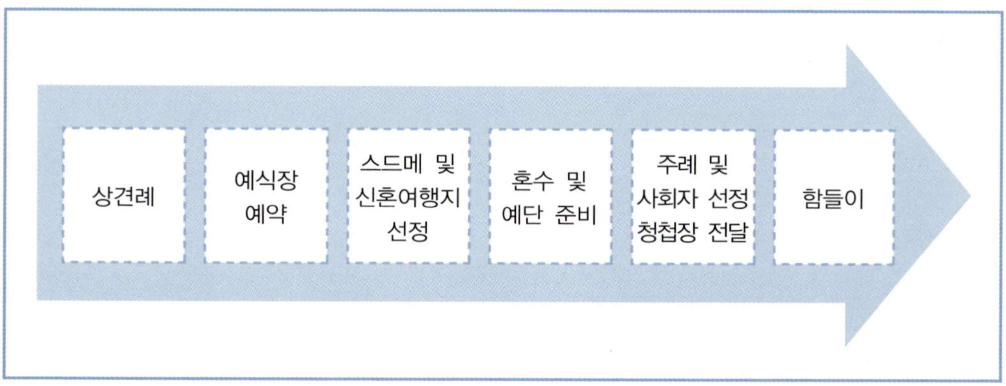

▲ 그림 3-2 결혼식 설계 순서

읽을거리

성공적인 상견례를 위한 가이드

〈프로포즈, 상견례, 예식장 중 뭐가 먼저일까〉

• 코로나-19 이후 프로포즈, 예식장 예약, 상견례. 세 가지 중 무엇이 먼저인지 순서에 대해서 더는 중요하지 않게 됐다. 보통은 프로포즈 → 상견례 → 예식장 예약의 순서로 진행해 왔는데 코로나-19가 완화된 이후로 결혼식이 늘어나 예식장 예약이 더 중요해졌다. 때문에 결론은? 알아서 본인들의 스타일대로 하면 된다.

〈상견례 정할 때 주의할 점〉

• 시기: 보통 상견례는 결혼하기 6개월에서 1년 전에 한다(하지만 마음에 드는 식장을 구하기 어렵기 때문에 경우에 따라서 3~6개월 전에 하기도 함). 상견례를 할 때에는 되도록 점심시간으로 정하는 것이 좋다(멀리 지방에서 이동을 해야 할 수도 있으니 부모를 위해 오후~저녁 시간대는 가급적 피하기).
• 지역: 상견례만큼은 부모를 위해 자녀가 지방으로 이동하는 것이 좋으며, 남자와 여자의 지역이 다를 경우에는 보통 여자 지역으로 남자의 부모가 이동하나 한쪽 부모가 경제활동을 하고, 한쪽은 하지 않는 경우에는 경제활동을 하지 않는 쪽이 배려해서 이동을 하기도 한다. 상견례 장소는 복잡한 도심보다는 한갓진 변두리 쪽으로 알아보는 것이 좋다(예: 유원지에 위치한 한식당, 깔끔한 리조트의 레스토랑 등). 또한, 못 먹는 음식, 싫어하는 음식, 음주 여부는 물론이고 각 부모의 취향은 자녀 쪽에서 미리 챙긴다면 센스 있고, 사랑받는 사위, 며느리로 거듭날 것이다.

〈상견례에 적합한 레스토랑〉

• 코스 메뉴가 있는 레스토랑: 대화 소재가 떨어져서 침묵이 흐를 가능성, 음식을 급하게 먹다가 누군가 체할 가능성, 메인 메뉴가 입맛에 안 맞아 누군가의 불만을 살 가능성 등을 배제할 수 있다.
• 한적한 곳에 위치한 레스토랑: 시끄러워서 대화가 불가능할 가능성, 거슬리는 특정 소음으로 누군가의 심기를 거스를 가능성, 주차가 안 될 가능성 등을 배제할 수 있다.
• 주변에 볼만한 곳이 있는 레스토랑: 1차 식사의 분위기가 별로라 전환을 해야 할 가능성이 있을 때 필요하다. 혹은 2차로 어딘가 가고 싶어 할 때에 급히 어딘가 찾지 않아도 될 것이다.

출처: 지큐 코리아(GQ Korea)(2023.01.12). 성공적인 상견례를 위한 가이드.

(2) 결혼식

결혼식의 진행에는 정해진 절차는 없지만 주례의 유무에 따라 대략적인 식순을 살펴보면 〈표 3-5〉와 같다. 최근 신랑과 신부가 함께 입장하거나 종교적 의미가 있는 특별한 절차를 추가하는 등 신랑과 신부의 신념이나 가치에 따라 독특한 형식으로 결혼식을 계획하고 진행하기도 한다.

▼ 표 3-5 결혼식 식순

주례 있는 결혼식	주례 없는 결혼식
개식사	개식사
양가 어머님 입장 및 화촉점화	양가 어머님 입장 및 화촉점화
주례자 소개	–
신랑 입장	신랑 입장
신부 입장	신부 입장
신랑 · 신부 맞절	신랑 · 신부 맞절
혼인서약 및 성혼선언문 낭독	혼인서약 및 성혼선언문 낭독
주례사	덕담 및 축사
이벤트(축가, 축주, 케이크 커팅 등)	이벤트(축가, 축주, 케이크 커팅 등)
양가 부모님 및 내빈 인사	양가 부모님 및 내빈 인사
신랑 · 신부 행진	신랑 · 신부 행진
친인척 및 지인 기념 촬영	친인척 및 지인 기념 촬영

출처: WI컨벤션(www.wiconvention.co.kr)

(3) 결혼식 후

기념촬영을 끝으로 결혼식이 끝나면 신랑과 신부는 폐백실에서 폐백을 드린다. 폐백은 신랑과 신부가 신랑 측 부모와 친척들에게 큰 절을 하고, 절을 받은 시부모는 덕담과 함께 대추를 신부의 치마에 던지며, 다른 친척은 신혼여행비에 보태도록 보통 현금을 준다. 최근 양성평등 가치관의 확산으로 신랑 측 식구들만을 중심으로 폐백을 행하는 것은 불공평하다고 인식되어 신부 측 식구들에게도 폐백을 드리는 추세이다. 폐백을 드린 후 신랑과 신부는 결혼식 예복을 갈아입고 결혼식에 온 하객들에게 식사를 대접하는 피로연 장소로 나가 하객들에게 인사를 드린 뒤 신혼여행 떠난다.

신혼여행은 두 사람이 맞이할 공동생활에 앞서 적응을 위한 기간이다. 즉, 신혼여행을 통해 각자의 생활을 마무리하고 정신적, 신체적인 친숙과 성적 경험을 가짐으로써 각자의 역할을 인식 및 적응하고 애정을 기반으로 한 동료의식을 형성해 나아가도록 해야 한다. 신혼여행에 있어 관광 또는 휴양 중 부부가 원하는 신혼여행의 스타일을 정한 뒤 신혼여행지를 선택하는 것이 좋으며, 특히 예산 내에서 선정하고 일찍 예약하는 것이 보다 경제적이므로 이를 고려할 필요가 있다. 신혼여행지에 도착하면 양가에 잘 도착했다는 전화를 드리고 다녀올 때는 기념선물을 준비하여 찾아뵙도록 한다.

3) 뉴노멀 결혼식: 작은 결혼식

오랜 시간 이어져 온 전통적인 결혼식 문화는 점차 달라지고 있다. 20대와 30대를 대상으로 결혼문화에 대한 인식을 살펴본 결과, 응답자의 94.6%가 우리 사회의 결혼문화는 문제가 있다고 인식하고 있었다. 주요 문제로는 과다한 혼수, 예물, 예단과 다른 사람의 시선을 지나치게 의식한 결혼식이었다(한국소비자원, 2017).

이러한 문화 속에서 등장한 작은 결혼식이란 예식절차의 참된 의미를 깨닫고 스스로 준비하여 치르는 혼례(여성가족부, 2016)로 양가 직계가족 및 신랑, 신부의 절친한 하객 등 100명 이내의 하객을 초청하여 결혼의 의미를 살리되 허례허식은 줄인 검소한 결혼식을 의미한다. 작은 결혼식은 스드메(스튜디오

촬영, 웨딩드레스, 메이크업)를 줄이고, 공공시설 예식장과 더불어 숲속, 해변 등 야외공간을 활용함으로써 비용을 절감하고, 예물과 예단을 간소화하거나 이를 생략함으로써 에너지와 시간을 절약하여 경제적이고 즐거운 결혼식을 만들어 낼 수 있다는 장점이 있다.

실제로 최근 2년 이내 결혼한 신혼부부 1,000명을 대상으로 작은 결혼식에 대한 견해를 살펴본 결과, 전체 응답자의 91.3%가 긍정적으로 인식하였으며, 그 이유는 '비용 절감'(38.2%)이 가장 컸고, 이어 '프라이빗한 결혼식'(19.3%), '개성 있는 결혼식'(18.0%) 등으로 나타났다(더파워뉴스, 2023.02.16). 작은 결혼식을 설계하는 방법은 〈표 3-6〉과 같다.

▼ 표 3-6 작은 결혼식 설계하기

〈작은 결혼식 설계하기〉

1. 작은 결혼식 예식장소 정하기(사전에 미리 신청 및 제공되는 서비스 살펴보기)
2. 예식 전 의례, 결혼 예식, 예식 후 의례 중 생략할 단계를 결정하고 주례, 축가, 하객 규모, 접대 방법 등 어떻게 진행할 것인지 결정하기
3. 체크 리스트를 작성하여 결혼 비용 미리 설계하기
4. 나만의 결혼식을 설계하기(예: 부부 가치관에 맞게 결혼식 설계, 신혼여행 경비 줄여 기부하기, 결혼식 비용 줄여 여행 떠나기 등 부부만의 고유한 결혼식 설계)
5. 혼인서약서 작성하기

출처: 임혜경 외(2017). 사랑과 결혼.

읽을거리

개성 가득 '공공 결혼식장', 가성비는 덤

서울시는 4월부터 중구 서울시청사 내 시민청과 다목적홀, 한강공원 물빛무대, 강북구 북서울꿈의숲, 마포구 문화비축기지, 종로구 송현공원 등 19곳을 공공 결혼식장으로 신규 개방한다고 26일 밝혔다. 기존 운영 중인 4곳을 포함해 23곳에서 상대적으로 저렴한 결혼식을 올릴 수 있게 됐다.

서울시 관계자는 "지난해 혼인은 19만건으로 역대 최저치를 기록했으나 거리 두기 여파로 예식장 숫자가 급감해 예비부부들은 '예약 전쟁'을 치르는 중"이라며 "물가상승으로 비용도 크게 올라 공공시설을 결혼식 공간으로 제공하는 한편 전문업체 상담도 지원할 방침"이라고 말했다.

부부 가운데 한 사람이 서울에서 거주하거나 직장 등 생활하고 있다면 누구나 신청할 수 있다. 올해 신규 개방되는 19곳 중 시민청, 광나루 장미원 등 3곳은 무료이다. 유료 결혼식장도 2만~120만원 수준으로 일반 예식장보다는 저렴하다. 하객 수용인원은 50~100명 규모다.

출처: 경향신문(2023.03.26). 서울시청 · 한강공원서 결혼식을…공공시설 19곳 개방.

참고문헌

경향신문(2023.03.26). 서울시청 · 한강공원서 결혼식을 … 공공시설 19곳 개방.

김양희, 전세경, 문영소, 이영세, 김예리, 김진희, 장온정, 박정윤, 김효민, 안진경, 백선아, 최은주(2011). **결혼과 가족.** 파주: 양서원.

더파워뉴스(2023.02.16). 결혼정보회사 듀오, 신혼부부 91.3% 작은 결혼식 긍정적.

문혁준, 양성은, 김상림, 손서희, 윤수정, 천희영(2020). **결혼과 가족.** 서울: 창지사.

문혁준, 양성은, 김혜금, 천희영, 권영인, 조한숙(2020). **가족관계.** 서울: 창지사.

박경란, 이영숙, 전귀연(2001). **현대가족학.** 서울: 신정.

박종서, 임지영, 김은정, 변수정, 이소영, 장인수, 조성호, 최선영, 이혜정, 송지은(2021). 2021년도 가족과 출산조사- (구)전국 출산력 및 가족보건 · 복지실태조사. 한국보건사회연구원.

성은주(2008). 부의 외도경험이 있는 기혼여성의 배우자선택요인에 관한 연구: 중년기 기혼여성의 배우자 선택요인을 중심으로. 평택대학교 석사학위논문.

여성가족부(2016). 작은결혼 우리의 빛나는 시작을 위해.

옥선화, 정민자, 고선주(2006). **결혼과 가족.** 서울: 하우.

유가효(2007). 해방 이후 혼전 교제와 배우자선택 과정의 변화. **한국학논집, 34,** 319-346.

이기숙, 김득성, 공미혜, 김은경, 전영주, 손태홍, 오경희(2009). **결혼의 기술**(2판). 서울: 신정.

이삼식, 박종서, 이소영, 오미애, 최효진, 송민영 (2015). 2015년 전국 출산력 및 가족보건 · 복지실태조사. 한국보건사회연구원.

이성희, 한희선(2020). **성평등 관점에서 본 결혼과 가족.** 고양: 공동체.

이소영, 김은정. 박종서, 변수정, 오미애, 이상림, 이지혜(2018). 2018년 전국 출산력 및 가족보건 · 복지실태조사. 한국보건사회연구원.

이영숙, 박경란(2011). 부부의 성격이 부부갈등에 미치는 영향: 결혼기간별 비교. **한국생활과학회지, 20**(4), 731-743.

이희영, 최영미, 임희수, 김문정(2021). **대학생을 위한 예비부모교육 - 사랑, 결혼 그리고 부모됨.** 서울: 동문사.

임혜경, 이현, 안윤영(2017). **사랑과 결혼.** 파주: 양서원.

장은영, 유지연(2005). 배우자 선택시 여성의 개인적 자원과 부모관련 자원이 초기 결혼만족도에 미치는 영향. **한국가족자원경영학회지, 9**(2), 127-144.

전귀연, 이지민, 이순복, 임지영, 박혜란, 배문조, 임주영, 정유진, 김은지, 신현정(2021). **결혼준비교육.** 서울: 신정.

정옥분, 정순화(2020). **결혼과 가족**. 서울: 학지사.

정옥분, 정순화, 홍계옥(2009). **결혼과 가족의 이해**. 서울: 시그마프레스.

조성호, 변수정(2020). 미혼인구의 이성교제와 결혼의향에 영향을 미치는 요인에 대한 분석. **보건사회연구, 40**(4), 82-114.

지큐 코리아(GQ Korea)(2023.01.12). 성공적인 상견례를 위한 가이드.

한국소비자원(2017). 결혼실태조사 보도자료.

홍성희(2020). 20-30대 남녀의 결혼제도 인식과 결혼의향. **한국가족자원경영학회지, 24**(1), 1-19.

Blackwell, D. L., & Lichter, D. T. (2000). Mate selection among married and cohabiting couples. *Journal of Family Issues, 21*(3), 275-302.

Eshleman, J. R. (2000). T*he family*. MA: Allyn & Bacon.

Kerckhoff, A. C., & Davis, K. E. (1962). Value consensus and need complementarity in mate selection. *American Sociological Review*, 295-303.

Knox, D., & Schacht, C. (2010). *Choices in relationships: An introduction to marriage and the family* (10th ed.). Belmont, CA: Wadsworth Cengage Learning.

Knox, D., & Schacht, C. (2012). *Choices in relationships: An introduction to marriage and the family* (11th ed.). Belmont, CA: Wadsworth Cengage Learning.

Murstein, B. I. (1970). Stimulus. Value. Role: A theory of marital choice. *Journal of Marriage and the Family, 32*(3), 465-481.

Murstein, B. I. (1987). A clarification and extension of the SVR theory of dyadic pairing. *Journal of Marriage and Family, 49*(4), 929-933.

Olson, D. H., DeFrain, J., & Skogrand, L. (2013). *Marriages and families: Intimacy, diversity, and strengths* (8th ed.). New York: McGraw Hill.

Olson, D. H., DeFrain, J., & Skogrand, L. (2019). *Marriages and families: Intimacy, diversity, and strengths* (9th ed.). New York: McGraw Hill.

Ryckman, R. M. (2000). *Theories of personality* (7th ed.). Belmont, CA: Wadsworth.

Schwartz, M. A., & Scott, B. A. (2012). *Marriages and families diversity and change* (7th ed.). Upper Saddle River, New Jersey: Pearson Education.

Surra, C. A., & Boelter, J. M. (2013). Dating and mate selection. In Peterson, G., Bush, K. (Eds), *Handbook of marriage and the family* (pp. 211-232). New York: Springer.

Turner, J. S., & Helms, D. B. (1994). *Contemporary adulthood* (5th ed). New York: Holt, Rinehart & Winston.

Udry, J. R. (1971). *The social context of marriage.* New York: Lippincott, Co.

Walster, E., Walster, G. W., & Traupmann, J. (1978). Equity and premarital sex. *Journal of Personality and Social Psychology, 36*(1), 82–92.

Warren, N. C. (1994). *Finding the love of your life: Ten principles for choosing the right marriage partner.* NY: Gallery.

Winch, R. F. (1958). *Mate-selection; a study of complementary needs.* New York: Harper.

Winch, R. F., Ktsanes, T., & Ktsanes, V. (1954). The Theory of Complementary Needs in Mate-Selection: An Analytic and Descriptive Study. *American Sociological Review, 19*(3), 241-249.

[사이트]

국가법령정보센터. https://law.go.kr

WI컨벤션. http://www.wiconvention.co.kr

KOSIS. https://kosis.kr

CHAPTER

04

부부관계의 이해

1. 현대사회 부부관계의 특성
2. 부부관계 유형
3. 건강한 부부관계의 개념
4. 건강한 부부관계의 토대가 되는 기본적 요인

CHAPTER

04 부부관계의 이해

부부관계란 성인인 두 남녀가 결혼이라는 제도에 의해 신체적, 심리적, 사회적 결합을 통해 부부라는 새로운 지위를 획득하고 남편으로서의 역할과 아내로서의 역할을 수행하게 되는 상호보완적 인간관계를 의미한다. 만족스럽고 안정적인 부부관계는 건강하고 기능적인 가족의 초석이다. 그러나 최근 우리 사회의 이혼율이나 부부문제의 증가율을 보면 부부관계를 원만하게 유지하면서 일생을 함께하기가 쉬운 일이 아님을 알 수 있다.

결혼을 통해 부부가 된 각 개인은 지금까지와는 다른 역할을 수행하게 되는데 이러한 역할을 제대로 수행하여 만족스러운 부부관계를 유지하기 위해서는 부부관계에 대한 이해가 필요하다. 이에 본 장에서는 현대사회에서의 부부관계 특성, 부부관계 유형, 건강한 부부관계의 개념 및 건강한 부부관계의 토대가 되는 기본적 요인 등을 통해 부부관계 전반에 대한 이해를 돕고자 한다.

1. 현대사회 부부관계의 특성

현대사회의 부부관계는 과거의 부부관계와는 다른 특성을 가진다. 부부관계의 변화는 사회 변화에 따른 가족의 변화와 불가분의 관계가 있다. 즉, 사회의 어느 한 부분이나 요소에서 일어난 변화는 직접적, 간접적으로 가족의 모든 측면에 영향을 미치고, 가족에 대한 어떤 부분의 변화는 가족관계의 특성에 영향을 미치며 당연히 부부관계에도 변화를 준다.

가족의 변화는 미시적 측면과 거시적 측면에 의해, 그리고 이 두 요소의 상호작용에 의해 발생한다. 가족에 영향을 미치는 미시적 수준은 가족구성원 개개인의 인성, 태도, 가치관과 가족구성원간의 관계적 특성 등을 들 수 있다. 가족에 영향을 미치는 거시적 수준은 생산의 형태, 경제구조적 요인, 기술혁신, 이데올로기, 대중문화, 사회운동 및 가족정책 등이다(이영숙, 박경란, 2010). 부부관계도 이러한 요인들에 의해 시대에 따라 변화를 거듭하고 있다.

현대사회에서의 부부관계 특성을 살펴보면 다음과 같다.

(1) 부부관계는 가족관계 중 중요한 중심축이다.

전통사회에서 부부관계는 부모자녀관계(친자관계)에 비하면 이차적인 의미밖에 가지지 못하였다. 과거 한국 사회는 가계 계승과 가문의 번영이 우선적인 가족가치관이었으므로 가족의 중심은 부부관계에 있는 것이 아니라 친자관계에 있었고, 아내에게는 가계 계승자인 남아의 분만과 남편 부모의 예속자로서의 역할만을 성실하게 수행하도록 요구되었다. 그러나 오늘날에는 개인의 욕구충족 및 행복을 중요시하게 됨에 따라 부부관계가 가족관계의 중심축이 되었다. 만족스럽고 안정적인 부부관계는 부부 당사자의 행복은 물론 자녀들의 건전한 성장과 안정을 보장할 수 있는 건강한 가족의 초석이 된다.

현대인에게 어떠한 가족관계가 중요한가를 물어보면 대부분의 사람들은 부부관계가 가장 중요하다고 답한다. 특히 나이가 많은 노년기의 사람들은 부부관계가 무엇보다 중요하다는 것을 일상에서 체험하고 있다고 답변하는 경우가 많은 것을 보아도 부부관계가 가족관계의 중심축임을 알 수 있다.

특히 노년기는 그 어느 시기보다도 부부관계가 가장 중심적이고 모든 생활의 기본이 되는 시기이다. 이러한 점을 입증하는 연구로 노인의 주관적 안녕감에 영향을 미치는 관계적 변인(부부관계, 성인 자녀와의 관계, 친구관계, 사회적 지지)을 탐색한 연구가 있다. 연구결과, 배우자가 있는 노인의 주관적 안녕감에 미치는 관계적 변인은 부부관계와 성인 자녀와의 관계로 나타났으며, 현재 배우자가 없는 노인의 주관적 안녕감에 영향을 미치는 관계적 변인은 사회적 지지인 것으로 나타났다(임주영, 전귀연, 2004).

(2) 평등한 부부관계를 지향한다.

인류 문명사를 살펴보면 생산의 형태나 경제구조적 요인이 가족의 권력 구조에 깊은 영향을 미친 사실을 알 수 있다. 과거 여성은 사회에서나 가족 내에서 지배적인 남성들의 권력에 밀려 제대로 인간적인 대우를 받지 못하였다. 그러나 산업사회를 거쳐 정보화 시대로 이행하는 동안 의학의 발전과 여성해방운동, 여성의 참정권 등의 영향으로 여성에게 불리했던 법적, 교육적, 제도적 장치들이 많이 개선되었다. 이러한 것들이 여성의 권리 향상과 사회진출을 용이하게 했으며 기혼여성들이 이전보다 적극적으로 경제활동 및 사회활동을 하게 됨에 따라 경제적 독립 및 사회적 성취가 가능하게 되었다. 이러한 여성의 권리 향상은 부부관계에서 남편이 절대적 권력을 행사하는 전통적 부부관계에서 벗어나 평등한 부부관계를 지향하도록 변화되고 있다.

(3) 부부관계의 유대는 친밀감에 기반한다.

결혼의 본질은 생존을 위한 결혼에서 생활의 결혼으로, 현대에는 친밀감과 의미공유의 결혼으로 변화되어 왔다(채규만, 권정혜, 2006). 이전 사회에서는 결혼의 주목적이 생존과 생활에 있었으므로 결혼을 결정하는 주된 요인은 신분을 유지하는 경제적 목적이었다. 이러한 사회에서 결혼은 남성들이 경제적으로 여성을 보호하고 부양하는 것과 관련이 되었고, 여성들은 성공적인 남성을 만나 경제적으로 안정되는 것이었다. 그러나 여성들이 법, 교육, 취업에서 많은 권리를 획득함에 따라 경제적으로 남성에게 덜 의존하게 되었다. 현대사회의 남녀는 결혼상대자를 고를 때부터 예전 세대보다 더 친밀감을 추구하며 부부간의 유대는 점차적으로 친밀감에 기반을 두게 되었다.

친밀감이란 다른 사람과 인지적으로, 신체적으로, 정서적으로 함께 나눈다는 것을 의미하는데, 친밀감을 추구하고자 하는 욕구는 부부간 유대를 강화하기도 하지만 서로의 기대에 불응할 경우 불만과 실망감이 커져 부부갈등이 발생할 가능성이 높아지기도 한다. 그러므로 현대의 부부관계에서는 일생 동안 친밀한 관계를 발전시키고 유지할 수 있는 능력이 필요하다(전귀연 외, 2021).

(4) 부부관계는 상호의존과 독립의 균형이 필요한 관계이다.

과거에는 성별분업이 가정외 생산노동과 가내노동의 분업으로 변화하였다. 그에 따라 생산노동에서 발생한 소득은 노동을 담당한 남성의 소유가 되고 여성들은 사회의 공적 지위와 역할에서 분리되어 자녀 양육과 가사를 전담하게 되었다. 가사노동은 무급노동이라는 인식과 더불어 가내노동을 담당한 여성은 소유로부터 배제되고 남성에게 종속되었으며 가부장에 전적으로 예속된 상태가 되었다. 봉건사회에서 당시 부부의 화합의 도리라고 하면서 통용된, 남편의 말에 아내가 복종하는 것을 도리라 여기는 부창부수(夫唱婦隨)와 아내가 반드시 남편의 뜻을 따라야 한다는 여필종부(女必從夫)는 가정의 주인 자격인 남편에게 무조건적으로 의존하고 남편의 주장을 따르는 방식을 미화한 것이었다.

그러나 현대의 부부관계는 전면적인 예속관계에서 벗어나 부부 상호의존과 독립의 균형이 필요한 관계이다. 현대사회에서는 부부가 서로 독립성과 자율성을 유지하면서도 친밀한 관계를 유지할 수 있다. 즉, 부부관계가 원만하다고 해서 반드시 부부간의 상호의존이 높은 것이 아닐 수 있다. 다시 말해 정보화로 인해 건강한 가족생활을 영위하는 방식의 변화, 즉 친밀한 관계의 전제조건으로 가족구성원 간의 전면적인 상호의존을 요구하지 않으며 서로에게 어느 정도 자유로운 사적 공간을 허용하는 방식으로의 전환이 진행되고 있다(박경란 외, 2001).

(5) 부부관계는 동등하게 역할을 공유하는 관계이다.

기혼여성의 경제활동 참여는 일의 성격 변화와 재택근무의 확산이라는 점에서 정보사회의 도래와 함께 더욱 현저하게 진행될 것으로 보여진다. 여성은 경제활동 참여뿐만 아니라 지역사회활동, 소비자운동, 환경보호활동, 사회봉사 등의 사회활동에 활발하게 참여할 것이다. 이러한 기혼여성의 경제활동 및 사회활동의 확대는 바로 남편의 가정 내 역할 증대와 직결된다.

정보화와 서비스산업의 증대로 인해 근무시간이 파괴되면서 남편의 가사참여율이 지금보다 더 높아질 것이다. 과거 우리 사회에서는 가사는 여성의 일이라는 인식이 여전히 남아 있어 재택근무하는 여성은 경제활동을 하면서도 집안일을 해야 하는 이중부담에 시달리는 경향이 있었다. 그러나 앞으로 여성의 가정밖 활동 및 남편의 재택근무 증가, 홈오토메이션 시스템 등의 자동설비 확대 등은 이전 세대보다 부인과 남편 모두 경제활동자, 가정관리자, 자녀양육자로서 동등하게 역할을 공유하는 방향으로 나아가게 될 것이다.

(6) 부부관계는 전 생애에 걸쳐 전 인격적인 면에서 상호적응하는 관계이다.

부부관계는 성격, 가치관이나 성생활 및 생활의 습관을 포함한 생활의 모든 면에서 서로의 인격이 적나라하게 드러나는 전 인격적인 관계라 할 수 있다. 대부분의 부부는 사고, 감정, 행동 및 생활습관 등 모든 생활영역에서 어느 정도 다른 점을 지니고 결혼생활을 시작하게 된다. 그리고 사람이 성장발달의 전 생애적 발달 단계와 인생의 다양한 환경 변화를 거치면서 신체적, 정신적, 정서적인 면에서 일반적인 변화와 더불어 개인적인 독특한 변화 역시 나타나기 마련이다. 그러므로 부부관계는 전 생애에 걸쳐 전 인격적인 측면에서 적응을 해야 한다.

과거에는 부부일심동체라고 하여 여성이 남편의 생각과 의도 및 생활양식 등에 일방적으로 적응하기를 요구하였다. 그러나 현대사회는 한쪽의 무조건적인 희생이나 양보보다는 부부 각자의 개인차를 존중하고 이해하면서 상호적응해 나아갈 방안을 추구해야 한다.

(7) 부부관계의 안정성이 저하되고 있다.

최근 우리 사회에서 사회문제로 대두되고 있는 이혼율은 부부관계의 안정성이 급격하게 낮아지고 있는 현상을 반영한다. 부부관계의 안정성은 결혼안정성과 동의어로 부부가 현재의 결혼생활을 유지시키려는 성향을 의미한다. 결혼안정성이 낮다는 것은 상대적으로 부부가 현재의 결혼관계를 해체시키고자 하는 성향이 높음을 의미하는 것이며, 그 결과는 이혼율로 나타난다.

현대사회에서 이혼이 증가하는 원인으로 인간으로서 여성의 권리 존중과 재산분할청구권과 같은 법제적 요인의 변화, 그리고 여성에 대한 교육 기회, 취업 기회 및 여성 노동력에 대한 수요의 증가 등으로 가능해진 여성의 경제적 자립, 그리고 남녀 모두 직장 및 사회적 문화적 생활로 인한 만남의 기회 증가 및 개인의 행복추구권이 우선시되는 의식 변화 등을 들 수 있다. 이러한 변화를 통해 현대사회의 부부들은 결혼생활을 더 이상 지속시킬 수 없다고 생각하거나, 불행한 상태에서 결혼생활을 지속하기보다는 새로운 삶을 찾는 것이 더 나은 선택이라고 생각하면 현재의 부부관계를 해체하려는 경향을 보인다.

2. 부부관계 유형

부부는 남편과 아내가 함께 그들 부부만의 특성을 발달시키는데 이것이 바로 부부관계 유형이다. 이경희와 옥선화(2002)는 부부의 특성별로 부부관계 유형을 분류하는 것은 다음과 같은 점에서 잠재적 유용성을 가진다고 한다. 첫째, 이론적인 측면에서, 유형화 혹은 분류체계는 새로운 과학적 이론을 개발하기 위한 연구정보를 추출하여 종합하기 위한 연구, 치료계획을 세우는데 도움이 되는 연구 등과 같은 다양한 방면의 연구를 수행하기 위해 필수적이다. 둘째, 부부관계 유형화 연구의 실제적인 이점은 임상가들에게 그들이 접하는 부부들 간의 차이를 패턴을 가지고 조직화할 수 있게 도와준다. 다시 말해 부부들의 관계 패턴에 기초하여 개별 부부들을 다각적으로 접근할 수 있도록 지도해줌으로써 임상현장에 유용한 개념적 틀을 제공한다. 셋째, 신뢰할 수 있는 유형화 모델은 이론, 연구관찰, 그리고 임상의 활동에 공통적인 개념을 제공함으로써 이 분야들 간의 차이를 줄이는 다리 역할을 한다.

부부관계 유형에 관한 연구는 Cuber와 Harroff(1963)가 최초로 실시하였다. Cuber와 Harroff는 이혼이나 별거를 고려하지 않고, 10년 이상 한 배우자와 살고 있으며, 현재의 결혼생활을 유지하려는 의도를 가진 200여명의 중류층 부부를 대상으로 심층면접을 하여 갈등이 습관화된 유형(conflict-habituated relationship), 생기 없는 유형(devitalized relationship), 소극적인 적응 유형(passive-congenial relationship), 생기 있는 유형(vital relationship), 통합적 관계 유형(total relationship)의 다섯 가지의 부부관계 유형이 존재한다고 하였다. 이 분류는 갈등의 측면과 부부의 공유시간 및 친밀감과 같은 정서적 만족감의 측면의 두 차원을 기준으로 한 것이다(Dym & Glenn, 1993; 이영숙, 박경란, 2010 재인용).

Marks(1989)는 중류층과 소수의 하류층 82쌍을 대상으로 반구조화된 질문지를 가지고 심층면접을 하여 낭만적 연합 유형(romantic fusion), 의존-소원형(dependency-distantly), 분리형(separateness), 균형잡힌 결합형(balanced connection), 부부중심 결합형(couple-centered connection), 가족중심 결합형(family-centered connection) 및 느슨한 결합형(loose connection)의 7가지 부부관계 유형이 존재한다고 제시하였다. 이 분류는 부부가 관계하는 여러 영역(자아 영역, 배우자 영역, 제삼자 영역) 중 어느 영역에 더 에너지를 집중하여 생활하는지를 기준으로 한 것이다. 여기서 자아 영역이란 개인적 경험의 총체인 자신의 내부세계를 의미하며, 배우자 영역이란 배우자에게 지향하는 부분, 제삼자 영역이란 직업, 취미, 자녀, 친척 등 자기와 배우자 이외 영역을 의미한다(이영숙, 박경란, 2010).

Olson과 Fowers(1993)는 6,267쌍의 부부들을 대상으로 부부관계향상척도(Enriching and Nurturing Relationship Issues, Communication and Happiness: ENRICH)에서 성격, 의사소통, 갈등해결, 재정관리, 여가활동, 가치관, 성관계, 자녀양육, 가족과 친구, 역할관계, 종교적 신앙 영역의 점수를 근거로 부부관계 유형을 분류하였다. 분류된 다섯 가지 부부관계 유형은 활기찬 부부관계(vitalized couple), 조화로운 부부관계(harmonious couple), 전통적인 부부(traditional couple), 갈등적인 부부관계(conflict couple), 활기 없는 부부관계(devitalized couple)이다.

국내의 부부관계 유형에 관한 연구를 살펴보면 먼저 윤양헌(1987)은 높은 안정성을 이루고 있는 것으로 보이는 30대 중산층 비취업주부들과 남편 21쌍을 대상으로 심층면접을 하여 다섯 가지 부부관계 유형을 제시하고, 다섯 유형의 부부관계는 많은 갈등을 내포하고 있으나 여러 가지 적응기제를 통해 이러한 갈등을 해소 내지 무마하고 있음을 밝혔다.

윤양헌(1987)이 밝힌 부부관계 유형은 첫째, '아내갈등형'으로, 가부장적 권위의식이 강한 남편이 자기 본위로 일방적인 통제를 하고 있으며, 아내는 여기에 불만을 느끼면서도 성관계 도구화, 자녀도구화, 연극적 테크닉의 적응기제를 통하여 갈등을 무마시키며 안정성이 유지되는 부부관계이다. 둘째, '남편갈등형'으로 투철하지는 않으나 근대적 평등의식을 가진 남편이 전통적이고 물질주의적 주부형인 아내에게 불만을 느끼고 있는 경우이다. 이때 남편은 가정 밖의 업무적, 정서적 준거집단에 열중하고, 부부관계에서는 성관계를 도구화하는 적응양식을 보이고 있다. 셋째, '상호갈등형(1)'의 부부관계에서는 아내는 남편의 권위주의적 태도에, 남편은 아내의 현모양처로서의 무능력에 불만을 갖고 있으며, 이에 따른 부부간의 갈등이 존재한다. 그러나 아내의 연극적 테크닉과 남편의 밖에서 활성화된 동료관계를 통해 이 갈등은 은폐되어 있다. 넷째, '상호갈등형(2)'인데 여기서는 의존적인 성품의 남성이 기가 센 부인의 모성적 능력의 결함에 불만을 가지며 부인은 남편의 가부장적 무능력에 대해 불만을 가지고 있다. 이들 부부간의 불만은 노골적이고 갈등은 지속적인 형태로 표출되지만 집단주의적 가족주의 의식에 지배되어 자녀에 집착함으로써 갈등과 자위의 악순환 속에서도 부부관계의 안정성을 유지해나간다. 다섯째는 '상호만족형'으로 부부가 모두 만족하는 유형이다. 바깥활동 영역에서 유능한 남편이 가정 내에서는 의존적인 성향을 보이는데 부인은 남편이 요구하는 모성역할을 성공적으로 수행함으로 부부간에 상호만족한 관계를 다루고 있다.

다음으로 문혜숙(1994)은 서울에 거주하면서 주택 소유를 근거로 중산층이면서 적어도 한 명의 자녀가 있는 30 · 40대 기혼남성 14명, 기혼여성 26명을 대상으로 심층면접과 결혼만족도와 성적만족도 척도에 대한 평가를 함께 사용하여 네 가지 부부관계 유형을 제시하였다.

문혜숙(1994)이 제시한 부부관계 유형은 첫째, '부부 적응도 잘되고 성적 적응도 잘되는 형(18명)'으로 부부 적응과 성적 적응이 잘되어 전체적인 결혼생활에 만족하고 있는 부부이다. 성적인 면에 있어 부부가 건강하고 스트레스가 적고 비교적 건강한 성생활을 하며 성욕의 조화가 잘 이루어지고 있으며, 부부간의 의사소통도 원만하고 다른 면에 문제가 있어도 부부간에 영향을 미치지 않도록 적극적인 노력을 함으로써 만족스런 부부관계를 유지하고 있었다. 이 유형의 경우 부부 적응에 전반적으로 작용되는 기제는 상황인지, 이해와 신뢰라고 볼 수 있다.

둘째, '부부 적응은 잘되지만 성적 적응은 안 되는 형(4명)'으로 커다란 부적응은 없이 살아가고는 있지만 엄격히 보면 전반적인 부부관계는 만족한 상태는 아니다. 부부 적응에 있어서는 의사소통이 그런대로 되고 있으며 서로의 애정에는 확신이 있으므로 애정표현이 적고 성적으로 불만스러워도 그것에 별로 신경을 쓰지 않고 전반적인 부부 적응에 의욕도 노력도 없이 포기와 체념하는 식의 소극적 적응으로 부부관계를 유지하고 있다. 즉, 이 유형에 있어 부부 적응의 적응기제는 배우자에 대한 애정과 신뢰를 바탕으로 한 인내와 체념이라고 볼 수 있으며, 의사소통과 같은 인간관계의 요인이 충족되어 성적인 면을 상쇄시킴으로서 부부관계가 유지된다고 볼 수 있다.

셋째는 '부부 적응은 안 되지만 성적 적응은 잘되는 형(9명)'으로 부부간에 성격이 맞지 않고 이로 인해 의사소통도 빈약하고 부부싸움도 많은 부부이다. 부부간에 갈등이 많은데도 부부관계를 유지하는 것은 만족스런 성관계가 부부관계의 불만의 보상기제로 작용하여 부부관계를 유지하고 있다. 즉 부부간의 인격적 관계가 어려워지자 부부관계는 성을 유일한 끈으로 삼아 유지하고 있는데, 이것은 배우자에 대한 인격적 이해보다는 성관계의 쾌락이 중심이 되므로 성관계의 보상기제는 부부관계 자체가 도구화된다고 볼 수도 있고 그러면서 성관계의 집착은 갈등의 원천을 보호하게도 한다. 이 유형의 전반적인 부부 적응의 적응기제는 애정과 신뢰가 부족한 인내와 체념으로 볼 수 있으며, 성적인 충족으로 다른 부부 적응의 부정적인 면을 상쇄시킴으로써 부부관계가 유지된다고 하겠다.

넷째, '부부 적응도 잘 안되고 성적 적응도 잘 안 되는 형(9명)'으로, 부부간에 성격도 맞지 않고 의사소통도 잘 안 되고 부부싸움도 많고 배우자도 신뢰하지 못하는 등 부부 적응도 안 되고, 또한 성적인 면에 있어서도 서로의 성적욕구의 조화가 전혀 되지 않고, 남성 위주의 성관계로 성적 적응도 잘 되지 않는 부부이다. 이 유형의 경우 부부 적응이 안 되어 불만스럽다 보니 성적 욕구도 생기지 않고, 따라서 성적 적응이 잘 안 되고 성적 적응이 안 되어 또다시 부부관계의 불만족을 완화시키지 못해 다시 부정적 영향을 미치는 악순환이 계속된다. 갈등의 연속인데도 갈등에 길들여진 채로 부부관계가 유지되고 있다. 이처럼 갈등이 존재하는 갈등상황인데도 부부관계를 유지하게 하는 보상기제는 자녀에 대한 집착, 인습으로 보인다.

지금까지 부부관계 유형화와 관련하여 국내에서 이루어진 연구들(윤양헌, 1987; 문혜숙, 1994)은 소수의 연구대상에 대한 심층면접의 연구결과라는 제한점이 있었다. 이에 이경희와 옥선화(2002)는 다양한 부부관계의 질을 검토해 보고자 방법적인 측면에서 안정적이고 신뢰할 만한 분류체계를 가지는 양적 방법을 통해 부부관계 유형화를 시도하였다. 연구자들은 양적방법을 통한 부부관계 유형화 연구에서 중요하게 고려되는 기준차원으로 부부갈등과 부부 친밀감 차원을 설정하였다.

이경희와 옥선화(2002)는 배우자와 자녀가 있는 30대 이상 60대 미만의 주부 944명을 대상으로 부인이 지각한 갈등과 친밀감의 두 차원에 따라 네 가지 부부관계 유형으로 분류하였다. 분류된 부부관계 유형별 집단 간 차이를 설명하는 판별요인이 부정적 갈등해결방식(회피, 언어적 공격), 긍정적 상호작용 및 긍정적 자아개념(긍정적 문제해결, 감정적 자기노출, 자아존중감, 자아분화), 사회인구학적 특성(학력, 가계소득, 연령)의 순서임을 밝혔다. 연구자들이 밝힌 부부관계 유형 및 유형별 특성은 다음과 같다.

첫째, 친밀형(308명)은 전체의 32.6%를 차지한다. 이 유형에 속한 주부들의 심리적 특성을 보면 자아존중감과 자아분화 수준이 다른 집단에 비해 가장 높았다. 갈등해결방식에서는 긍정적 문제해결의 사용 정도가 다른 집단과 비교해 보았을 때 가장 높았으며 회피와 언어적 공격의 사용 정도는 가장 낮았다. 감정적 자기노출 수준에서도 다른 집단에 비해 가장 높은 집단으로 나타났다. 이와 같이 친밀형 집단은 자아존중감, 자아분화 수준, 긍정적 문제해결,

긍정적 자기노출이 모두 타 집단에 비해 가장 높고 부정적 갈등해결방식이 가장 낮은 특성을 보였다. 이 유형의 주부들은 가계소득이 높고, 교육 수준이 높으며, 연령이 낮은 특성을 보였다.

둘째, 포기형(172명)은 전체의 18.2%를 차지한다. 이 유형에 속한 주부들의 심리적 특성을 살펴보면 자아개념이나 자아분화 수준이 다른 집단과 비교해 보았을 때 낮게 나타났다. 갈등해결방식에서는 갈등형 다음으로 회피와 언어적 공격의 방식을 주로 사용하고 긍정적 문제해결방식의 사용 수준은 다른 집단에 비해 비교적 낮은 것으로 나타났다. 감정적 자기노출 수준은 다른 집단에 비해 가장 낮은 수준을 나타냈는데, 이것이 이 유형의 특징을 잘 대변한다. 매우 저조한 감정적 자기노출과 자아존중감이나 자아분화 수준이 타 집단에 비해 낮은 특성을 고려해 보면 이 집단이 비교적 활기가 없는 부부관계 유형임을 알 수 있다.

셋째, 갈등형(301명)은 전체의 31.9%를 차지한다. 이 유형에 속한 주부들의 심리적 특성은 포기형과 함께 자아존중감과 자아분화 수준, 감정적 자기노출 수준이 다른 집단에 비해 가장 낮게 나타났다. 갈등해결방식에서는 다른 집단과 비교해 보았을 때 회피와 언어적 공격과 같은 부정적 갈등해결방식의 사용 정도에서 가장 높았고, 이것이 타 유형과 이 유형을 뚜렷이 구분하는 특성이다. 이 유형이 친밀감 추구형과 사회인구학적 배경이 유사하다는 점을 고려해 볼 때 부정적 갈등해결방식이 부부친밀감을 저해하면서 동시에 부부갈등을 증가시키는 핵심적 역할을 한다고 볼 수 있다.

넷째, 친밀감추구형(163명)은 전체의 17.3%를 차지한다. 이 유형에 속한 주부들의 심리적 특성을 보면 자아존중감과 자아분화 수준이 친밀형과 거의 유사한 수준으로 높다는 특징을 보인다. 갈등해결방식에서는 다른 집단과 비교해 보았을 때 회피와 언어적 공격은 적게 사용하는 편이며 긍정적 문제해결이나 감정적 자기노출에서 높은 수준을 나타낸다. 감정적 자기노출은 친밀형과 거의 차이가 없이 높은 수준이다.

친밀감추구형의 자아개념이나 긍정적 상호작용, 부정적 문제해결의 사용 정도는 친밀형과 유사하나 단지 사회인구학적 특성에서 차이를 보인다. 친밀감추구형의 주부들은 가계소득, 교육수준, 연령에서 포기형이나 갈등형과 크게 차이를 보이지 않았다. 이 유형은 자아존중감과 자아분화수준이 높고, 감정적 자기노출과 긍정적 문제해결의 사용 정도가 높으며 부정적 갈등해결방식의 사용 정도가 낮은 특성으로 인해 비록 부부갈등 수준이 높음에도 불구하고 부부친밀감 수준이 높은 것을 설명해 주고 있다. 이러한 특성으로 인해 이 집단의 부부갈등은 서로의 관계를 파괴적으로 하는 것이 아니라 부부 두 사람의 의견차이나 불만을 겉으로 드러내놓고 이를 건설적으로 해결함으로써 오히려 긍정적인 기능을 하고 있는 것으로 볼 수 있다.

▼ 표 4-1 부부관계 유형별 설명변수들의 평균과 표준편차

유형 / 변수	친밀형 (308명)	포기형 (172명)	갈등형 (301명)	친밀감추구형 (163명)
회피	6.88(2.69)	8.34(3.04)	10.11(3.32)	7.70(2.59)
언어적 공격	5.69(1.60)	7.03(2.48)	7.94(2.43)	6.40(1.98)
감정적 자기노출	56.37(12.26)	46.28(11.90)	47.66(11.03)	54.16(10.16)
긍정적 문제해결	13.04(3.94)	10.54(2.88)	10.01(3.41)	12.24(2.92)
자아존중감	15.71(2.44)	13.74(3.04)	13.42(2.64)	14.71(2.45)
자아분화	30.04(4.65)	28.49(4.40)	26.92(4.83)	28.37(4.46)
교육수준	13.80(2.87)	12.50(3.30)	11.94(3.17)	11.75(2.91)
가계소득	295.28(125.75)	258.95(114.31)	222.68(100.69)	240.13(100.45)
연령	40.70(7.71)	43.80(8.72)	44.49(7.94)	43.58(7.69)

출처: 이경희, 옥선화(2002). 부부관계 유형과 판별요인에 관한 연구.

3. 건강한 부부관계의 개념

부부의 관계의 질 또는 결혼 상태를 표현하는 용어로는 성공적 결혼, 행복한 결혼, 결혼만족도, 결혼안정성, 건강한 부부관계 등이 있다. 이 개념들은 약간의 차이가 있긴 하지만 모두 부부관계의 적응을 나타내는 용어들이다. 이를 구체적으로 살펴보면 다음과 같다.

1) 성공적 결혼과 행복한 결혼

성공의 개념에 대한 생각이 다르듯이 성공적 결혼이 무엇인지에 대한 생각도 사람들마다 달라 일률적인 기준 마련은 어렵다. Stinnett 등(1984)은 성공적 결혼에 대한 기준을 영구성, 갈등이나 불안이 적은 것, 배우자 사이의 응집성, 개인적 성장의 촉진, 결혼생활에서 발생하는 중요한 문제에의 동의, 행복감, 사회의 기대와 요구에의 부응을 들었다(이영숙, 박경란, 2010 재인용). 유영주 등(1996)은 성공적 결혼이란 개인의 만족에까지 도달할 수 있도록 두 사람 상호간에 역동적이고 발전적인 관계가 이룩되고 있는 결혼을 말하며, 성공적 결혼은 법률적 요구를 충족시켜야 한다고 하였다.

행복한 결혼은 부부가 결혼생활에서 행복감을 느끼는 결혼을 의미하는데 일반적으로 행복감을 가진 사람은 우선 기분 좋은 상태의 감정을 가진다. 그러나 행복이란 매우 주관적이기 때문에 일반화시켜 설명하기 어렵다. 결혼생활에서의 행복감이란 개인의 충동, 습관, 희망, 기대 등이 적절하게 방출되고 충족되어 자기발견, 자기실현을 위해 안정감을 가지고 충실하게 생활할 수 있는 심리상태를 말한다. 성공적 결혼은 행복할 가능성이 높지만, 행복한 결혼이 반드시 성공적일 수는 없다. 왜냐하면 결혼한 두 사람의 조건이 앞서 제시된 성공적 결혼의 조건에 미치지 못하는 경우라도 두 당사자들은 서로 행복할 수 있기 때문이다(유영주 외, 1996).

이처럼 성공적 결혼과 행복한 결혼의 정의를 다르게 내리는 학자도 있다. 그러나 행복이란 매우 주관적이기 때문에 일반화시켜 설명하기가 어렵고, 학자에 따라 성공적 결혼과 행복한 결혼을 혼동해서 사용하는 경우가 많았다. 그리하여 행복한 결혼이라는 용어 역시 일반화하는 것이 부적절하게 생각되었다. 또한 현대사회는 성공 지향적이므로 성공은 소수의 사람만이 도달하는 것으로 생각되기도 하고, 일부 사람들은 성공의 반대가 실패인 것으로 연상하여 성공이라는 용어에 거부감을 느끼기도 하므로 부부관계에서 조차 성공적인 부부관계라는 용어를 사용하는 것은 적절하지 않은 것으로 생각된다.

2) 결혼만족도와 결혼안전성

가족학자들은 결혼만족도와 결혼안정성의 개념 정립에 많은 노력을 기울였다. 그 결과 결혼만족도와 관련한 만족에 대한 정의는 크게 두 가지 견해로 나누어졌다. 그 하나는 만족이 '한 개인이 가지는 기대와 그 사람이 실제로 받은 보상 사이의 일치의 정도'라는 견해이다. 이 견해에 따르면 결혼만족도는 태도나 혹은 주관적 측정이라기보다는 개인이 결혼에 대해 가지는 기대와 실제 결혼의 결과 사이의 일치의 정도이다. 두 번째 견해는 만족을 '주관적으로 경험된 만족과 불만족, 혹은 행복과 불행, 즐거움과 즐겁지 않음의 현상'이라고 보는 것이다. 이 견해에서는 기대와 보상과의 일치도는 만족에 영향을 미치는 많은 요소 중의 하나이다. 결혼은 기대와 보상 사이의 일치 정도 이외에 더욱 많은 요인에 의해 영향을 받을 수 있기 때문에 주관적으로 경험한 반응으로 설명된다(신현주, 전귀연, 2008). 이러한 두 가지 견해를 종합하면 결혼만족이란 결혼생활 전반에 대한 개인의 기대가 충족되어 경험되는 주관적인 감정 상태라고 정의할 수 있다.

결혼안정성의 개념은 다음과 같이 크게 두 가지 관점으로 나누어볼 수 있다. 첫 번째 관점은 결혼안정성을 결혼의 '결과'로서 보는 것이다. Lewis와 Spanier(1979)는 결혼의 종결 형태에 초점을 두고 배우자의 사망에 의해서 결혼관계가 종료되는 경우를 제외한 이혼과 별거, 유기 등은 결혼불안정성을 의미한다고 하였다. 두 번째 관점은 결혼안정성을 결혼 해체의 하나의 '과정'으로 보는 것이다. 이는 이혼이나 별거와 같은 결과만이 결혼불안정성을 의미하는 것이 아니라 결혼을 해체시키려는 성향이 결혼불안정성의 지표가 된다는 것이다.

현재는 부부관계의 결혼안정성을 결혼생활의 지속으로, 결혼불안정성을 이혼과 별거라는 결과로 이해하기보다는 결혼생활에 대한 성향이 안정과 불안정 중 어디에 더 가까운가에 초점을 두어 결혼안정성은 결혼을 유지시키고자 하는 성향이고 결혼불안정성은 이혼을 하지 않았더라도 부부가 현재의 결혼관계를 해체시키고자 하는 성향으로 정의하는 학자들이 많다(Booth et al., 1983; 김득성, 1992; 선희라, 전귀연, 2013 재인용). 이들의 견해를 따르면 결혼안정성은 부부가 현재 지속되고 있는 결혼을 유지시키려는 성향으로 정의할 수 있다.

용어에 대한 정의를 정확하게 잘 모르는 사람들은 결혼만족도와 결혼안정성을 혼동하여 사용하거나, 결혼만족도와 결혼안정성을 같은 개념으로 사용하기도 한다. 그러나 선행연구들은 결혼안정성은 결혼만족도와는 다른 개념이며, 결혼만족도가 결혼안정성에 영향을 미치는 요인이라고 설명하고 있다(Booth et al., 1984; 전춘애, 박성연, 1993; 선희라, 전귀연, 2013 재인용). 또한 적지 않은 사람들이 오래 지속되는 결혼을 성공적인 결혼이라고 생각하지만 실제로 평생 갈등이 지속되는 불행한 결혼도 많다(김용미 외, 2002).

3) 건강한 부부관계

최근까지 우리는 가족에 대한 연구를 하면서 가족을 건강하고 기능적으로 만드는 요인이 무엇인가에 대한 것보다는 가족의 실패나 가족관계를 악화시키는 것이 무엇인가에 대해 관심을 집중해 왔다. 그러나 최근 개인의 강점과 긍정적인 행동에 초점을 두는 긍정심리학의 영향력이 커지면서 부부관계를 건강하게 유지시키는 강점을 찾으려는 시도가 많아지고 있다.

건강한 부부관계에 대한 학자들의 정의를 살펴보면, Field(1991)는 건강한 부부관계는 두 사람이 상대방의 행복에 진정으로 관심을 갖고 열심히 헌신하는 관계를 의미한다(최외선 외, 2008 재인용). 부부관계가 건강한 것은 결혼생활이 안정되고 해체위험성이 적은 상태라기보다 부부관계가 활력 있고 친밀하며 협동적인 상태를 의미한다고 하였다. 그리고 결혼만족은 건강한 부부관계의 결과(outcome)로서 행복감의 중요한 비중을 차지한다고 하였다(최규련, 2015). 이에 본서에서는 건강한 부부관계를 부부의 결혼만족도와 결혼안정성이 높은 부부관계로 정의한다.

4. 건강한 부부관계의 토대가 되는 기본적 요인

결혼만족도와 결혼안정성이 높은 부부관계를 건강한 부부관계로 정의한

바, 국내의 결혼만족도와 결혼안정성과 관련된 연구물을 전반적으로 검색하여 결혼만족도와 결혼안정성에 영향을 미치는 변인을 고찰해 보았다. 고찰 결과, 많은 선행연구들이 결혼만족도가 결혼안정성에 영향을 미치는 요인임을 제시한 결과와 결혼만족은 건강한 부부관계의 결과로서 행복감의 중요한 비중을 차지한다(최규련, 2015)는 제언이 유효하였다. 결혼안정성 관련 변인에 대한 메타분석에 의하면 결혼안정성에 영향을 미치는 정적변인 중에서는 관계적 변인인 성 및 애정, 결혼만족도, 의사소통 및 갈등대처방식이 결혼안정성에 가장 큰 효과크기를 보였다(박인아, 전세송, 2023).

국내의 결혼만족도와 결혼안정성과 관련된 연구물과 건강하고 원만한 부부관계에 관한 저서 및 부부관계 향상 프로그램에서 공통적이고 핵심적인 내용을 정리하여 분류해 본 결과 부부관계에 영향을 미치는 요인은 개인적 요인, 관계적 요인 및 상황적 요인으로 대별해 볼 수 있었다. 건강한 부부관계의 토대가 되는 기본적 요인은 무엇보다 자아존중감, 자아분화, 자아탄력성, 성역할태도와 같은 개인적 요인과 관계유지에 필요한 헌신, 신뢰, 협동, 성실, 충실과 같은 요인과 의사소통, 갈등대처 등의 관계적 요인이 주요한 영향력을 가진 것으로 밝혀졌다. 여기서는 건강한 부부관계의 토대가 되는 기본적 요인으로 개인적 요인과 관계적 요인을 중심으로 살펴보고자 한다.

1) 개인적 요인

(1) 자아존중감

자아존중감은 자신이 지각한 자신의 여러 속성들에 대한 스스로의 평가적 태도(최보가, 전귀연, 1993)로서 자아존중감은 에너지의 자원이 되는데, 인간이 자신을 사랑하고 감사를 느낄 때 에너지가 만들어지며, 에너지가 조화롭고 긍정적으로 사용될 때 현재 주어진 상황을 더욱 창조적이며 현실에 맞게 잘 극복할 수 있게 된다(송성자, 정문자, 1994).

자아존중감이 높은 사람은 자기에 대한 인식이 분명하고 자신을 긍정적으로 평가하며 내적 일관성을 가지고 있기 때문에 외부환경이나 다른 사람들의 평가에 크게 흔들리지 않는다. 자기의 삶에 대해서 스스로 선택하며 책임지는 삶, 상황에 적절하게 자기를 있는 그대로 표현하는 삶, 그것이 자아존중감이 높은 사람의 삶의 방식이다. 그러나 자아존중감이 낮은 사람은 자기를 솔직하게 드러내는 것을 두려워하고 외부환경의 변화에 큰 영향을 받고 쉽게 좌절하며 자신감이 부족하여 결정을 쉽게 내리지 못한다(김영애, 2006).

타인과 친밀한 관계를 맺기 위해서는 먼저 자신을 있는 그대로 수용하고 존중할 수 있어야 한다. 이는 자신을 수용할 수 있어야 자신의 생각과 감정 및 삶을 나누어 가지면서 다른 사람들 및 배우자와도 친밀감을 형성할 수 있다는 것이다. 자신에 대해서 수치스럽게 생각하거나 열등감을 가지면, 자신을 방어하거나 다른 사람에게 인정을 받는 데 초점을 맞추게 되고, 그 결과 상대방을 이해하지 못하고 상대방과 깊고 의미 있는 정서적 관계를 맺지 못하게 된다. 그러므로 부부가 서로 가까워지기 위해서는 자신을 수용하고 존중하게 될 때, 즉 먼저 자신을 있는 그대로 사랑할 때 그 사랑을 상대방에게 줄 수 있다고 한다(채규만, 권정혜 2006).

부부의 자아존중감이 결혼만족도에 미치는 자기효과와 상대방효과를 검증한 결과(박영화, 고재홍, 2005; 안연주, 최연실, 2021) 남편과 아내 모두 효과가 있는 것으로 나타났으나, 남편과 아내의 결혼만족도는 배우자의 자아존중감의 영향보다는 자신의 자아존중감의 영향을 더 많이 받는 것으로 나타났다. 이는 결혼만족도가 배우자보다는 자신에게서 영향을 더 많이 받는 것을 의미한다. 자아존중감이 높은 사람은 자신과 배우자의 차이점을 존중하고 타인과 주어진 상황을 받아들이며 자신의 내적 감정과 내용이 일치하는 의사소통을 사용한다. 즉 자아존중감이 높은 부부의 의사소통은 매우 진실하며 자기감정을 잘 알아차리고 이를 적절하게 표현하여 부부관계의 긍정적인 상호작용을 촉진하게 되어 높은 결혼만족도를 형성하는데 영향을 미치는 것으로 보인다. 최근 한국 부부의 결혼만족도 관련 변인에 대한 메타분석 결과, 개인적 변인 중에는 자아존중감이 가장 큰 효과크기를 가지는 것으로 나타났다(송진아, 전세송, 2023).

(2) 자아분화

자아분화는 정신내적 개념인 동시에 대인관계적 개념으로, 정신내적으로는 사고와 감정을 분리할 수 있는 능력을 의미하며 대인관계적으로 자신과 타인 사이의 분화를 의미한다. 자아분화의 정도는 개인의 지적체계를 정서체계와 구분할 수 있는 능력과 인간의 개별성의 욕구와 집단성의 욕구를 적절하게 조절하고 관리하는 능력을 반영한다(정문자 외, 2012). 자아분화 수준이 높은 사람은 타인과 친밀한 정서적 접촉을 하면서도 확고한 자아정체감과 독립성을 유지하며, 강요에 의해 자기 자신을 희생하지 않는다.

반면, 정신내적으로 분화수준이 낮은 사람은 주관적 감정에서 객관적 사고를 분리하기 어렵기 때문에 감정에 따라 맹목적으로 추종하거나 분노에 의해 배척한다. 이에 비해 분화수준이 높은 사람은 사고와 감정이 균형을 이루어 예민한 정서를 갖더라도 감정적인 충동을 참을 수 있는 자제력과 객관성을 가진다. 분화된 사람은 자기감정을 그대로 느끼며 주위의 사람들과 어느 정도의 객관성과 감정적인 거리를 유지할 수 있어 자기 주변의 상황에 대해 이성적으로 대처할 수 있다(송정아, 최규련, 1997; 정옥분 외, 2005 재인용).

대인관계에서도 분화수준이 낮은 사람은 자주적 정체감이 적어 타인과 쉽게 융합되며 자신과 타인을 분리하지 못한다. 따라서 권위적인 인물의 지시나 가족의 의견에 긍정적이든 부정적이든 감정적으로 반응하게 되며, 자신의 독자적 신념보다 남에게 들은 것을 되뇌게 된다. 반면, 분화수준이 높은 사람은 타인과 차별되는 자신만의 분명한 입장을 가지며 자신의 신념에 따라 행동한다. 타인과 친밀한 접촉을 유지하면서도 융합되지는 않는다(정문자 외, 2012). 이러한 사람은 자신의 원가족으로부터 정서적으로 융합되거나 단절되지 않고 자신이 이룬 가족을 자율적으로 기능적으로 운영한다.

부부의 자아분화 수준이 높을수록 부부는 긍정적으로 상호작용을 하여 서로 결혼생활에 잘 적응하도록 돕고 부부관계를 원만하게 유지할 수 있어 분화수준은 전반적으로 결혼만족도에 긍정적인 영향을 미쳤다(권정란, 이인수, 2006). 부부의 자기분화 수준이 결혼만족도에 미치는 자기효과와 상대방효과를 검증한 결과 남편과 아내 모두 효과가 있는 것으로 나타났으나 남편과 아내의 결혼만족도는 배우자의 자아분화의 영향보다는 자신의 자아분화의 영향을 더 많이 받는 것으로 나타났다. 이는 결혼만족도가 배우자보다는 자신에게서 영향을 더 많이 받는 것을 의미한다(나남숙, 이인수, 2017).

한편, 부부의 자아분화 수준이 높을수록 부부갈등이 적으며 이혼의향을 낮추는 요인으로 작용하였다(서영숙, 김경신, 2018). 이는 개인이 자아분화의 미성숙으로 감정체계가 조절되지 못하는 상태가 되면 부부간 갈등이 있을 때 갈등이 더 심화되고, 이러한 상황이 장기간 지속되면 부부문제가 부부간에 해결되지 못하는 상태에 이르러 이혼의향을 가지게 되는 것으로 볼 수 있다.

(3) 자아탄력성

자아탄력성은 상황적 요구나 스트레스가 많은 환경 속에서도 자아통제 수준을 변화시켜 융통성 있게 반응하고 성공적인 적응을 이루는 능력이며, 대인관계, 호기심 및 활력성, 행동 및 감정통제의 하위 요인으로 구성된다(Block & Kremen, 1996). 대인관계는 개인의 사회적 관계 및 사회적 지각에 대한 능력을, 호기심 및 활력성은 삶의 문제들을 해결하는데 활동적이고 환기적인 접근을 하는 것을, 행동 및 감정통제는 스트레스 상황에서 충동적 행동을 융통성 있게 조절하고 효율적으로 적응하는 행동특성을 지니고, 적절한 정서표현을 통해 변화하는 환경에 적극적인 대처전략을 할 수 있는 능력을 의미한다(Klohnen, 1996; 선희라, 전귀연, 2013 재인용).

자아탄력성은 인지적, 정서적, 행동적 요소를 모두 포함하는 적응에 관련된 성격으로 자아탄력성이 높은 사람은 불안에 민감하지 않을 뿐 아니라 새로운 경험에 개방적이고 긍정적인 정서를 경험하며 체계의 평형을 유지하거나 증진시키기 위해 환경 맥락의 요구에 따라 자아통제의 수준을 융통성 있게 조절할 수 있는 능력을 가진다(Walsh, 1998). 그러므로 자아탄력성이 높을수록 결혼안정성이 높아지는 직접적인 효과를 가졌으며(선희라, 전귀연, 2013 재인용), 자아탄력성은 성인애착과 결혼만족도와의 관계(오명자, 2010), 문화적응스트레스와 부부 적응의 관계(김현숙 외, 2010)에서 조절효과를 가졌다. 즉, 개인의 성격적 측면의 강점인 자아탄력성에 따라 결혼만족도와 부부 적응의 수준이 달라짐을 알 수 있다.

(4) 성역할태도

성역할이란 개인이 속한 문화권 내에서 성별에 따라 적합하다고 여겨져 요구되는 규범적 행동을 의미한다. 사람은 누구나 태어날 때 생물학적으로 남과 여로 구별되어 태어나고, 타고난 성에 따라 그 사회에서 기대하는 역할을 요구받으면서 살아가게 된다. 성역할태도는 성별로 기대되는 행동에 대한 개인의 호의적 비호의적인 반응경향을 의미한다. 이러한 성역할태도는 사회적인 남녀평등에 대한 태도, 가정에서의 남녀평등에 대한 태도, 성 고정관념에 대한 태도 등으로 구분되며 전통적인 태도, 보수적인 태도, 근대적인 태도, 평등적인 태도 등으로 표현된다. 성역할태도에 있어서 전통적인 태도는 여성과 남성의 역할을 엄격하게 분리시키는 이분법적인 태도를 말하며, 근대적인 태도는 성역할 내용을 융통성 있게 지향하는 것을 의미한다. 성역할태도는 구체적으로 부부평등과 역할 공유, 여성의 취업과 승진, 직장에서의 남녀평등, 출생아 성별 선호, 여성의 이혼청구나 음주에 대한 선호경향 등에 대한 태도로 살펴볼 수 있다(전귀연 외, 2021).

부부들은 가족 내에서 누가 무엇을 해야 하는가에 대한 태도와 생각을 가지는데, 이에 대한 의견이 일치되지 않고 서로 상이한 태도를 가진다면 부부간 긴장이 발생하고 갈등이 자주 발생할 수 있다. 부부간의 성역할태도와 결혼만족도 간의 관계에 대해 살펴보면, 최규련(1984)의 연구에서는 남편의 성역할태도가 부인보다 더 근대적일 때 부부 모두 결혼만족도가 가장 높았고, 그 다음이 일치하는 경우이며, 남편의 성역할태도가 부인보다 더 전통적일 때 가장 낮은 결혼만족도를 보였다. 윤경자(1997)의 연구에서는 남편이 전통적 그리고 부인이 평등적인 성역할태도를 가질 때 결혼만족도가 가장 낮게 나타났고, 부부가 모두 전통적일 때, 부부가 모두 평등적일 때의 순으로 결혼만족도가 높아졌으며, 남편이 평등적이고 부인이 전통적일 때 결혼만족도가 가장 높게 나타났다.

성역할태도는 가족과 사회체계에서 이루어지는 남녀 간의 노동분담에 대한 태도에도 적용되는 것으로 전통적이며 경직된 성역할태도는 특히 맞벌이 부부에게 역할갈등을 초래하는 주요인이 된다(신현주, 전귀연, 2008). 특히 맞벌이 부부가 증가하고 있는 현대사회에서 남성들은 가정생활의 경제적 부담을 아내와 분담하기를 원하는 경향이므로 바깥일과 집안일을 상황에 따라 서로 융통성 있게 분담할 수 있는 근대적이며 융통적인 성역할태도를 가지는 것이 남녀 모두에게 요구되고 있다. 따라서 성역할태도 및 수행에 대한 부부간 협상이 매우 중요해졌다.

2) 관계적 요인

(1) 부부관계 유지에 필요한 요인

남편과 아내가 서로 돕고 지지하고, 서로 행복하게 하고, 가정을 일구는 데 사랑이 강력한 힘인 것은 사실이다. 그러나 부부관계를 해체시키지 않고 사랑을 튼튼하게 하기 위해서는 좋은 관계를 맺는데 요구되는 다른 요인들이 더 필요하다. 부부가 행복한 관계를 맺기 위해서는 무엇보다 다음과 같은 관계 유지에 필요한 요인이 요구된다(Beck, 2005).

① 관계발달을 위한 헌신(commitment)

부부가 어떠한 어려움에 처하더라도 관계가 변하지 않을 것이라는 기대를 말한다. 부모와 자녀의 관계나 형제들 간의 관계가 계속될 수 있을까 의문을 품지 않듯이, 부부관계도 계속 이어질 수 있을지 의문을 품지 않는다. 이때 다음과 같은 태도가 필요하다. "우리에게 문제가 발생해도, 함께 잘 풀어갈 것이다.", "어려운 일이 발생해도 나는 배우자에게서 멀어지지 않을 것이다."

② 기본적 신뢰(basic trust)

배우자에게 의지하고 힘이 될 수 있는 가정을 말한다. 기본적 신뢰는 다음과 같은 태도들로 구성된다. "내가 살아가는 데 배우자는 힘이 되어 줄 것이다.", "배우자가 의도적으로 나에게 상처를 입히지는 않을 것이다.", "나는 평소 긴급한 일이 일어날 때 배우자에게 의지할 수 있다는 것을 안다.", "내가 필요로 할 때 배우자는 항상 힘이 되어 줄 것이라는 사실을 안다.", "배우자가 선의를 가지고 있음을 안다."

③ 협력(cooperation)

부부와 가족으로서 공동 목표를 달성하기 위한 노력을 경주한다. 이때 다음과 같은 기본적 태도를 가져야 한다. "우리는 중요한 결정을 내릴 때 함께 한다.", "우리는 각자 자신이 책임 맡은 일을 잘 달성한다."

④ 성실(loyalty)

배우자가 가진 관심에 헌신하는 것을 말한다. 배우자가 어려울 때에도 항상 곁에 서 있을 것이다. "나는 배우자가 가지고 있는 관심을 먼저 생각할 것이다.", "나는 협력자로서 배우자를 지지할 것이다.", "나는 언제나 배우자를 지지할 것이다."와 같은 태도를 가지는 것이다.

⑤ 충실(fidelity)

성적인 측면에서의 성실과 충실을 의미한다. 이는 "나는 배우자 외의 다른 사람과 성적인 관계를 맺지 않을 것이다."와 같은 태도를 가지는 것이다.

(2) 의사소통

의사소통은 정보를 주고받는 과정으로 사람들 간의 감정, 태도, 사실, 믿음, 생각을 전달하는 과정으로 상호작용을 통해 서로에게 영향을 주고 서로를 이해하는 모든 수단을 포함한다. 이러한 의사소통은 의미를 창출하고 공유하는 상징적 상호교류 과정으로 인간관계에서 가장 보편적이고 기본적인 것이다

(Galvin & Brommel, 1986). 따라서 부부중심의 관계를 안정되고 굳건하게 유지시켜 줄 수 있는 가장 중요한 요소가 부부의 끊임없는 의사소통의 상호작용이라고 할 수 있다. 즉, 가족 내에서 부부는 경험과 관심을 서로 나누고, 사랑과 존경을 기반으로 한 의사소통을 통하여 더욱 친밀하고 만족스러운 관계를 형성하는 반면, 비효율적이고 불충분한 의사소통으로 인해 부부관계는 흔들리기도 하고 약화되기도 한다.

의사소통 유형은 학자들에 따라 분류 기준에 따라 다를 수 있으나 이정순과 박성연(1991)은 의사소통 유형을 이성적 태도, 양보하는 태도, 비난하는 태도, 무관심한 태도, 일방적인 태도로 분류하였다. 이성적 태도는 자신의 의견을 솔직하게 나타내고, 오해나 잘못된 일은 이해할 때까지 반복하여 이야기해 주며, 의문이 생기면 계속 물어보는 솔직하고 정확하면서도 엄격하게 의사소통하는 태도를, 양보하는 태도는 대등한 관계로 이야기하지 못하고 상대방의 입장이나 의견을 따르는 태도를 말한다. 비난하는 태도는 상대방의 단점이나 실수를 추궁하고 따지며 자신의 감정을 조절하지 못하여 화를 내거나 큰소리로 말하거나 잔소리하는 식으로 말하는 태도이다. 무관심한 태도는 자신의 의견과 감정은 표현하지 않고 부부간 의사소통 자체에 관심을 보이지 않는 태도이며, 일방적인 태도는 상대방에게 의견을 물어보지만 결정은 혼자 내리고, 자신이 기분에 따라 상대방에게 말을 하지 않거나 건성으로 대하는 태도이다.

남편의 의사소통 유형이 아내의 결혼만족도에 미치는 영향과 아내의 의사소통 유형이 남편의 결혼만족도에 미치는 영향을 살펴본 결과, 남편과 아내의 의사소통 유형이 배우자의 결혼만족도에 미치는 영향이 다르게 나타났다. 남편은 아내가 이성적이고 양보적인 의사소통 유형을 보일 때 결혼만족도가 높았으며 무관심한 태도를 보일 때 결혼만족도가 낮았다. 아내는 남편이 이

성적인 태도일 때 결혼만족도가 높았으며 비난적일 때 결혼만족도가 낮은 결과를 보였다(전귀연 외, 1998).

(3) 갈등대처

부부는 환경과 경험이 서로 다른 남녀의 결합이므로 결혼생활에서 부부 사이에 갈등이 일어나는 것은 당연하며 정상적인 과정이다. 결혼생활에서 부부갈등의 심화 원인은 부부간의 상이성이나 갈등의 존재 그 자체에 있는 것이 아니라 갈등을 해결하고 조정해 나가는 방식에 있다. 즉, 부부가 그들의 갈등을 해결하는 방식이 부부관계에서 매우 중요하다. 부부의 갈등대처방식에 따라 부부갈등이 더욱 심하게 되어 가족해체의 위기에 직면할 수도 있고, 부부관계의 회복 및 친밀감 증진과 함께 안정적인 결혼생활을 지속할 수도 있다.

갈등대처방식이란 심리적 안정성에 대한 중요한 위협을 처리하기 위하여 사용되는 모든 방법의 총체이다(Chodoff et al., 1964). 개인이 문제나 갈등에 직면해서 문제를 관리하고 적응하는 방식(최규련, 1995), 문제나 갈등에 직면해서 그것을 극복하기 위해 사용하는 행동(이현주, 1996) 및 개인이 어떤 갈등상황에 직면했을 때 그 문제나 갈등을 해결하기 위해 취하는 행동방식이라고 정의된다(이선미, 전귀연, 2001).

갈등대처방식을 분류하는 방법은 연구자들마다 조금씩 다르다. 권오실(1995)은 이성적 대처, 외부 도움 요청, 감정표현, 회피, 순응 및 체념, 기분전환, 의견 강요의 7가지로 분류하였고, 이현주(1997)는 갈등대처방식을 외부 도움 요청, 신앙에 의지, 이성적 대처, 회피, 행동표출의 5가지로 분류하였다. 이선미와 전귀연(2005)은 해결방안을 모색하기 위해 문제를 논의하고 의견을 타협하거나 친구나 친척 등 다른 사람에게 도움을 구하는 이성적 대처, 상대방을 비난하고 욕하거나 혹은 신체적으로 위협하거나 상해를 입히는 공격적

대처, 문제를 해결하기보다 참거나 문제에 대한 언급을 피하는 회피적 대처의 3가지 방식으로 분류하였다.

이선미와 전귀연(2005)은 부부갈등 시 남편과 아내가 인지한 자신과 배우자의 갈등대처방식의 상호작용 패턴에 따라 결혼만족도에 차이가 있는지를 살펴보았다. 그 결과, 남편과 아내 모두 자신과 배우자의 갈등대처방식의 상호작용 패턴을 이성형-이성형으로 인지할 때 결혼만족도가 가장 높은 것으로 나타났다. 반면, 남편의 경우 자신과 아내의 갈등대처방식의 상호작용 패턴이 공격형-공격형일 때 남편의 결혼만족도가 가장 낮은 것으로 나타났다. 아내의 경우 자신과 남편의 갈등대처방식의 상호작용 패턴이 공격형-회피형일 때 결혼만족도가 가장 낮은 것으로 나타났다. 이는 일반적으로 부부의 권력관계에서 남편들은 아내에 대해 순종적이고 여성적인 것을 기대하는 반면, 아내의 경우 자신에 비해 남편이 무능하고 문제해결에 소극적이고 나약하다고 생각될 때 결혼생활에 더 불만을 느끼는 것으로 보인다.

참고문헌

권오실(1995). 부부간의 갈등정도와 갈등관리방법과의 관계분석: 학령기 이전 자녀를 둔 부부를 중심으로. 숙명여자대학교 대학원 석사학위논문.

권정란, 이인수(2006). 원가족의 정서적 건강성과 자기분화에 따른 부부적응. **한국가족관계학회지, 11**(1), 35-56.

김득성(1992). 결혼만족도와 안정성의 관계: 사회교환이론적 접근. 부산대학교 대학원 박사학위논문.

김영애(2006). **인간관계 및 부부관계 개선을 위한 사티어 의사소통 훈련프로그램.** 서울: 김영애 가족치료연구소.

김용미, 서선희, 옥경희, 정혜정(2002). **결혼과 가족의 의미.** 파주: 양서원.

김현숙, 김희재, 최송식(2010). 결혼이주여성의 문화적응스트레스와 부부적응: 자아탄력성의 매개효과와 조절효과를 중심으로. **한국가족자원경영학회, 14**(2), 153-176.

나남숙, 이인수(2017). 자기분화, 결혼만족도, 헌신간의 관계: 자기효과와 상대방효과 적용. **가족과 가족치료, 25**(1), 115-136.

문혜숙(1994). 부부적응과 성적 적응에 따른 부부관계 유형연구: 도시 중산층 기혼남녀를 중심으로. 동국대학교 대학원 박사학위논문.

박경란, 이영숙, 전귀연(2001). **현대가족학.** 서울: 학지사.

박영화, 고재홍(2005). 부부의 자존감, 의사소통 방식, 갈등대처행동과 결혼만족도간의 관계: 자기효과와 상대방효과. **한국심리학회지: 사회및성격, 19**(1), 71-100.

박인아, 전세송(2023). 결혼안정성 관련 변인에 대한 메타분석. **한국생활과학회지, 32**(4), 375-392.

서영숙, 김경신(2018). 여성의 이혼의향에 영향을 미치는 관련 변인 연구. **한국가족관계학회지, 23**(3), 77-104.

선희라, 전귀연(2013). 여성결혼이민자의 자아탄력성과 가족탄력성이 결혼안정성에 미치는 영향. **한국가족관계학회지, 18**(3), 233-253.

송성자, 정문자(1994). **경험적 가족치료 Satir 이론과 기법.** 서울: 중앙적성출판사.

송정아, 최규련(1997). **가족치료의 이론과 기법.** 서울: 하우.

송진아, 전세송(2023). 한국 부부의 결혼만족도 관련 변인에 대한 메타분석. **가족과 문화, 35**(2), 69-114.

신현주, 전귀연(2008). 영아기 자녀를 둔 취업부의 결혼만족도에 영향을 미치는 변인. **한국가족관계학회지, 13**(2), 195-227.

안연주, 최연실(2021). 개인 심리적 요인이 부부의 결혼만족도에 미치는 영향의 자기효과와 상대방효과: 개인의 우울감과 자아존중감을 중심으로. **한국가족관계학회지, 26**(1), 165-182.

오명자(2010). 은퇴한 노인의 성인애착과 결혼만족도와의 관계: 의사소통의 매개효과 및 자아탄력성의 조절효과. 전남대학교 대학원 박사학위논문.

유영주, 김순옥, 김경신(1996). **가족관계학.** 파주: 교문사.

윤경자(1997). 성역할태도가 부부의 결혼만족도에 미치는 영향. **한국가정관리학회지, 15**(4), 221-235.

윤양헌(1987). 현대 한국 부부관계의 갈등유형과 안정성에 관한 연구: 30대 도시중산층 부부의 심층면접을 토대로. 이화여자대학교 대학원 석사학위논문.

이경희, 옥선화(2002). 부부관계유형과 판별요인에 관한 연구. 대한가정학회지, 40(4), 179-199.

이선미, 전귀연(2001). 결혼초기 남편과 아내의 부부갈등과 갈등대처방식이 결혼만족도에 미치는 영향. **한국가정관리학회지, 19**(5), 203-220.

이선미, 전귀연(2005). 결혼초기 남편과 아내가 인지한 갈등대처방식의 상호작용패턴이 결혼만족도에 미치는 영향. **대한가정학회지, 43**(7), 93-107.

이영숙, 박경란(2010). **현대 가족관계학**. 서울: 신정.

이정순, 박성연(1991). 부부간 커뮤니케이션 유형에 관한 연구. **대한가정학회지, 29**(3), 175-190.

이현주(1996). 부부의 자아분화정도와 갈등대처행동에 관한 연구. 성균관대학교 대학원 석사학위논문.

임주영, 전귀연(2004). 노인의 주관적 안녕감에 영향을 미치는 변인 연구: 배우자 유 · 무를 중심으로. **한국노년학회, 24**(1), 71-87.

전귀연, 구순주, 박경란(1998). 부부간 의사소통 유형이 결혼만족도에 미치는 영향. **아동 · 가족복지연구, 2**, 1-23.

전귀연, 이지민, 이순복, 임지영, 박혜란, 배문조, 임주영, 정유진, 김은지, 신현정(2021). **결혼준비교육**. 서울: 신정.

전춘애, 박성연(1993). 결혼만족도와 결혼안정성간의 관계에 관한 일 연구. **대한가정학회지, 31**(2), 81-96.

정문자, 정혜정, 이선혜, 전영주(2012). **가족치료의 이해**. 서울: 학지사.

정옥분, 정순화, 홍계옥(2005). **결혼과 가족의 이해**. 서울: 시그마프레스.

채규만, 권정혜(2006). **심리학자들이 쓴 행복한 결혼의 심리학**. 서울: 집문당.

최규련(1984). 부부의 성역할태도와 결혼만족도에 관한 연구. **대한가정학회지, 22**(2), 91-102.

최규련(1995). 가족체계의 기능성, 부부간 갈등 및 대처방안과 부부의 심리적 적응과의 관계. **대한가정학회지, 33**(6), 99-113.

최규련(2015). **부부문제와 부부상담**. 서울: 신정.

최보가, 전귀연(1993). 자아존중감 척도 개발에 관한 연구. **대한가정학회지, 31**(2). 41-54.

최외선, 현은민, 전귀연, 이기숙, 김득성, 손낙주, 구순주, 배기조, 홍상욱, 박혜인, 최보가(2008). **결혼과 가족**. 대구: 정림사.

Beck, A, T. (2005). **사랑만으로는 살 수 없다**. 제석봉 역. 서울: 학지사.

Block, J., & Kremen, A. M. (1996). IQ and Ego-resiliency: Conceptual and empirical connections and separateness. *Journal of Personality and Social Psychology, 70*(2), 349-361.

Booth, A., Johnson, D. R., & Edward, J. N. (1983). Measuring marital instability. *Journal of Marriage and Family, 45*, 387–394.

Booth, A., Johnson, D. R., Edward, J. N., & White, I. (1984). Woman, outside employment, and marital instability. *American Journal of Sociology, 90*(3), 567–583.

Chodoff, P., Friedman, S. B., & Hamberg, D. A. (1964). Stress, defenses and coping behavior observation in parents of children with malignant disease. *American Journal of Psychiatry 120*(8), 743–749.

Cuber, J. F. & Harroff, P. B. (1963). *Five types of marriage. In M. B. Sussman (Ed.), Sourcebook in marriage and the family*. Boston: Houghton Mifflin, 301–308.

Dym, B., & Glenn, M. L. (1993). *Couples: Exploring and understanding the cycles of intimate relationships*. New York: HarperCollins.

Field, D. (1991). **결혼의 일곱 가지 얼굴**. 이종록 역. 서울: 두란노.

Olson, D. H., & Fowers, B. J. (1993). Five types of marriage: An empirical typology based on ENRICH. *The Family Journal, 1*(3), 196–207.

Galvin, K. G., & Brommel, B. J. (1986). *Family communication: Cohesion and change* (2nd Ed.). Illinois: Scott Foresman.

Klohnen, E. C. (1996). Conceptual analysis and measurement of the construct of ego-resiliency. *Journal of Personality and Social Psychology, 70*(5), 1067–1079.

Lewis, R. A., & Spanier, G. B. (1979). Theorizing about the quality and stability of marriage. In W. Burr, R. Hill, F. I. Nye, & I. Reiss (Eds.), *Contemporary theories about the family* (pp. 268–294). New York: Free Press.

Marks, S. R. (1989). Towards a systems theory of marital quality. *Journal of Marriage and the Family, 51*(1), 15–26.

Stinnett, N., Walters, J., & Kaye, E. (1984). *Relationships in marriage and the family*. New York: Macmillan Publishers.

Walsh, F. (1998). *Strengthening family resilience*. New York: Guilford Press.

CHAPTER

05

부부 적응

1. 부부간 적응의 관점과 일반적 원리
2. 부부 적응 영역
3. 가족생활주기별 발달적 스트레스 및 부부 적응과제

CHAPTER 05

부부 적응

적응이란 환경의 특정 요구에 대하여 자신을 변화시켜 나가는 과정이다. 결혼을 통해 부부관계를 맺은 개인은 각자 서로 다른 환경에서 살아온 남녀로 새로운 가정을 형성하는 그 자체는 물론 서로 다른 일상생활과 새로운 역할, 인간관계를 경험하는 등 많은 부분에서 상호작용을 하는 적응과정을 거치게 된다. 이러한 적응과정을 통해 부부는 현실을 인식하면서 만족스럽고 행복한 결혼생활을 할 수도 있고, 결혼생활을 불행하다고 여기면서 살아가거나 때로 부부관계를 종식할 수도 있다.

원만하고 만족스러운 부부관계는 건강한 가족생활의 초석으로서 성장하는 자녀에게 부모가 줄 수 있는 최고의 선물이며, 가족원의 심리적 안정과 성장발달에 핵심적인 기여를 한다. 그러나 부부간 불화는 부부 당사자는 물론 가족원의 건강과 삶의 질을 저하시키고 가족해체와 사회문제의 직접적인 원인이 되기도 한다. 또한 부부는 가족생활주기의 각 단계에 따라 직면하는 가족의 스트레스에 적절하게 대응하고 적응해야 한다. 이에 본 장에서는 부부간 적응의 관점과 일반적 원리, 부부 적응영역, 가족생활주기별 발달적 스트레스 및 부부 적응과제에 대하여 살펴보고자 한다.

1. 부부간 적응의 관점과 일반적 원리

대부분의 성격이론가들은 적응을 다음과 같이 정의하였다. 적응이란 개체의 욕구와 사회환경 상황과의 조화(Shaffer & Shoben, 1956), 개인적으로는 행복감에 충만해 있고, 사회적으로는 당면하는 문제를 효과적 능률적으로 해결해 내는 것(Gates, 1970), 신체적 · 사회적으로 욕구를 충족하고 욕구에 상응하는 노력을 포함한 유기체의 환경에 대한 조화적 관계(Wolman, 1973), 체계 혹은 개인이 환경과 조화를 이루는 것이다(Melson, 1980). 이와 더불어 적응은 스트레스에 대처하고 환경의 요구와 욕구의 균형을 맞추고, 현실적인 가능성에 비추어 신중히 고려하며, 상황의 한계 내에서 대처하려는 시도이며, 기존의 현실에 수동적으로 반응하는 것이라기보다는 새로운 현실을 만들기 위해 환경에 대처하는 것을 의미하기도 한다(Morris, 1985).

이와 같이 적응의 개념에는 환경이란 요소가 필수적이다. 여기에서 환경이란 욕구, 흥미, 가치 및 정신 등으로 구성된 자아와 상호 관련이 있는 대인관계나 심리적 · 행동적 사회환경을 의미한다. 즉, 적응이란 개체와 환경 간에 균형 있고 조화로운 관계를 유지하고 욕구 좌절이나 갈등을 합리적으로 해결하여 만족을 느끼는 상태를 의미한다(전귀연, 1993).

이러한 의미에서 부부간의 적응은 배우자의 기대나 새로운 상황에 맞추기 위해서 개인의 욕구, 태도, 행위 등을 변화시키는 것을 의미하며, 배우자에 대한 적응뿐만 아니라 부부의 확대가족을 포함하여 경제적 · 사회적 환경에 대한 적응까지 포함하는 역동적 과정이다. 또한 부부 자신의 결혼생활에 대한 기대와 희망을 서로 충족시키는 부부의 태도 및 행위의 제반 변화 과정으로 정의할 수 있다.

부부 적응의 관점은 차이점 조정, 관계에서의 기능적 변화, 사회화 과정, 일상적 과업에 대한 학습 과정, 두 사람의 생활양식 융합 과정 등 다섯 가지로 구분할 수 있다(Wells, 1984; 최외선 외, 2008 재인용).

첫째, 차이점 조정 관점은 결혼생활에서 드러나는 생활습관, 사고, 행위 등 모든 생활영역에 나타나는 부부간의 차이점에 대해 상호갈등이나 부조화 없이 생활해 나가는 과정을 적응으로 보는 관점이다.

둘째, 관계에서의 기능적 변화 관점은 결혼한 부부의 상호관계나 상호작용이 결혼 전과는 다르게 변화해 나가는 과정이라고 보는 관점으로서, 함께 지내면서도 각자의 사생활을 어느 정도 가질 수 있도록 결혼생활에 원만하게 기여하는 방향으로 재조정해야 한다.

셋째, 사회화 과정 관점은 결혼은 개인의 생애주기에서 새로운 역할로의 전환을 의미하며, 개인의 인성을 결혼생활이나 성인생활에 적절하게 조정해 나가는 새로운 역할에 대한 사회화 과정의 한 부분으로 보는 관점이다.

넷째, 일상적 과업에 대한 학습 과정 관점은 결혼 전과는 상이한 새로운 과업들을 수행하기 위하여 결혼생활에서 요구되는 일상적 과업들을 학습해 가는 과정으로 보는 관점으로서 부부의 생활을 새롭게 조직화하여야 한다.

다섯째, 두 사람의 생활양식 융합과정 관점은 결혼을 두 사람의 독자적 생활양식을 융합하는 과정으로 보는 관점으로서 두 사람의 이전의 생활양식을 통합해야 하는 정도는 결혼 전의 독립적 생활양식의 정도에 영향을 받는다. 두 사람 간의 동질적 특성이 많으면 상이한 차이점을 줄여나가는 데 도움이 된다.

부부 적응의 일반적 원리를 살펴보면 다음과 같다(이정덕 외, 1998; 최외선 외, 2008).

첫째, 적응은 결혼 전에 이미 시작된다. 커플로서 데이트와 구애기간을 통해 서로를 알아가는 과정은 결혼 전에 이루어지는 적응의 한 측면이다. 결혼 전에 자녀 양육이나 돈 관리, 시가나 처가와의 관계 등의 중요 영역에 대해 인식하고 논의하는 것은 결혼 후의 성공적 적응에 도움이 된다.

둘째, 결혼 후에 큰 변화는 기대하기 어렵다. 결혼 후에 자신이나 배우자가 크게 변화할 수 있을 것이라는 기대나 저절로 더 나아질 것이라는 기대는 실망으로 연결된다. 교제기간 동안은 좋은 점만 보여주다가 결혼 후에 실망스런 모습이 나타나기 쉽고, 특히 바람직하지 못한 인성 특성이나 행동 패턴은 대부분 결혼할 나이에는 깊게 뿌리내려 있기 때문에 결혼 후의 현저한 변화는 어렵다.

셋째, 결혼 초기의 적응이 중요하다. 부부는 상대방의 서로 다른 인성적 특성이나 생활습관 및 가치관 등을 결혼 초기에 신속히 파악하여 서로를 적절히 수용하여야만 그 관계가 지속될 수 있다. 대부분 결혼 초기에는 각 배우자가 상대방의 욕구와 기대에 상당히 민감하므로 이 단계에서 행동의 변화가 성취되기 쉽다.

넷째, 대인관계는 결코 정적이지 않고 항상 변화하며, 적응은 일생에 걸친 지속적 과정이다. 사람과의 관계는 계속적으로 변화한다. 결혼에서도 관계의 변화는 불가피한 부분이다. 관계에서의 변화는 통제가 필요하고 방향제시가 요구된다. 또한 결혼 초기에 성공적으로 적응하더라도 가족생활주기의 발달단계에 따른 변화와 가족생활의 위기에 따르는 변화는 또다른 적응을 필요로 하고 부부간의 사랑의 관계는 지속적인 관심과 노력을 통하여 유지되고 발전될 수 있다.

다섯째, 상대방의 변화보다는 자신의 변화가 더 용이하다. 적응이란 항상 스스로가 변화해야 함을 전제하므로 부부간에도 상대의 눈에 비친 자신을 인정하고 변화가 필요한 부분에 대해서는 과감한 융통성을 보여 자신을 변화시켜야 한다. 상대방의 변화에 대한 요구 수준은 합리적인 수준에서 서로 조정해 나갈 필요가 있다.

여섯째, 갈등을 당연하게 여기고 수용하며 직면할 줄 알아야 한다. 결혼생활은 상이한 두 개체가 만나 살아가는 과정이므로 필연적으로 갈등을 내포하고 있으며 갈등의 조정 없이는 오랜 세월을 동반자로서 살아갈 수 없다. 그러나 결혼생활에서의 갈등이 당연하다고 하는 것은 그러한 갈등이 해결되는 과정을 전제로 하는 것이므로 갈등이 그대로 존재해도 된다는 말은 아니다. 갈등이 그 크기와 기간상 한계가 있고 긍정적인 해결이 가능할 때 이를 건설적인 갈등이라고 하며 이러한 갈등은 당연히 받아들여져야 한다.

2. 부부 적응 영역

부부들이 결혼생활 중 적응이 필요한 구체적인 영역은 성격 및 생활습관, 애정 및 성, 경제 및 재정관리, 역할, 의사소통 및 갈등해결 방법, 인척관계 및 자녀출산과 양육이다. 이를 구체적으로 살펴보면 다음과 같다.

(1) 성격 및 생활습관 적응

이것은 결혼생활의 적응에 가장 중요한 측면으로 상대방의 성격과 행동특성 및 생활습관을 이해하는 것이다. 많은 부부들은 결혼 후 배우자의 새로운 습관이나 성격을 발견하고 그것 때문에 놀란다. 결혼하기 전에 배우자의 그런 부분이 존재하지 않았던 것이 아니라 단지 인식하지 못했던 것이다. 부부는 자신과 상대방의 성격과 행동특성의 차이를 인정하고 수용해야 한다. 혼인기간이 평균 30년 정도인 신중년 부부(50~65세 부부)의 결혼실태를 조사한 연구에서 결혼생활에서 가장 필요한 것은 '배려하고 이해하는 성격'이라는 응답이 가장 많았다(성지혜, 2019).

Olson과 Fowers(1993)는 부부관계에 도움이 되는 성격특성과 부부관계에 문제를 야기하는 성격특성을 구체적으로 제시하였다. 자기 자신에 대해 혹은 자신의 삶 속에서 일어나는 일을 조정하는 능력에 대한 자신감과 배우자에게 자신의 감정을 표현하거나 자신이 원하는 것을 어느 정도 요구할 수 있는 자기주장성은 부부관계에 도움이 되는 성격특성이다. 반면, 자신의 파트너가 자신을 조정하고 자신의 삶을 지배한다고 느끼는 파트너의 지배성과 문제를 축소하려 하거나 문제에 직면하지 않으려는 성향인 회피성은 부부관계에 문제를 일으키는 성격특성이다.

(2) 애정 및 성적 적응

성은 결혼생활에서 중요한 기본요소이다. 과거에는 부부에게 성이란 자녀 출산의 의미가 컸고 개인적인 행복으로서 성생활은 논의를 삼가왔다. 따라서 성적 부적응 문제에 대해서 적극적인 대책을 세우지 못하고 잠복되어 있는 부부문제 중의 하나가 되어왔다. 그러나 부부관계에서 우애적인 측면을 강조하는 오늘날, 성은 사랑의 상징으로 여겨져 부부관계에서 차지하는 비중이 과거보다 한층 커지고 있으며, 부부간의 성생활은 단순히 육체적인 쾌락을 추구하거나 의무감에 의한 행위가 아니라 친밀감과 애정을 공유하고 확인하는 과정이다(이영숙, 박경란, 2010).

또한, 현대사회는 예전과 달리 남편의 성적 만족뿐만 아니라 아내의 만족도 중요시되고 있다. 부부는 부부간 성적 적응에는 시간과 노력이 요구된다는 것을 인식하고, 부부가 성관계에서 상호 만족을 얻도록 함께 노력해야 한다. 가족생활주기에 따라 부부의 성생활도 변화한다. 그러므로 생애 전반에 걸친 신체적 · 정신적 건강 유지와 효과적인 성적 의사소통방법 등을 통해 부부의 성적 친밀감이 지속적으로 성장하고 발전하는 것이 필요하다.

(3) 경제 및 재정관리 적응

오늘날 결혼생활은 경제적 요인과 밀접한 관련성이 있다. 남성이 경제활동의 주체였던 과거와 달리 현대 여성의 경제활동의 동기 중에는 경제적 필요에 의한 것과 소비수준의 향상, 추가소득에 대한 욕구 강화가 강하게 작용한다. 경제적인 문제는 부부간의 적응을 요하는 여러 영역 중에서도 가장 갈등을 일으키는 문제로 지적되며(이영숙, 박경란, 2010), 대부분의 부부가 함께 경제활동을 하는 상황에서 일반적으로 평생에 걸쳐 안정적 삶의 질을 유지하는 핵심요소는 지금 얼마나 많이 버느냐가 아니라 얼마나 합리적으로 계획하고 지출하느냐 하는 것이므로 부부간의 경제적 적응이 중요하다(전귀연 외, 2021).

부부간의 경제적 적응이란 적절한 소득수준과 서로가 인정할 수 있는 소비 · 지출 방법과 합리적 태도를 지녀서 만족스러운 경제생활을 하는 것이다. 부부는 흔히 소비 패턴이나 돈 사용 관념에서 차이가 난다. 따라서 우선적으로 그들이 성장 과정에서 돈에 대해 배운 의미가 무엇인지, 각자의 경제적 욕구가 무엇인지를 대화를 통해 검토하여 차이를 해소하고 경제공동체로서 만족스러운 상태에 도달하는 방법을 찾아서 실천해야 한다. 부부간 경제관리와 관련하여 책임감과 투명성, 평등성과 공동의 의사결정, 계획성이 중요하며, 그 과정에서 개방적 대화가 이루어져야 한다(최규련, 2014).

(4) 역할의 적응

역할의 개념은 '일정한 사회에서 특정한 지위에 있는 개인에게 요구되는 행동규준이나 문화적 행동양식' 또는 '개인이 차지한 지위와 타인과의 상호작용과정에서 기대되는 태도와 행동을 개발하고 조정하고 변화시키는 것'으로 정의된다. 부부는 결혼하면서 남편과 아내라는 사회적 지위를 갖게 되고, 이에 따라 사회문화적인 규범과 기대에 따르는 행동을 해야 하는데 이를 부부역할이라 한다(최규련, 2014). 부부역할은 가족생활의 핵심으로 남편으로서 역할과 아내로서의 역할을 얼마나 잘 수행하고 만족하느냐에 따라 개인의 행복과 가족의 건강성에 영향을 준다.

부부의 역할 수행은 시대적, 문화적 배경에 따라 차이가 있으며 동일한 문화권 내에서도 개인이 속한 하위문화에 따라 다를 수 있다. 또한 배우자가 어떤 역할기대를 가지고 있는지에 따라서도 다를 수 있다. 특히 현대를 살아가는 부부는 역할에 대한 성고정관념적인 태도에서 벗어나 융통성을 가지고 유연하게 역할을 수행하는 것이 요구된다. 그러므로 부부는 서로의 역할에 대한 기대를 이해하고 타협할 필요성이 있다.

(5) 의사소통 및 갈등해결 방법에 대한 적응

의사소통은 유기체가 언어적, 비언어적 수단을 통해 감정, 태도 또는 사실이나 정보, 생각 들을 전달하여 공통된 의미를 조성하고 서로 영향을 미치는 과정을 말한다. 부부는 의사소통을 통해 상대방을 이해하고 수용하며 자신의 생각, 감정 등을 원활하게 소통할 수 있다. 이러한 의사소통은 부부의 상호작용에 중요한 요소로서 부부관계의 친밀감을 증진시키고 갈등을 해결할 수 있는 중요한 기술이다. 그러나 의사소통이 효과적으로 이루어지지 않았을 경우에는 관계의 갈등을 유발시키는 요소이기도 한다.

갈등은 개인의 욕구가 동시에 둘 이상 존재하여 해결에 곤란을 느끼는 상태인 개인내적 갈등과 개인의 욕구가 사람마다 달라 문제가 발생하는 개인 간의 갈등으로 분류할 수 있다. 갈등은 곤란을 느끼는 상태이므로 부정적으로 생각하는 경우가 많으나, 갈등이 반드시 부정적인 것만은 아니며(유영주 외, 1996), 부부가 갈등의 존재를 알고 해결하는 과정에서 협동과 관계의 결속을 이끌어내어 관계를 더욱 강화하는 긍정적인 결과가 산출되기도 한다.

부부는 서로 다른 성장 배경을 가진 성인으로 각자 의사소통의 목표, 말하는 태도, 경청하는 태도 및 의사소통의 규칙 및 갈등 대처방법 등에서 차이가 있다. 그러므로 효과적인 의사소통과 건설적인 갈등해결을 위해 상호 노력해야 한다.

(6) 친인척관계의 적응

친척은 자신과 혈연관계가 있는 사람 중 일정 범위의 가까운 사람들을 이르는 용어이며, 인척은 혼인으로 인해 친족관계가 성립된 사람들을 말한다. 즉, 나와는 직접적인 혈연이 없고 혼인에 의해 간접적으로 이어진 사람을 말한다. 혈연 및 혼인을 통하여 이루어진 친족을 친인척이라 한다. 부부관계는 성인 남녀의 결혼에 의해 형성되며, 결혼과 동시에 부부가 성장해온 양가 원가족의 친인척관계가 새롭게 발생된다.

성인 남녀는 결혼으로 원가족을 떠나 부부 두 사람만의 새로운 가족체계를 형성하지만 결혼을 통하여 형성되는 새로운 친인척관계는 결혼생활에 영향을 미치는 중요한 요인으로 작용한다. 그 이유는 대다수 기혼 성인들은 원가족에서 완전히 독립하기보다는 여러 가지 상호작용을 주고받으며 결혼생활을 유지해 나가기 때문이다. 특히 우리나라는 결혼 후 부부중심의 핵가족의 모습을 보이더라도 정서적, 심리적으로는 확대가족의 특성이 강하여 배우자 부모가 부부관계에 미치는 영향이 강하다(전귀연 외, 2021). 그러므로 결혼한 부부가 양질의 결혼생활을 유지하기 위해서는 원가족과의 건강한 관계 맺기가 필요하므로 이에 대한 이해와 실천이 요구된다.

(7) 자녀출산과 양육에 대한 적응

부모됨이란 자녀를 출산하여 양육하는 등 부모역할을 수행하는 것을 의미한다. 대부분의 부부는 결혼을 하면 자연스럽게 자녀를 낳아 기르면서 부모자녀관계를 형성하고 부모됨이란 역할을 수행한다. 과거에는 결혼을 한 부부는 부모가 된다는 것을 필연적이고 의무적인 과정으로 여겼으나 현대사회는 자녀출산이 필수가 아닌 하나의 선택이라는 인식이 증가하고 있다.

부부가 자녀를 낳아 기르기로 결정하는 데는 개인의 특별한 생각이나 가치관, 인생태도 등에 따라 다르므로 부부가 자녀출산과 양육에 대한 합의가 필요하다. 일반적으로 사람들에게 부모됨에 대한 결정은 인생의 중요한 결정이며 자녀는 부모의 삶에 지대한 영향을 미치게 된다. 먼저 자녀를 가질 것인지에 대한 결정, 자녀를 출산한다면 자녀의 수뿐 아니라 언제 자녀를 가지고 몇 살의 터울로 가질 것인지를 포함하여 부부 각자의 양육관에 대한 이해와 수용을 통하여 부모로서 발달 단계에 적합한 부모역할을 수행해야 한다.

3. 가족생활주기별 발달적 스트레스 및 부부 적응과제

가족생활주기란 남녀가 결혼하여 새로운 가족을 형성하고 자녀의 출산으로 가족의 규모가 확대되며 자녀들이 영유아기, 아동기, 청년기를 거쳐 결혼하여 독립하게 되면 가족이 축소되기 시작하고 노인이 된 부부가 배우자가 사망함에 됨에 따라 가족이 소멸하게 되는 변화 과정을 말한다. 모든 인간관계와 마찬가지로 부부관계도 신혼기, 자녀출산 및 양육기, 자녀독립 및 진수기, 노년기 등 가족생활주기의 각 발달 단계마다 역동적으로 변화한다.

인간이 성장, 발달해 나가는 각 단계에서 획득해야 할 발달과업이 있는 것과 마찬가지로 원만한 가정생활을 위해서는 각 가정이 기본적으로 성취해야 할 적응과제가 있다. 또한 부부는 가족생활주기의 각 단계에 따라 대부분의 가족이 직면하는 발달적 스트레스에 적절하게 대응하고 적응해야 한다.

가족생활주기 단계를 분류하는 방법은 학자마다 다르나 신혼기, 자녀출산 및 양육기, 진수기 및 중년기, 노년기의 네 단계로 분류하였다. 가족생활주기의 각 단계에서 대부분의 가족이 경험하는 스트레스 및 적응과제를 살펴보면 다음과 같다(가족스트레스연구회, 1994, 1995; 박경란 외, 2001; 유영주 외, 1996; 이기숙 외, 2009; 이영숙, 박경란, 2010; 정현숙, 옥선화, 2008; 최규련, 2014; 최외선 외, 2008; Barbara, 1997; Olson et al., 1989).

1) 신혼기

(1) 신혼기의 발달적 스트레스

신혼기는 결혼한 부부가 첫 자녀를 출산하기 전까지의 시기이다. 이 시기의 기간은 부부에 따라 결혼 초기 몇 달 동안이거나 몇 년이 되기도 한다. 대부분의 부부가 높은 기대와 이상을 가지고 결혼생활을 시작하지만 신혼기는 어려운 전환시기이다.

가족형성기인 신혼기 부부는 직업역할과 가족역할 간의 역할긴장, 재정적인 문제를 비롯하여 부모나 친척을 배려하는 문제 등으로 긴장과 스트레스를 받게 된다. 특히 맞벌이인 경우는 부부의 역할 정의와 가사노동의 역할 분담 등으로 부부간에 갈등을 일으키기도 한다. 또한 재정적인 지출 · 관리 문제, 예를 들어 주택이나 가재도구 구입에 따른 은행융자나 재정계획 등으로 압박감을 느낀다.

또한 서로 상이한 생활습관으로 인해 갈등이 발생되기도 하는데, 이러한 신혼기 문제들은 효율적인 갈등해결 방법이나 바람직한 의사소통을 사용하여 상대를 존중해 주고 관심을 가질 때 보다 잘 대처해 나갈 수 있다. 부부는 각자 원가족으로부터 잠재력과 문제를 가지고 결혼을 시작하는 것이므로 자신의 능력과 역할을 변화시켜 부부로서의 생활양식을 함께 개발해야 한다.

(2) 신혼기의 적응과제

신혼기의 적응과제는 다음과 같다(이기숙 외, 2009; 이영숙, 박경란, 2010; Duvall & Miller, 1985; Rice, 1983; Strong et al., 1998).

① 개인적 습관에의 적응

서로 다른 환경에서 성장한 남편과 아내 각자는 말하는 것, 먹는 것, 입는 것, 자는 것, 목욕하는 것 등 모든 개인적 습관과 기호에 차이가 있다. 신혼기 부부는 개인적인 소유물, 공간, 직업, 시간 등을 서로 공유해야 하며 이러한 개인적 차이를 인정하고 적응하여야 한다.

② 성역할에 대한 타협

결혼한 남녀는 부부로서 성에 적절한 역할을 확립하여야 하는데 이러한 역할은 서로가 수용할 수 있는 범위 안에서 기초를 마련해야 한다. 오늘날 부부의 성역할은 양성적으로 되어 가므로 기존의 성역할에서 벗어나 새로운 역할에 대한 타협과 적응이 필요하다.

③ 성적 적응

결혼 초기의 부부들은 대개 정확한 성 지식의 부족과 성 욕구나 의식의 차이, 성에 대한 부부간의 대화 부족 등으로 성생활 적응에 어려움을 가질 수 있으나 성관계는 신혼기의 만족과 적응에 큰 역할을 하므로 성적 적응은 시간이 걸린다는 것을 이해하고 상호 노력을 하여야 한다.

④ 의사소통 기술의 발달

효과적인 의사소통이 부부관계를 포함한 모든 대인관계에 중요하다는 사실을 실감하게 되는 때가 이 시기이다. 효과적인 의사소통 기술을 결혼생활에 적용하도록 시도해야 한다. 신혼기에는 대화의 주제, 내용과 방법 등에 대한 규칙 설정이 필요하며, 이러한 규칙은 앞으로 부부관계가 발전할 과정에 중요한 영향을 미친다.

⑤ 경제적 생활 유지

어느 정도의 경제수준의 유지는 가정생활에 가장 기본적인 것이기 때문에 돈 문제가 두 사람의 신뢰나 사랑을 손상시킬 수도 있다. 따라서 서로 수긍하는 단기 또는 장기적인 경제적 목표를 설정하여야 한다. 이 시기에 중요한 것은 경제적 생활표준의 합의와 지출 유형에 서로의 의견을 모아야 한다. 이 시기는 가족원이 적으므로 필수 지출비가 적고, 맞벌이도 가능하기 때문에 경제계획의 수립 및 수행이 타 단계에 비해 비교적 용이하다고 할 수 있다. 이 시기부터 은퇴기에 대비한 장기 재정계획을 수립하는 것도 필요하다.

⑥ 인척 및 친족과의 상호작용

자신과 배우자의 부모를 포함한 친척들과 사랑하는 따뜻한 관계를 유지하면서 부모로부터 정서적으로 독립된 삶을 구축할 수 있도록 원가족과의 새로운 관계를 확립해야 한다.

⑦ 남편과 아내 각각의 독립성

결혼생활은 부부 각자의 성장과 발달을 도모하기 위한 것이므로 남편과 아내의 독립성을 어느 정도는 유지해야 한다. 부부를 항상 한 단위로만 여기며 생활한다면 개인적인 독립성을 잃을 수가 있다. 그러므로 부부 각자의 독립성을 사랑의 거부나 상실로 보지 않고 개인적 태도로서 바라볼 수 있을 때 남편과 아내 각각의 독립성을 유지할 수 있다.

⑧ 자녀출산 시기에 대한 합의

자녀를 가질 시기에 대해 합의하고, 부모됨으로 인해 개인생활과 결혼생활에서 발생할 수 있는 변화에 대해 준비한다. 임신 중 결혼관계의 질이 아기의 기질에 영향을 미치므로 좋은 부부관계와 인척관계를 수립한다. 자녀 수나 터울에 대한 가족계획을 세우고, 임신과 분만에 따른 신체적 · 생리적 변화를 자연현상으로 인지하고 아내의 정서불안 상태를 이해하며, '나'에서 '우리'로 변화하는 팀워크를 만든다.

2) 자녀출산 및 양육기

(1) 자녀출산 및 양육기의 발달적 스트레스

자녀출산 및 양육기는 자녀의 발달 단계에 따라 세 단계로 나누기도 한다.

즉, 자녀출산에서 영유아기 자녀를 둔 시기, 학동기 자녀를 둔 시기, 청소년기 자녀를 둔 시기이다.

영유아기 자녀를 둔 시기는 한 명 이상의 자녀를 출산하고 양육하는 시기로 부모에 대한 자녀의 요구가 증대되는 시기이다. 둘만의 생활에 익숙하던 부부에게 새로운 생명의 탄생은 큰 기쁨이자 동시에 새로운 스트레스의 시작이다. 이것은 부부가 간절히 소망한 임신과 출산의 경우라도 그러하다. 출생한 자녀로 인한 육아 및 가사노동 등으로 심신이 피로해지며, 자녀에게 필요한 용품의 구매 및 양육에 드는 비용을 감당하느라 재정적 부담도 크다. 특히 첫 자녀를 기르는 부모는 자녀 양육의 경험이 부족하여 불안과 긴장을 많이 느낄 뿐만 아니라, 자녀에게 지나친 기대와 간섭으로 부모는 물론 자녀도 스트레스를 겪을 수 있다.

학동기 자녀를 둔 시기는 자녀가 초등학교에 입학하는 이 단계는 자녀의 생활환경이 가정에 국한되지 않고 더 넓은 세계로 확대되는 시기이므로 자녀와 부모에게 매우 큰 긴장과 심리적인 불안을 일으키게 한다. 만일 취업한 부모라면 직장 승진에 대한 압력 및 직업 스트레스, 가정에서의 요구도 증가 등으로 더욱 역할이 과중된다. 또한 자녀들의 학업성취에 대한 관심과 압력으로 인해 자녀와의 갈등이 높아지고 사교육비 부담 등 재정적인 문제로 스트레스가 높아진다.

청소년기는 법 제도적으로는 만 19세 미만(청소년보호법) 또는 9세에서 24세(청소년기본법)의 기간을 청소년기로 규정하고 있지만, 일반적으로 청소년기는 신체적, 정신적, 사회적으로 성인이 되어가는 시기로 정체성의 혼란을 겪는 시기라 할 수 있다. 자녀가 청소년기에 접어든 시기에 있는 부모는 자녀의 급격한 성장과 변화에 적응해야 한다. 청소년기 자녀는 스스로는 성숙하고 완전하다고 느끼기도 하나 실제로는 그렇지 못하다. 청소년은 부모로부터 정서적, 정신적으로 독립하여 자신의 일에 책임지고 행동하려고 하지만 필요한 것은 부모에게 의존하고 있는 상황이므로 불만을 갖기 쉽다. 이처럼 불완전하고 미성숙한 자녀와의 관계가 큰 스트레스가 되는 시기이다. 이러한 부모의 스트레스뿐만 아니라 자녀도 학교생활과 가정생활에서 많은 스트레스를 경험한다. 또한 이 시기는 재정적 부담도 크다. 특히 자녀의 대학 진학에 많은 관심을 쏟는 우리나라의 경우는 사교육비 부담이 부모에게 큰 스트레스가 되고 있다.

(2) 자녀출산 및 양육기의 적응과제

자녀출산 및 양육기의 적응과제는 다음과 같다(이영숙, 박경란, 2010; Duvall & Miller, 1985; Krantzler, 1981).

① 가족원 수에 맞는 공간과 시설 등을 마련하는 일

부부만 살았던 결혼 초기와 달리 이 시기에는 자녀에 맞는 쾌적한 주거환경이 요구되는 시기이다. 따라서 가족원 수에 맞는 공간과 시설을 마련하는 일이 이 시기의 중요한 발달과업이다.

② 자녀출산에 대한 적응

결혼한 부부들이 경험하는 가장 중요한 가족체계의 전환은 자녀의 출생으로 인한 변화이다. 부부중심의 가족에서 자녀중심으로의 가족체계 변화는 신혼기의 생활리듬이나 상호작용 패턴의 재조정을 필요로 한다. 가사분담과 역할을 재조정해야 하며, 수면시간이나 부부간의 시간 부족, 성 관계 등 일상생활의 패턴까지 변화하므로 관계에서의 욕구도 새롭게 조정해야 한다. 이 시기에 남편은 직업의 요구도가 커지고 주로 아내들은 자녀양육에 몰두하므로 부부간의 대화나 활동이 줄어들어 부부간의 친밀감이 낮아지며 결혼만족도가 현저히 떨어진다.

③ 가사노동의 재정비 및 공동 부담

자녀출산 및 양육으로 인해 가사노동이 신혼기에 비해 급격하게 증가하는 시기이다. 여성의 경제활동 참여율이 증가됨에 따라 특히 취업여성의 경우 자녀양육과 가사일, 직장일을 동시에 수행해야 하는 역할과중에 따르는 갈등을 경험하게 된다. 가사노동을 간소화시키는 방안을 강구하고 가사노동이나 자녀양육에 따른 가족의 시간관리를 재조정하고 가사노동에 대한 역할의 재정비 및 분담이 필요하다.

④ 예기치 않은 자녀 양육 및 교육비용을 충당하는 일

자녀와 관련한 지출의 필수비용이 증대하므로 자녀출산이나 출산 이후 가계비용이 이전보다 한층 더 필요하게 된다. 또한 자녀의 질병 또는 사고에 대비한 가계비용도 염두에 두고 준비하여야 한다. 또한 우리 사회의 현실에서 사교육비에 대한 조정이 요구된다.

⑤ 부 또는 모로서 역할을 책임지는 일

부부로서의 역할에 새로이 더해진 부모로서의 역할을 맡게 되어 남성은 아버지 역할을, 여성은 어머니 역할을 담당해야 한다. 현대사회의 부부관계에서는 부모역할 역시 동등하게 역할을 공유하는 방향으로 나아가고 있다.

⑥ 자녀양육 및 교육

가족이 확대되는 이 시기에 새로운 가족이 된 자녀를 인격체로 대우하며 양육하는 것이 필요하다. 또한 자녀의 적성과 꿈을 고려하여 진로를 지도하고 직업선택을 조언하는 것이 필요하다. 자녀를 자신이나 배우자의 복사본이라고 생각하지 않고 자녀만의 독특한 개성을 가진 인격체로 존중해 주며 함께 살아가는 지혜가 필요하다. 자녀의 신체적 성장을 격려하며 자녀의 건강 및 교육에도 세심한 관심을 가져야 한다.

⑦ 가족 내 만족스런 친밀한 대화 유지

가족원 수의 증가로 부부만의 긴밀한 관계 외에도 자녀와의 관계를 친밀하게 유지시켜야 하는 과업이 부과된다.

⑧ 원만한 형제자매관계 조성하기

자녀들은 부모의 편애를 깊은 상처로 기억한다. 형제자매를 공평하게 다루어 형제자매간 친밀감을 돈독하게 유지하며 자율적으로 협동하게 한다.

⑨ 만족스런 친척관계 유지

만족스러운 친척관계는 결혼을 하며 새로이 형성된 인척관계를 친밀하게 유지하는 것과 동시에 기존의 친족관계에서의 변화에도 적절한 적응을 할 때 가능하다.

3) 진수기 및 중년기

(1) 진수기 및 중년기의 발달적 스트레스

진수기는 자녀가 학업, 군복무, 직장관계 등으로 집을 떠나게 되는 시기로 대부분 부모들은 이 시기에 중년기가 된다. 중년기를 연령으로 구분하기도 하지만 가족생활주기에서 막내자녀가 성인기에 진입하고 독립하는 시기를 중년기의 시작으로 정의하기도 한다. 이 시기에는 자녀의 학비 보조나 생활비 보조로 인한 재정적 부담이 스트레스 요인이 되고 있다. 또한 가정을 떠나 생활하는 자녀의 학업과 일, 일상생활에 대한 걱정과 관심이 부모의 주요 스트레스가 된다. 이 시기는 자녀세대와 노부모세대 사이에 위치한 샌드위치 세대로서, 자녀의 진수기의 지연과 평균수명의 연장으로 자녀세대나 노부모세대 모두에게 신체적, 정신적, 재정적 지원을 해야 하는 이중부담을 가진다.

또한 이 단계의 많은 부모들은 중년기 위기를 경험하게 된다. 중년기는 젊은 시절 외부로 향하던 에너지가 내부로 향하게 됨에 따라 자아성찰의 기회가 커지고 자신의 존재가치나 삶의 가치에 회의가 생길 수 있다. 자신의 정체감을 어머니로서의 역할에 치중해 왔던 여성의 경우 자녀의 빈자리를 받아들이기 힘들어하고 심한 공허감을 느끼기도 한다. 남성도 신체적으로는 중년기 증세를 나타내고 직업적으로는 경쟁적인 상태에 있게 되어 불안정감과 위기감을 경험하게 된다. 이 시기에는 직장에서 갈등과 불만족을 느끼게 되어도 전업하기가 쉽지 않다. 그래서 직장에서 불만, 권태, 무기력감 등 심리적 스트레스를 느끼기도 한다.

중년기는 자녀가 집을 떠나 부부만 남게 되는 시기로서 자녀 양육 책임에서 벗어나 배우자와의 상호작용이 증가하여 친밀감이 커지고 배우자에 대한 인식도 동반자로서의 의미가 깊어질 수도 있다, 중년기 위기감의 문제에 대해서는 그 보편성에 의문을 제기하는 학자들도 있고 오히려 인생의 황금기라는 주장도 있다. 그러나 자녀 양육기간 동안 부부가 떨어져 있어서 관계가 유지되어 왔던 부부의 경우 부부만의 시간이 늘어나면서 갈등과 부적응 문제가 발생하기도 한다. 일부 부부는 부부간에 정서적 또는 성적 불만이 있거나 자신이 더 이상 젊지 않다고 위기의식을 느끼게 되면 자신의 존재가치를 확인해 보려는 욕구로 인해 혼외관계를 갖기도 한다.

(2) 진수기 및 중년기의 적응과제

진수기 및 중년기의 적응과제는 다음과 같다(이정우 외, 1997; 정현숙, 옥선화, 2008).

① 부부관계 중심의 생활방식으로 재정비하기

이 시기에 부부는 부모로서의 책임감에서 벗어나 자유로움을 느낄 수 있으며, 결혼의 의미와 자신들의 부부관계를 재평가하게 된다. 부부만 남게 되면서 지금까지의 자녀중심적인 생활방식에서 부부중심의 생활방식으로의 새로운 적응이 요구된다.

② 갱년기의 신체 생리적 변화 수용

갱년기의 신체 생리적인 변화를 수용한다. 규칙적인 운동, 절제된 흡연과 음주, 정기적인 건강진단, 체중조절 및 스트레스 관리 등 건강에 대한 대책을 세운다. 갱년기 우울증을 극복하고 이제부터 새로운 시작이라는 긍정적인 마음가짐을 가진다.

③ 삶의 방식과 철학의 재확립

중년기는 일반적으로 중년기는 인생에 대한 재평가가 이루어지는 중요한 시기이고 신체적 · 사회적 · 심리적 변화를 경험하는 시기라고 알려져 있다. 그러므로 조심스러운 숙고의 자세로 자기 내면의 소리에 관심을 기울이며 삶의 방식과 철학을 재확립한다.

④ 가족 내 역할에 대한 재적응

중년기 부부는 자녀양육에서 벗어나 부부 두 사람만의 구조로 복귀하게 되면서 부부관계에 대한 재평가를 하게 된다. 흔히 이 시기는 적막한 둥지(quiet nest) 또는 빈둥지(empty nest)에 비유되고 결혼생활에 위기가 발생하기도 한다. 특히 전업주부였던 아내는 성인기 동안 열중해온 모 역할이 상실됨으로써 남편에 비해 허무감과 위기감을 더 많이 경험할 수 있다. 이 시기에 부부는 부부간 상호보완적인 역할을 발전시켜 서로 인정하고 격려하며 새로운 역할을 분담하고 수행한다.

⑤ 자녀 결혼자금 지출 준비

직업에 따라서는 경제적인 지원이 필요할 수도 있고, 또한 자녀를 결혼시킬 때 특별 지출이 발생하므로 이에 대한 계획을 세워야 한다. 경제적 준비가 이전 단계에서 이루어져 있지 않으면 이 시기에 심각한 경제적 어려움을 겪을 수 있다.

⑥ 결혼생활의 의미 및 부부관계 재정립

배우자의 장점과 매력을 발견하고 배우자에게 몰입하며 배우자에 대해 수용과 연민감을 가지고 정서적으로 지지하고 사랑하는 일에 다시 에너지를 집중하도록 한다.

⑦ 부부 상호간 욕구에 대한 적응

중년기에는 지금까지 유지해온 부부의 역할 및 욕구가 달라진다. 남편의 경우에 이 시기에 젊음의 상실과 직장에서의 위치 불안정, 가족 내에서의 권위 약화 등이 작용하여 심리적으로 위축되고 소외감, 위기의식을 경험하기 쉽다. 또 한편 가족에 대한 관심이 증가하고 아내와의 친밀한 관계를 추구하는 경향을 보인다. 반면 이때 대부분의 아내들은 외부활동에 관심이 많아지고 적극성과 주도성이 증가하게 된다. 그에 따라 부부간에 욕구의 부조화와 갈등이 발생할 수 있고, 혼외관계와 이혼이 발생하기도 한다. 그러므로 이 시기의 부부는 상호 간에 욕구 변화를 이해하고 역할을 재정립하며 조율하는 노력이 필요하다.

⑧ 부부공동의 여가활동 개발

배우자와 함께 하는 시간을 늘리고 부부 공동의 활동을 개발하는 일이 필요하다. 이 시기에 부부가 제2의 신혼기를 시작하여 평생 동반자로서 오붓한 시간과 새로운 활동을 즐기는 것이 필요하다. 신중년 부부(50~65세 부부)의 결혼실태를 조사한 연구에서 부부의 행복한 결혼생활에 도움이 되는 요소로 공통된 취미활동을 하는 것이라는 응답이 제일 많았다. 부부동반 여가활동으로는 TV 시청이 가장 많았고, 맛집 투어, 문화예술 관람, 산책 순이었다(성지혜, 2019).

⑨ 새로운 인척관계에 적응하기

자녀가 결혼하게 되면 중년기에 며느리와 사위를 통한 새로운 인척관계가 생긴다. 부부는 물론 결혼한 자녀 역시 새로운 인척관계에 현명하게 대처할 수 있도록 각자의 원가족의 전통을 고려하여 가족의례 등을 유연하게 정비하도록 한다. 사돈과 며느리, 사위가 가족 내에 포함되도록 관계를 재정비한다.

⑩ 의존성이 증가된 노부모 부양 역할에 적응하기

점차 기력을 잃어가는 부모의 노화로 인해 의존성이 증가된 노부모를 부양하는 책임을 수행해야 하는 경우가 많다. 특히 별거하던 부모가 건강이 악화되어 직접 모셔야 할 상황에서는 새로운 역할에 적응하고 생활방식을 조절하여야 한다. 이 과정에서 부부간의 갈등이 발생하기 쉬우므로 현실적 변화를 수용하고 이해하며 대화를 통해 효과적으로 대처하는 노력이 필요하다.

4) 노년기

(1) 노년기의 발달적 스트레스

노년기는 마지막 자녀가 부모를 떠나고 다시 부부만 남아 생활하게 되는 시기부터 직업에서 은퇴하며 한쪽 배우자가 사망하고 나머지 배우자가 사망할 때까지이다. 크게 성인 자녀가 분가하고 노부부만 남게 되는 빈 둥우리 시기, 은퇴기 및 배우자 상실기로 나눌 수 있다.

빈 둥우리 시기는 성인 자녀가 분가하고 노부부만 남게 되는 시기이다. 노년기는 부부가 함께 지내는 시간이 증가하게 되지만 생활세계가 축소되고 건강이 약해지고 활동력이 감소되어 가는 시기이므로 부부관계가 새롭게 형성된다. 노년기의 부부관계는 상호이해와 상부상조라는 점에서 더 큰 의미를 갖는다. 오랫동안 함께 살아오면서 어려운 난관을 극복하며 서로의 경험을 공유한 부부에게 이 시기의 조화로운 부부간의 적응은 인생의 마지막 단계에서 개인의 만족이나 자아통합감을 갖게 하는 주요인이 될 수 있다(김태현, 1996). 그러나 자녀들이 떠나고 난 뒤 두 사람만의 생활에 적응하지 못함으로써 새로운 불화나 권태감으로 어려움이 생길 수 있다.

은퇴기는 가장이 직장에서 퇴직하는 시기이다. 가장은 역할상실과 소외감으로 고통을 당하기도 하며 가족은 수입원의 상실로 재정적인 어려움을 겪기도 한다. 그러나 젊을 때부터 은퇴에 대한 준비를 하여 계획된 은퇴를 했다면 그 충격은 감소된다. 이 시기에 신체적으로 부부 모두 노화가 일어나고 피로와 수면장애와 불안감, 우울증, 무기력증 등 정서장애를 경험한다. 부부의 신체적, 생리적 노화와 질병, 그리고 이에 따른 의료비의 지속적인 증가 및 부모의 사망이나 치매와 같은 노인성 질병 등에 대처해야 한다. 가족 내에서는 지위나 권위가 예전보다 상대적으로 하락하고 세대 간의 가치체계나 기대감의 차이로 인하여 갈등과 소외, 고독의 문제도 생긴다.

또한, 배우자 상실기는 배우자가 사망하고 혼자 남게 되는 시기로 가까운 친척이나 친구의 사망도 함께 일어나는 시기이다. 특히 배우자의 사망은 인생에서 매우 큰 스트레스를 가져오는 생활사건이다. 노년기에 주로 경험하게 되는 배우자 상실은 외로움, 슬픔, 고독감, 경제적 박탈감과 사회관계망의 감소나 고립을 유발하여 홀로 남은 배우자의 적응문제를 야기하고 노년기의 적응에 직접적인 장애요인이 된다. 그러나 현대사회에서 재혼관이 변화하고 노인의 재혼에 대한 관심과 욕구가 증가되고 있어 배우자를 상실한 노인에게 재혼은 외로움과 동반자의 필요성에 대한 욕구를 충족시켜 새로운 노후생활을 가능하게 하기도 한다(최외선 외, 2008).

(2) 노년기의 적응과제

노년기의 적응과제는 다음과 같다(이기숙 외, 2009; 이영숙, 박경란, 2010; Duvall & Miller, 1985).

① 노후에 알맞은 거주환경 갖추기

은퇴 이후 부부는 자신의 상황에 맞는 거주장소를 마련하여야 한다. 건강상태가 나빠져서 독립적인 생활이 불가능해지기 전까지는 개인주택에 살 것인지 아파트에 살 것인지 은퇴자를 위한 주택단지에 살 것인지를 결정해야 한다. 그 후 요양원에 가서 돌봄을 받으며 살 것인지 자녀와 함께 살 것인지를 선택하여야 한다.

② 은퇴소득에 적응하기

은퇴 이후에는 대부분 소득이 줄어든다. 감소된 소득에 적응하며 살아가는 것이 만족스러운 노후를 위해 필요한 발달과업이다. 자녀가 독립해서 살 수 있는 능력을 길러주고, 자신이 늙어서 자녀에게 전적으로 의존하지 않아도 좋을 여건이 되도록 지출을 합리적으로 관리하는 등 경제적 계획을 면밀하게 세워야 한다.

③ 편안한 일상생활 확립하기

자녀에 대한 책임이 없어지면서 일상생활이 이전과는 달라진다. 직업을 갖지 않았던 아내는 자녀가 떠나면서 가사 부담이 적어져 남편보다 일찍 은퇴를 맞은 셈이지만, 남편은 직업에서 은퇴하여야만 진정한 은퇴를 맞는 것이다. 이러한 은퇴는 지금까지 가지고 있었던 사회적 지위를 상실하는 것이고 이에 따라 자기의 정체성에 대한 새로운 시각을 필요로 한다. 정체성 및 사회적 지위의 손실에 대비하여 편안하고 규칙적인 일상생활을 확립해야 한다.

④ 신체적 노화에 적응하기

부부는 노화 과정에서 부부로서 서로 도울 수 있는 다양한 욕구들을 만나게 된다. 이 시기에는 신체적 및 정신적인 변화가 발생하는데 이러한 변화를 늦추고 질병을 예방하기 위한 준비가 필요하다. 질병을 조기 발견하고 예방하도록 정기검진을 받으며, 적절한 영양, 휴식, 규칙적인 활동 등으로 신체적 건강 및 정신적 건강을 유지하는 것이 필요하다.

⑤ 활동적인 생활과 참여하는 생활하기

노부부는 점점 여러 활동에서 은퇴하게 되며 비활동적이 되기 때문에 시간이 지남에 따라 집에서 보내는 시간이 점점 길어지게 된다. 그러나 미래에 대한 호기심을 계속 가지고 여러 영역에 참여하여 활동적인 생활이 되도록 해야 한다.

⑥ 만족스러운 부부관계 유지

노년기에는 부부가 보다 정서적 · 심리적으로 친밀한 관계가 되도록 노력할 필요가 있다. 사랑과 애정, 동료감을 중요시하며 상대방의 자존심이 상하지 않도록 서로 격려하고 인정해 준다. 일반적으로 결혼한 부부가 독신, 사별, 이혼자보다는 행복하고 더 오래 산다고 한다. 이는 결혼생활에서 부부가 서로에 대해 관심과 사랑을 주고받기 때문이다. 그러므로 부부는 어떤 시기에나 좋은 부부관계를 유지하는 것이 중요하지만 특히 부부만 생활하는 이 시기에는 부부관계를 잘 유지하는 것이 필수적이다.

⑦ 역할 재조정

전통적인 부부역할을 고집하기보다는 융통성 있는 부부 공동의 협력체제로 가사일을 해결해 나가고, 책임 영역 및 일의 협력과 분담에 대한 역할 재조정이 필요하다. 이 시기에는 부부의 건강 정도가 가사일 관리 및 분담에 주요한 요인이 된다. 가사조력자의 협조가 필요하여 성인 자녀의 도움을 받을 수도 있고, 개인 비용으로 가사도우미를 고용하거나 노인요양보험 지원을 받는 요양보호사의 협조가 필요한 시기이기도 하다.

⑧ 성인 자녀와의 관계 유지

결혼한 자녀 및 그들의 자녀, 즉 손자녀들과 좋은 관계를 유지하는 것은 이 시기를 보람 있게 보내는 한 방법이다. 노년기는 사회적 관계가 감소됨에 따라 가족관계가 더욱 중요해진다. 따라서 장성한 자녀들과 자주 접촉하고, 세대 간의 상이한 이해관계를 알고 수용하며, 동시에 친족과의 관계도 활성화시켜 정서적 · 사회적 지지를 받고 위기상황에서 도움을 주고받도록 한다.

⑨ 바람직한 조부모역할 담당하기

조부모로서 자식과 손자 가까이에서 의미 있는 접촉을 가짐으로써 경험과 연륜에서 터득된 지혜와 지식을 가르치거나 인격 성장을 지도한다. 또한 바쁜 부모가 해주지 못하는 역할을 조부모가 대신 담당하여 자손에게 심리적인 안정감을 부여한다.

⑩ 삶의 통합감과 삶의 의미 발견하기

노년기는 삶을 되돌아보고 통합하는 시기이다. 나이 든 사람들은 인생 전반에 대해 회상하면서 자신의 삶을 반추하는 경향이 있는데, 이는 노후 부적응의 표시가 아니고 인생의 중심적 의미를 발견하고자 하는 표시로 보는 것이 좋다. 인생을 반추해 보는 것은 인생을 다시 조명해 보는 기회이기 때문이다. 인생 후반부에 인생 초기와 같은 새로운 계획이나 경험을 다시 해볼 수는 없지만 종교적 실천을 통하거나 영성이나 철학적 탐구를 통해 생의 의미를 재발견하는 것이 가능하므로 이러한 시도도 필요하다. 지나간 생을 돌이켜 반성하고 정리하며 노년기의 생활에 적응을 잘할 수 있도록 인생관과 가치관을 새롭게 한다.

⑪ 배우자의 사별에 대한 적응

형제, 친구, 배우자의 죽음에 대처하면서 자신의 죽음을 대비하여야 할 시기이다. 일반적으로 결혼할 때 남성의 나이가 여성보다 많아 남편이 아내보다 먼저 사망할 확률이 높다. 노년기는 배우자의 죽음이 예견되는 시기이지만 배우자의 죽음은 가장 높은 스트레스 사건이다. 스트레스 수준은 배우자의 질병기간이나 죽음에 대한 예측기간에 따라 다양하다. 배우자 사망은 노인우울증의 가장 중요한 요인이 되고 있다. 죽음을 필연적이고 자연스러운 과정의 하나로 이해하여 배우자나 자신의 죽음을 담담하게 받아들인다. 배우자 혹은 주위 친구들의 죽음을 현실적으로 인정하고 감내하며, 자신의 죽음에 대해서도 긍정적인 자세를 가질 필요가 있다.

인생의 마지막 단계에서 보편적으로 경험하게 되는 배우자 상실이라는 사건에 성공적으로 적응하는 것은 노년기의 중요한 발달과업이며, 배우자 사별이 개인에게 인격적 성장과 같은 긍정적인 변화를 초래할 수 있다는 관점에서 장수지(2013)는 노년기 배우자 사별 후 적응과정에서의 개인적 성장이라는 질적 연구를 수행하였다. 연구결과, 배우자 사별 후 참여자들에게 나타난 중심현상은 '우울', '막막함', '생활상의 스트레스', '심리적 위축감', '회한', '홀가분함' 등의 심리적 반응이었다. 이러한 현상을 극복하기 위한 작용/상호작용 전략은 '현실에 대한 직시'와 '새로운 삶을 위한 노력'이었으며, 이를 촉진, 제어하는 중재적 조건은 '사회적 지지'와 '신앙생활'이었다.

노년기 배우자 사별 후 적응과정에서 나타난 개인적 성장의 내용은 '삶의 의미 찾기', '자존감의 향상', '인간관계의 강화', '포용과 수용'이었다. 노년기 배우자 사별 후 성장의 과정은 시간 순에 따라 '슬픔과 절망 단계', '끌어안고 나아가기 단계', '성장 단계'로 이어졌다. 연구자는 노년기 배우자 사별 후 성장은 노년기에 보편적으로 경험하게 되는 "발달적 위기 이후의 삶의 통합과정으로서, 배우자 사별 직후의 절망을 딛고 일어나서 삶의 주체자로서 새로운 삶을 모색하고 더욱 강해진 자아를 발견해 나가며, 배우자를 포용해 나가는 과정"으로 개념화하였다(장수지, 2013).

배우자 사별을 경험한 노년의 대안은 재혼이다. 서울시 거주 55세 이상의 사별 후 재혼한 남녀 노인 11명을 대상으로 면접을 실시한 이재구와 한혜신(1996)의 연구에 따르면, 사별한 노인 대부분이 자신의 외로움에 대한 대처방안으로 재혼을 선택하였으며, 사별 이후 재혼은 노인들이 외로움을 극복하는 데 중요한 자원이 되어 재혼 전 외로움이 재혼으로 감소되었거나 해결되어 재혼 전보다 삶에 만족을 느끼는 것으로 나타났다(정현숙, 옥선화, 2008 재인용). 즉, 노년기의 재혼은 홀로 된 노인들에게 있어 삶을 위한 하나의 대안이라고 볼 수 있다.

참고문헌

가족스트레스 연구회(1994). **엄마의 스트레스.** 서울: 창지사.

가족스트레스 연구회(1995). **아빠의 스트레스.** 서울: 창지사.

박경란, 이영숙, 전귀연(2001). **현대가족학.** 서울: 신정.

성지혜(2019). 대구지역 신중년 부부의 결혼생활 실태와 정책 대응방안. 대구여성가족재단.

유영주, 서동인, 홍숙자, 전영자, 이정연, 오윤자, 이인수(1998). **결혼과 가족.** 서울: 경희대학교 출판국.

유영주, 김경신, 김순옥(1996). **가족관계학.** 파주: 교문사.

이기숙, 김득성, 공미혜, 김은경, 전영주, 손태홍, 오경희(2009). **결혼의 기술.** 서울: 신정.

이영숙, 박경란(2010). **현대 가족관계학.** 서울: 신정.

이재구, 한혜신(1996). 사별노인의 재혼에 관한 연구: 서울시 재혼노인의 성공사례를 중심으로. **한국노년학, 16**(1), 18-38.

이정덕, 김경신, 문혜숙, 송현애, 김일명(1998). **결혼과 가족의 이해.** 서울: 학지사.

이정우, 김명자, 계선자(1997). **결혼과 가족관계.** 서울: 숙명여자대학교 출판부.

장수지(2013). 노년기 배우자 사별 후 적응과정에서의 개인적 성장. **한국사회복지학, 65**(4), 165-193.

전귀연(1993). 청소년이 지각한 가족 응집성, 가족적응성 및 가족체계유형이 청소년의 적응에 미치는 영향. 경북대학교 대학원 박사학위논문.

전귀연, 이지민, 이순복, 임지영, 박혜란, 배문조, 임주영, 정유진, 김은지, 신현정(2021). **결혼준비교육.** 서울: 신정.

정현숙, 옥선화(2008). **가족관계.** 서울: 한국방송통신대학교 출판부.

최규련(2014). **가족관계론.** 고양: 공동체.

최외선, 현은민, 전귀연, 이기숙, 김득성, 손낙주, 구순주, 배기조, 홍상욱, 박혜인, 최보가(2008). **결혼과 가족.** 대구: 정림사.

Barbara, K. (1997). **아동의 스트레스.** 강영자, 박성옥, 양명숙 편역. 파주: 양서원.

Duvall, E. M., & Miller, B. C. (1985). *Marriage and family development.* New York: Lippincott & Co.

Gates, A. I. (1970). *Educational psychology* (3rd Ed.). New York: MacMillan.

Krantzler, M. (1981). *Creative marriage.* New York: McGraw-Hill.

Melson, L. G. (1980). *Family and environment: An ecosystem perspective.* Minneapolis: Burgess Publishing Co.

Morris, C. G. (1985). *Psychology: An introduction* (5th Ed.). New Jersey: Prentice Hall.

Olson, D. H., & Fowers, B. J. (1993). Five types of marriage: An empirical typology based on ENRICH. *The Family Journal, 1*(3), 196-207.

Olson, D. H., McCubbin, H. I., Barns, H., Larsen, A., Muxen, M., & Wilson, M. (1989). *Families: What makes them work* (2nd ed.). CA: Sage.

Rice, F. P. (1983). *Contemporary marriage.* Boston: Allyn and Bacon.

Shaffer, L. F., & Shoben JR, E. J. (1956). *The psychology of adjustment* (2nd ed.). Boston: Houghton Mifflin Co.

Strong, B., DeVault, C., & Sayad, B. W. (1998). *The Marriage and Family Experience.* CA: Wadsworth Pub. Co.

Wells, J. G. (1984). *Choices in marriage and family.* Virginia: Piedmont Press.

Wolman, B. B. (1973). *Dictionary of Behavioral Science.* New York: Van Nostrand Reinhold Co.

CHAPTER

06

부모자녀관계1 : 부모됨

1. 부모됨의 의미와 긍정양육 원칙
2. 부모됨의 동기 및 이미지
3. 부모됨의 준비와 과제
4. 자녀의 행복을 위해 좋은 부모가 되는 방법

CHAPTER

06 부모자녀관계1 : 부모됨

부모가 된다는 것은 아이를 사랑과 보살핌으로 키우고 책임지겠다는 뜻으로 단순한 선택의 문제가 아니다. 이는 가벼운 마음으로 결정하거나 중도에 철회할 수 있는 것이 아닌 한 사람의 운명을 좌지우지할 수 있는 엄청난 결정이다. 따라서 자신에 대한 이해를 바탕으로 자신이 부모가 되겠다는 자발적인 의향을 가지고 있는지, 부모가 되기 위한 노력을 할 수 있는지 등에 대한 숙고가 필요하다. 부모됨의 준비 없이는 자녀가 원하는 부모의 역할을 제대로 해낼 수 없다. 지혜롭고 현명한 부모가 되기 위해서는 부모됨의 의미와 동기를 알고, 이를 준비하는 자세가 필요하다. 자녀를 양육하는 데 연습은 없으며 항상 실전이기 때문에 더더욱 준비된 부모가 필요한 것이다. 어떤 사람도 처음부터 부모역할을 잘 해낼 수는 없지만, 배우고 익힘으로써 자녀에게 올바른 방향을 제시해 주는 지혜로운 부모가 될 수 있기에 본 장에서는 부모됨의 의미, 동기, 준비, 과제 및 긍정적인 양육방법에 대해 살펴보고자 한다.

1. 부모됨의 의미와 긍정양육 원칙

1) 부모됨의 의미

부모가 된다는 것은 부모로서 자녀를 양육한다는 것으로, 아이를 가질 계획을 세워서 아이를 갖고 아이를 낳아 기르며 그 아이가 성장해 성인이 되어 독립할 때까지 부모로서 행동해야 하는 것을 말한다. 이러한 부모의 역할은 생을 마감할 때까지 계속되는데, 자녀 양육에 연습은 없으며 매 순간순간이 실전으로 자녀가 성장함에 따라 부모도 이에 대비하고 적응해야 한다. 또한, 부모가 된다는 것은 단지 아이를 양육하는 것으로 끝나지 않고, 자신의 삶을 돌아볼 기회가 되기도 한다. 즉, 아이를 낳으면 부모도 다시 태어나는 것이고, 아이의 성장과 함께 부모도 성장하게 된다.

부모는 자신이 억지로 세상에 데려다 놓은 존재를 먹이고 보살피고 무엇보다 교육시킬 권리와 의무가 있다. 이는 "아이가 나중에 커서 스스로 먹고 살 수 있어야 하므로 실용적으로도 그렇지만 도덕적으로도 애써야 한다. 안 그러면 아이가 타락한 죄가 부모에게 떨어질 것이기 때문이다. 달리 말하면 평생 자기 범행으로 인한 피해자를 책임지고 싶지 않다면 그 피해자가 경제적, 도덕적으로 혼자 일어서는 법을 배우도록 최선을 다해야 한다."는 뜻이다 (Flaßpöhler & Werner, 2020).

따라서 부모는 자녀가 독자적으로 자신의 삶을 살아갈 수 있도록 지지해주고 도와주는 지원자가 되어야 한다. 자녀는 부모가 낳아서 돌봐야 하는 존재이지만 부모와 분리된 객체로서 독자적인 권리를 갖는 존재라는 것을 깨달아야 하고, 자녀는 부모의 소유물이 아니고 독립적인 존재임을 인식하고 인정해야 한다. 이러한 내용은 「아동복지법」과 「유엔아동권리협약」에도 담겨 있다.

「아동복지법」 제1조 목적에서 아동이 건강하게 출생하여 행복하고 안전하게 자랄 수 있도록 아동의 복지를 보장해야 한다고 명시하고 있다. 제2조 기본 이념에서는 "첫째, 아동은 자신 또는 부모의 성별, 연령, 종교, 사회적 신분, 재산, 장애 유무, 출생지역, 인종 등에 따른 어떠한 종류의 차별도 받지 아니하고 자라나야 한다. 둘째, 아동은 완전하고 조화로운 인격발달을 위하여 안정된 가정환경에서 행복하게 자라나야 한다. 셋째, 아동에 관한 모든 활동에 있어서 아동의 이익이 최우선적으로 고려되어야 한다. 넷째, 아동은 아동의 권리보장과 복지증진을 위하여 이 법에 따른 보호와 지원을 받을 권리를 가진다."라고 명시하고 있다. 이렇듯 「아동복지법」에서는 아동의 전인적 성장을 위해 아동을 보호하고 지원하는 가정환경의 중요성을 제시하고 있다.

한편, 1989년 11월 20일 유엔총회에서 채택한 「유엔아동권리협약」은 아동의 건강하고 안전한 성장을 위해 우리 모두가 지켜야 하는 약속으로 우리나라는 1991년부터 시행하고 있다. 유엔아동권리협약의 주요 내용인 4가지 일반 원칙은 비차별, 아동 최선의 이익, 생존과 발달의 권리, 아동 의견 존중이다. 비차별은 모든 아동은 어떤 경우에도 차별 없이 동등한 권리를 누려야 한다는 것이다. 아동 최선의 이익은 아동에게 영향을 미치는 모든 사항은 아동의 이익을 가장 먼저 생각해서 결정해야 한다는 것이다. 생존과 발달의 권리는 아동이 안전하게 살아가고 건강하게 성장하기 위한 보호와 지원이 있어야 한다는 것이다. 끝으로 아동 의견 존중은 아동은 아동에게 영향을 주는 것에 대해 의견을 말할 수 있고 존중받아야 한다는 것이다. 이처럼 부모로서 자녀인 아동의 권리를 지키고 지원해 주는 것은 부모됨의 시작이라고 할 수 있다.

일반적인 부모됨의 의미를 요약하면 다음과 같다(최규련, 2014).

(1) 자기 연장감

부모는 자녀를 가짐으로써 후손을 남기고 가계를 계승할 수 있다. 부모는 자녀를 통해 자신이 이 세상에서 지속적으로 이어지며 연장되고, 자신의 과제나 계획이 자녀를 통해 실현되고 확장된다는 느낌을 가지게 된다.

(2) 사회적 기대 부응

일반적으로 사회에서는 부모가 되는 것은 매우 중요하고 당연한 의무라고 생각한다. 자녀는 결혼한 부부의 사랑의 결실로 부부유대와 가족의 결속력을 강화시키므로 자녀는 온전한 가정의 상징으로 여겨진다. 또한, 자녀의 존재는 부모가 책임감 있는 성인임을 보여주는 것이기에 부모됨은 이러한 사회적 기대에 부응하는 일이 된다.

(3) 사랑과 애정의 욕구충족

부모가 되고 자녀와 상호작용을 함으로써 부모는 인간의 중요한 욕구인 사랑하고 사랑받고자 하는 욕구를 충족할 수 있다.

(4) 성취감

부모로서 어린 자녀를 잘 양육하고 지도하여 신체적, 정신적으로 성숙한 사회인으로 키워낸다는 것은 인생에서 경험할 수 있는 가장 큰 성취감을 경험하는 일 중 하나이다.

(5) 풍요로운 생

부모가 되어 자녀를 양육하고 인생 여정 동안 자녀와의 관계를 맺음으로써 부모는 다양한 일과 인생의 희로애락을 경험하면서 인생을 풍요롭게 살게 된다.

지금까지 살펴본 부모됨의 의미를 고려하였을 때, 부부는 부모됨에 따른 보상이 비용보다 클 때 부모가 되기를 선택하고, 부모됨에 따른 비용이 보상보다 클 때는 부모되기를 주저하게 되기도 한다.

2) 긍정양육 원칙

자녀를 존중하는 긍정양육 문화 확산을 위해 보건복지부, 아동권리보장원, 국제아동인권센터, 굿네이버스, 세이브더칠드런, 유니세프한국위원회, 초록우산어린이재단이 함께 모여 '긍정양육 129원칙'을 마련하였다. 긍정양육 129원칙의 기본전제, 실천원리 및 실천방법에 대해 살펴보면 다음과 같다.

(1) 기본전제

긍정양육 129원칙에서 부모와 자녀 모두가 행복해지는 긍정양육의 기본 전제는 자녀는 존중받아야 할 독립된 인격체라는 것이다.

(2) 실천 원리

긍정양육의 실천 원리 두 가지는 '부모 자신과 자녀의 이해로부터 시작한다.', 또 하나는 '부모와 자녀가 서로에 대한 믿음을 가져야 한다.'이다.

(3) 실천 방법

긍정양육의 실천방법 9가지는 다음과 같다.

① 자녀 알기

아이들은 저마다 기질과 성질이 다르고, 발달 특성도 개인차가 있으므로 자녀를 잘 살펴야 한다. 그리하여 각 아동에 맞는 양육방법을 구사해야 한다.

② 나 돌아보기

부모로서의 나 자신은 어떤 특성이 있는지, 그리고 개선할 점이 있는지 파악하는 것이 필요하다. 이를 위해 내가 왜곡된 시선이나 편견 등을 갖지 않고 세상을 바라보며, 긍정적인 사고를 하는지에 대해 검토해 볼 필요가 있다.

③ 관점 바꾸기

내 자녀의 문제행동이라 생각한 것이 정말 고쳐야 할 행동인지 관점을 바꾸어 보아야 한다. 자녀의 문제행동이 나의 오판에 의한 왜곡된 시선에 기인한 것이 아닌지 아동의 입장에서 생각해 보고 해석하도록 한다.

④ 같이 성장하기

부모로서의 역할을 자녀의 성장에 맞추어 변화시켜야 한다. 초보 부모로 시작하여 자녀의 성장과 함께 그에 맞는 발달과업을 잘 이행할 수 있도록 자녀와 같이 성장하며 단순한 양육 이상의 상위역할을 감당해 나가야 한다.

⑤ 온전히 집중하기

자녀와 보내는 시간에는 온전히 자녀에게만 집중해야 한다. 자녀와 보내는 시간의 양이 중요한 것이 아니라 자녀와 상호작용하고 소통하는 시간이 중요한 것이다. 시간의 양보다 질이 중요하다.

⑥ 경청하고 공감하기

자녀의 의사표현을 적극적으로 들어주고 자녀의 감정에 공감해 주어야 한다.

⑦ 일관성 유지하기

자녀가 동의할 수 있는 약속과 규칙을 정하고, 일관성 있는 태도로 자녀를 대하여야 한다. 부모의 기분이나 감정에 좌우되어 일관성 있는 양육태도가 흔들려서는 안 된다. 비일관된 태도는 자녀에게 불신을 받을 수 있는 위기를 초래할 수 있다.

⑧ 실수 인정하기

부모도 때로는 실수할 수 있음을 인정하고, 사과할 수 있어야 한다. 인간은 누구나 실수할 수 있으며 실수를 부끄럽게 여기지 말아야 하고, 사과하도록 한다. 자녀에게 부모가 인간적으로 보일수록 부모와 자녀는 더 가까운 관계를 유지할 수 있다.

⑨ 함께 키우기

어려움이 있을 때는 주변 사람이나 전문가에게 도움을 요청해야 한다. 누구나 처음 하는 일은 어설프고, 실수하게 된다. 모르는 것을 묻거나 도움을 청하는 것은 부끄러운 일이 아니며, 잘 모르면서 적당히 아는 척하면서 자녀를 양육하는 것은 자녀를 위험에 빠뜨릴 수 있다. 이상의 긍정양육 방법을 실천함으로써 부모는 육아부담을 덜고, 자녀와 함께 성장하는 부모자녀관계가 될 수 있다.

읽을거리

부모되기 십계명

하나, 아이의 말을 중간에 끊지 마세요.
둘, 따뜻한 눈길로 바라봐 주세요.
셋, 여러 사람 앞에서 나무라지 마세요.
넷, 때리지 마세요.
다섯, 버릇없이 키우지 마세요.
여섯, 지키지 못할 약속은 절대 하지 마세요.
일곱, 아이 일을 대신 해주지 마세요.
여덟, 아이에게 하는 사과를 부끄러워 마세요.
아홉, 아이가 화낸다고 같이 화내지 마세요.
열, 아빠는 아이와 보내는 시간의 질에 더 신경 쓰세요.

출처: 오은영(2016). 못 참는 아이 욱하는 부모.

2. 부모됨의 동기 및 이미지

1) 부모됨의 동기

과거에는 부모가 된다는 것이 결혼처럼 누구나 거쳐야 하는 통과의례라고 여겼다. 그러나 지금처럼 '결혼을 해야 한다.'에 동의하는 사람이 절반 정도인 시대에는 결혼이 필수가 아닌 선택이고, 부모됨도 선택사항이 되었다(통계청, 2022). 오늘날 자녀의 존재는 부모에게 경제적으로 큰 부담을 가져다준다. 이는 우리나라 저출산의 가장 큰 요인이기도 하다. 그럼에도 불구하고 많은 사람들은 부모가 되기를 선택하는데, 부모됨의 주된 동기를 살펴보면 다음과 같다(김정옥 외, 2012; 유영주 외, 2022; 정옥분, 정순화, 2016; Rabin, 1965: 신용주, 김혜수, 2021 재인용).

(1) 숙명론적 동기

부모가 되는 것은 선택의 문제가 아니며 자녀를 갖는 것이 인간이 존재하는 이유라고 믿는 입장이다. 즉, 인간이 자녀를 낳아 양육하는 것은 숙명이므로 생명의 창조를 인간의 힘으로 간섭해서는 안 되며, 피임을 하는 것은 죄가 된다고 생각한다.

(2) 사회적 지위 획득의 동기

부부는 자녀를 낳아 부모역할을 하게 될 때 진정한 성인으로 인정받게 되며, 사회는 부모자녀관계가 성립되어야 비로소 완전한 가족으로 인정해 준다.

(3) 이타주의적 동기

성인이 되어 자녀를 출산하고 자녀를 사랑과 관심으로 돌보아 주고 싶은 이타주의적 욕구가 부모됨의 중요한 동기가 된다. 이러한 동기를 가진 사람들은 자녀출산이 불가능한 경우 자녀를 입양하기도 한다.

(4) 자기성취적 동기

자신의 분신인 자녀를 출산하는 것은 개인에게 만족감과 동시에 성취감을 부여해 준다. 자녀출산을 통해 부모라는 지위를 부여받게 되며, 자신의 남성성이나 여성성을 증명할 수 있게 된다.

(5) 도구적 동기

부모는 자신이 이루지 못한 것을 자녀를 통해 성취함으로써 대리만족을 얻으려는 동기를 충족시키기도 한다. 자녀가 부모를 위해 특별한 목표를 달성해 줄 것이라는 기대 때문에 자녀를 원하는 부모들이 이러한 동기를 보이며, 자신이 못다한 일이나 자신의 실패를 자녀를 통해 대리성취하고자 한다. 또는 자녀로 인해 부부간의 불화가 완화되길 바라는 마음에서 부모가 되고자 하는 것도 도구적 동기이다.

(6) 정서적 · 상징적 동기

부모 노릇은 정서적 안정감을 가져다주며 많은 사람들이 자녀가 있기 때문에 다른 사람들과 비슷하다는 생각에서 심리적으로 편안함을 느낀다.

(7) 사랑 · 애정의 욕구

아이를 사랑하고 좋아하기 때문에 자녀를 갖는 부부도 있다. 인간은 누구나 사랑하고 사랑받고 싶은 본능이 있는데 이러한 부부는 자녀와의 관계에서 이를 충족한다.

(8) 기쁨과 행복의 욕구

자녀와의 상호작용을 통해 기쁨과 행복감을 느끼는 그 자체로 자녀를 갖기 원하는 부부들도 있다. 즉, 자녀에게 어떤 의미를 부여하거나 자녀를 어떤 목적을 달성하기 위한 수단으로 보지 않고, 키우는 과정에서의 즐거움과 행복 그 자체를 추구하는 경우이다.

(9) 가계 계승의 동기

부부는 가족의 유지를 위해 자녀를 낳기도 한다. 후손을 남긴다는 것은 자기 연장, 자기 불멸감, 지속감 등을 의미한다. 특히 부계가족에서는 가문을 영속적으로 계승하기 위해 반드시 아들을 낳아야 했다.

이 외에 부모됨의 동기로 자녀를 낳을 수 있는 능력을 지닌 성인이라는 성 정체성의 획득, 사회 성원을 충원하는 시민의 의무, 또는 결혼 적응을 증진시켜 주는 의미 등을 꼽는 이들도 있다(김명자 외, 2017).

2) 부모됨의 이미지

남녀 대학생을 대상으로 예비부모의 부모됨에 대한 이미지를 분석한 결과 남녀 대학생의 부모됨의 이미지는 다섯 가지로 유형화되었다(정계숙 외, 2015).

(1) 제1유형: 자기성장 지향형

자기성장은 부모가 완전한 성숙체가 아니므로 자녀가 생기고 성장하면 부모도 함께 성장해 나간다는 것을 의미한다. 이러한 유형의 개인들은 자녀의 바른 인성을 길러주는 등의 교육적 책임을 다하기 위해 자신이 더욱 바람직한 방향으로 성장하고자 한다.

(2) 제2유형: 친구 같은 부모 지향형

이 유형의 개인들은 자녀와의 활발한 의사소통과 자식에 대한 존중을 부모가 갖춰야 할 미덕으로 보고 있으며, 이러한 것들이 노력하면 되는 것, 즉 어려운 일은 아니라고 본다. 이들은 자녀를 노후대책이나 자유로운 삶의 장애

물과 같은 도구적인 관점에서 바라보기보다 자신이 자녀에게 꼭 필요한 친구와 같은 존재가 될 수 있다고 생각한다.

(3) 제3유형: 개인으로서의 삶 우선형

이러한 유형은 개인적이면서도 현실적인 면을 많이 담고 있는 것이 특징이다. 이 유형의 개인들은 좋은 부모가 되는데 관심이 없지 않으나 경제적 능력에 대한 부담감을 가지고 있어 부모됨을 선택사항으로 여긴다. 즉, 이들은 부모가 되어 자신이 성숙되는 것을 추구하기보다 개인으로서 자유로운 삶을 더 중요시한다.

(4) 제4유형: 부모역할 부담 인식형

이 유형은 자녀가 없으면 이혼하기 쉬운 만큼 부부에게 자녀가 필요하다고 여긴다. 하지만 이들은 자녀가 생기는 것은 책임감을 필요로 하는 어려운 일이며, 부담스러운 일로서 부모됨이 자신의 희생을 바탕으로 이루어진다고 여긴다. 따라서 자녀의 심신의 발달을 돌보거나 교육해야 하는 등의 보편적인 부모의 역할을 부모의 가장 큰 역할로 인정하고 싶어 하지 않는 특징을 가지고 있다.

(5) 제5유형: 안정된 가정 지향형

이 유형의 특징은 부모됨을 자식의 존재와 좋은 가정, 완성된 가정이라는 개념과 연결지어 생각하는 것이다. 또한, 이들은 부모가 된다는 것은 많은 생각과 고민이 필요한 일로 여기며, 부모됨을 자녀와 활발하게 의사소통하고 자녀에게 버팀목이 되는 성숙한 부모가 있는 좋은 가정환경의 중요성과 결부시킨다.

3. 부모됨의 준비와 과제

1) 부모됨의 준비

부모가 된다는 것은 한 생명의 인생에 책임을 져야 하는 중대한 역할을 수행하는 일이다. 그러므로 여러 면에서 부모가 되기 전의 준비가 필요하다. 부모가 되려고 준비할 때 고려해야 할 내용을 정리하면 다음과 같다(하지현, 2014; Chapman & Warden, 2017; Olson et al., 2007).

(1) 부부의 결혼생활이 안정되고 행복해야 한다.

결혼을 하고 부부가 새로운 생활에 적응할 수 있는 충분한 시간을 가져야 한다. 부부 모두의 삶이 진정으로 행복하다는 확신이 들 때 부모가 되어야 한다. 부부가 사랑하고 협조하며 지지하는 가정이 아동양육의 가장 좋은 양육환경이 되기 때문이다. 육아에 필요 이상의 압박감에 시달리거나 막막해하지 말고, 아이에게 지나치게 쏟을 에너지를 부모 자신을 가꾸는 데에도 사용하여 즐겁게 살아야 한다. 자신의 일상에 만족하는 것만큼 좋은 자녀교육은 없다.

(2) 아기가 태어나면 삶이 완전히 달라진다.

부부만의 생활에서 태어난 아이와의 변화된 일상에 적응하기 위하여 기꺼이 배우자와 자녀들의 필요에 맞춰 자신의 스케줄을 조정할 수 있어야 한다.

(3) 출산에 대한 견해, 자녀수 , 출산시기에 대한 합의가 이루어져야 한다.

자녀를 갖는 것을 진실로 원하는지 생각해 보고, 자발적인 의지에 의한 결정이 우선되도록 해야 한다. 자녀 수와 출산시기에 대해서도 부부 상호 간에 현재 처한 입장, 건강 등을 고려하여 신중하게 결정해야 한다. 또한 자녀를 가졌을 때의 장점과 단점에 대해서도 생각해 보아야 한다.

(4) 자녀를 양육하는 데 필요한 시간, 비용 및 체력적 준비도 필요하다.

자녀는 태어나서 저절로 자라는 것이 아니고, 사랑으로 함께 하는 시간이 필요하다. 자녀가 태어나면 함께 할 수 있는 시간 계획과 일정 조정이 필요하다는 것을 기억해야 한다. 또한, 육아 제반에 드는 비용에 대한 준비도 해야 하고, 자녀와 함께 활동할 수 있으려면 체력단련도 필요하다. 자녀 양육에서 기쁨을 맛보려면 무엇보다 부모 자신이 정서적, 정신적, 그리고 영적으로 건강해야 한다.

(5) 자녀 양육에 획일적인 방식은 없다.

쌍둥이도 모든 면에서 같지 않으며 각기 다른 특성이 있으므로 똑같은 방식으로 자녀를 양육할 수는 없다. 따라서 자녀의 기질과 특성에 따라 일반적인 자녀 양육방식을 응용하되 각 자녀에게 적합한 양육방식을 적용해야 한다.

(6) 부모는 모든 면에서 자녀의 롤모델이 되어야 한다.

자녀는 부모를 보고 자란다. 특히 자녀는 부모의 말보다 실천하는 행동에 더 큰 영향을 받는다. 이에 부모는 자녀와의 관계에서 언행이 일치되는 모습을 보이는 것이 중요하고, 이것은 자녀가 부모를 존경하게 되는 단초가 될 것이다. 또한, 부모가 자신의 잘못에 대해서 이유를 달지 말고 사과하는 모습을 보이는 것이 자녀에게 더 신뢰할 수 있는 인간적인 모습으로 해석되어 더 가깝게 느끼게 할 것이다.

(7) 성공적인 삶에는 사회성이 학업능력 못지않게 중요하다.

인간은 사회적인 동물로서 사람들과의 관계를 잘 맺는 것이 그 무엇보다 중요하다. 현대사회에서는 과도한 경쟁으로 인해 자녀의 성공적인 삶을 위해 학업능력이 가장 중요한 능력이라고 생각하기도 하지만, 긴 인생의 여정을 생각해 본다면 사회적 능력 역시 직장이나 여러 관계에서 성공적인 삶을 살아가기 위해 중요한 역량이다.

(8) 정서건강은 신체건강만큼 중요하다.

부모가 자녀를 사랑으로 돌볼 때 자녀 역시 자기 자신과 다른 사람들을 온전히 사랑하고 돌볼 수 있다. 사랑받는다는 느낌은 부모와 자식 간의 정서적 유대를 형성하는 가장 기본적인 요소이다. 또한, 그것은 아이들의 자율성과 주도성, 그리고 자신감 형성의 원천이 되기도 한다.

(9) 교육은 부모의 몫이다.

자녀의 첫 번째 교사는 부모이다. 생애 초기 교육의 대부분은 부모와 자녀의 일상생활 속에서 이루어진다. 이에 생애 초기의 교육은 근본적으로 부모의 책임이다.

(10) 부부관계는 저절로 좋아지지 않는다.

부모가 되기 위해서는 부부관계가 안정되어야 한다. 아기가 태어나면 많은 변화와 스트레스가 생겨나기 때문에 부부는 이제까지 해왔던 방식의 변경이 필요하다. 부부는 아기를 돌보는 동시에 서로를 돌보고 격려하기 위한 방식을 함께 찾아야 한다.

(11) 자녀는 부모에게 큰 기쁨을 안겨준다.

자녀를 키우는 것보다 더 큰 기쁨을 선사하는 것은 거의 없다. 물론 육아에는 시간과 에너지와 돈과 엄청난 노력이 요구되지만, 거기서 얻는 만족감은 스트레스를 훨씬 능가한다.

위와 같은 부모됨에 대한 다방면에서의 고찰과 변화된 생활에 대한 준비 없이는 부모됨의 역할을 제대로 해낼 수 없으므로 사전에 부모가 되기 위한 체계적인 준비가 필요하다.

읽을거리

자녀를 키울 때 피해야 할 양육 방식

자녀가 원하는 것 뭐든 다 해줘서는 안 돼, 한계 설정해야:
무례한 태도에는 단호하게 훈육, 쉽게 포기하지 못하도록.

교육 전문가들이 지적하는 '자녀를 키울 때 피해야 할 양육 방식'은 다음과 같다.

첫째, 정리 대신해 주기
아이들 스스로 치우게 해야 아이들은 책임감을 배운다.

둘째, 원하는 것은 다 사주기
아이들도 한계와 절제가 절대적으로 필요하다.

셋째, 아이를 위해 뭐든지 해주기
이런 환경에서 자란 아이들은 매사에 의존적이며 나약한 성인으로 자랄 수 있다. '마마보이' 혹은 '마마걸'이 될 가능성을 높이는 지름길이다.

넷째, 자식을 상전으로 받들기
아이들이 무례하고 버릇없게 행동할 때는 단호해야 한다. 부모와 자식 간에도 예절이 필요하고 각자의 역할이 있다는 것을 알려주는 것이 필요하다.

다섯째, 포기하는 것을 내버려 두기
어렸을 때부터 포기하지 않고 도전한 아이들은 어른이 된 후에도 인생에서 마주치는 어려움도 회피하지 않고 이겨낼 것이다. 성공한 사람들의 비결은 타고난 재능이나 지능보다 포기하지 않은 열정과 집념이다.

여섯째, 실제 행동에 옮기지 않기

부모가 자녀에게 잘못된 행동에 대한 훈육을 언급했다면 실제로 이를 행동에 옮기는 것이 중요하다.

일곱째, 아이들은 원래 버릇이 없다

'아이'는 버릇없고 무례하고 부주의하게 행동해도 되는 존재는 아니다. 어린 나이라는 것이 모든 잘못된 행동을 덮어주는 변명이 되어서는 곤란하다.

출처: 한국일보(2022.09.05). 잘못된 양육 방식 오히려 자녀 성장에 독.

2) 부모됨의 과제

보건복지부(2023)의 2022년 아동학대 연차 보고서에 따르면, 아동학대 행위자 중 부모는 82.7%로 예년과 비슷하게 여전히 절대적인 비중을 차지하고 있으며, 학대 장소 역시 대부분 가정 내(81.3%)에서 발생하였다. 매년 발표되는 전국아동학대현황 보고서를 보면 아동학대 행위자의 가장 두드러진 특성은 양육태도 및 방법 부족인 것으로 나타났다. 이에 본 절에서는 자녀를 이해하고 자녀의 성장발달을 돕기 위한 바람직한 부모됨의 과제에 대해 설명하고자 한다(Holden, 2020).

(1) 안전과 건강한 생명유지 보장

- 음식, 주거, 의복 제공
- 건강에 대한 조치
- 외부위험에 대한 보호

부모는 자녀의 안전과 건강한 성장을 도모해야 한다. 부모는 자녀의 건강한 발달을 위해서 자녀에게 기본적인 의식주의 제공과 위험에 노출되지 않도록 하고, 정기적인 건강 체크를 통해 건강하게 성장할 수 있도록 노력해야 한다.

(2) 자극과 지도

- 나이에 맞는 장난감과 학습도구의 제공
- 코칭
- 성취 격려

부모는 자녀에게 적절한 자극을 제공하고 지도해야 할 필요가 있다. 이에 부모는 자녀의 발달 단계에 맞는 장난감과 학습도구를 제공하고, 성장의 방향을 코치하고 작은 성취에도 격려를 함으로써 아동이 적극적으로 자신의 삶을 살아가도록 도와야 한다.

(3) 사회정서적 지원 제공

- 사랑
- 훈육

부모는 자녀에게 사회 · 정서적 지원을 제공해야 한다. 부모는 자녀가 사랑받는다고 느끼도록 사랑과 훈육을 하여야 하고, 부모는 이를 위해 자녀의 본보기가 되어야 한다.

(4) 모니터링과 체계적 관찰

- 관찰
- 정보 수집
- 아동과의 의사소통

부모는 자녀를 체계적으로 관찰해야 한다. 부모는 자녀에게 관심을 두고, 주목하여 관찰하고, 자녀와 관련한 정보의 수집을 통해 자녀를 이해해야 한다. 또한, 자녀와의 원만한 의사소통을 통해 자녀의 고민과 문제점을 파악하고 필요 시 도움을 제공해야 한다.

(5) 구조화

- 환경의 구조화
- 아동 일정의 조직화

부모는 양육환경을 전반적으로 구조화해야 한다. 부모는 권위 있는 부모로서 자녀의 성장발달에 적합한 구조화된 환경을 제공하고, 자녀의 행동에 대한 분명한 지침을 가지고 일정에 대한 조직화와 규칙을 제공하며, 일관성 있는 양육행동을 해야 한다.

(6) 사회적 연결망의 연결

- 가족과 친척관계 연결
- 또래관계 형성
- 기관/조직 가입(예: 종교, 스포츠)

부모는 자녀가 사회적인 관계를 잘 맺을 수 있도록 노력해야 한다. 부모는 자녀의 사회적 관계의 확장을 위해 친가, 외가와의 잦은 왕래를 하고, 또래친구들과 잘 지낼 수 있도록 장을 만들어 주며, 종교활동, 스포츠클럽 활동 등을 장려하도록 노력해야 한다.

한편, 미국의 심리치료가인 Forward는 부모역할을 다음과 같이 다섯 가지로 정의했다(조무아, 2014).

첫째, 부모는 자녀의 물질적인 요구를 충족시켜 주어야 한다. 아동이 성장하여 스스로 능력을 갖출 때까지 부모는 학비를 부담하고 경제적으로 뒷받침해 주며 물질적인 것을 해결해 줄 의무가 있다.

둘째, 부모는 자녀에게 정신적인 충족감을 주어야 한다. 물질적인 것이 중요한 만큼 인간에게는 정신적인 것도 중요하기에 부모는 자녀들이 사랑받고 있다고 느끼도록 해야 한다.

셋째, 부모는 자녀의 신체를 보호해 주어야 한다. 어린 자녀를 위험에 방치하는 것은 부모역할을 유기하는 것이다. 그런가 하면 부모가 불안하다고 자녀를 과잉보호하는 것 또한 잘못이다. 보호도 지나치면 모자람만 못하기 때문이다.

넷째, 부모는 자녀의 마음을 보호해 주어야 한다. 부모가 신체적으로 상처를 내지 않는 것뿐만 아니라 자녀에게 정서적으로 상처 내지 않는 것은 정말 중요한 일이다.

다섯째, 부모는 자녀의 삶에 윤리적 · 도덕적 모델이 되어야 한다. 부모는 자신의 삶 자체가 자녀에게 그대로 영향을 미친다는 것을 인식할 필요가 있다. 부모가 잘 살아가는 모습을 보여주는 것은 자녀에게 무언가를 가르치는 것보다 중요하다.

이처럼 부모됨의 과제는 단지 아동에게 의식주의 제공만으로 충분한 것이 아니다. 부모는 자녀의 모델로서 방향 제시를 해주고, 자녀가 스스로 자신의 삶을 개척해 나갈 수 있도록 동기를 유발하고 격려해 주는 태도가 필요하다.

4. 자녀의 행복을 위해 좋은 부모가 되는 방법

1) 좋은 부모가 되는 7가지 전략

좋은 부모가 된다는 것은 자녀의 발달에 긍정적인 영향을 미칠 수 있는 부모가 된다는 것으로 좋은 부모가 되는 7가지 전략은 다음과 같다(문미옥, 2001).

(1) 자녀 특성 파악하기

자녀가 잘하는 것, 즐겁게 할 수 있는 것을 알아내서 부모의 욕심을 버리고 자녀의 입장에서 키우기로 결심한다. 믿음을 가지고 자녀를 격려하고, 자녀의 개성을 살릴 수 있도록 지원해야 한다.

(2) 잘 들어주기

부모가 자녀의 말을 사랑과 정성으로 들어주면 자녀는 '우리 부모는 나의 생각을 알고 싶어 하고, 나의 생각을 인정하며 이해하고 있구나.'라고 느끼게 되어 사랑의 욕구 및 자존감의 욕구를 충족시킬 수 있다. 이때 다음 4단계를 거치면서 들어준다.

- 제1단계: 잘 들어주기(자녀의 생각과 감정을 이해하고 읽어주기)
- 제2단계: 스스로 대안을 내어 보도록 유도하기
- 제3단계: 함께 대안 강구하기
- 제4단계: 자녀가 최선의 결정을 하도록 도와주기

(3) 칭찬하기

훌륭한 사람으로 키우는 데는 칭찬과 격려가 반드시 필요하다. 칭찬은 주로 자녀가 어떤 일을 성취했거나 긍정적일 때 하는 것이다. 반면, 격려는 성취도가 높거나 긍정적인 상황이 아니어도 노력한 점을 높이 사거나 앞으로의 발전을 위해 해주는 말이다. 칭찬과 격려의 목적은 자녀가 긍정적인 자아개념 또는 자존감을 가지고 독립적이며 자기동기화된 인간으로 성장하도록 돕는 데 있다.

(4) 책임지게 하기

자신의 일에 책임을 지게 하면 반드시 훌륭한 사람으로 자란다.

(5) 부모 생각 알리기

자녀의 기분만 맞추지 말고 부모로서 할 말은 해야 하며 부모가 자녀에게 자신의 감정이나 생각, 의사 등을 솔직하게 전달해야 한다.

(6) 고전 들려주기

동양의 고전들은 "사람은 어떤 존재인가?", "사람은 어떻게 살아야 하는가?", "참된 지식이란 무엇인가?"에 대하여 자녀교육을 할 수 있는 자원을 풍부하게 가지고 있으며 생활의 지혜, 삶의 지혜에 관한 많은 자원을 가지고 있다.

(7) 가족관계 증진시키기

가정은 인간사회 중 가장 단순하고, 원초적이면서도 지속적인 신뢰감을 유지하는 집단이다. 가족관계 증진의 방법으로 ① 가족사를 이야기하며 어린이에게 자신의 조상들은 어떤 삶을 살아왔는지 이야기 나누기, ② 어릴 때부터 가족의 생일 등을 같이 준비하는 등 경축일 지키기, ③ 가족끼리 함께 가훈을 정하거나 우리 가족의 가훈을 알아보고, 가족구성원을 하나로 묶어주는 가훈 만들기, ④ 서로의 인격을 존중하고 공경하는 표현의 하나인 존댓말 가르치기와 쓰기, ⑤ 가족 문화 만들기 등이 있다.

2) 자녀의 행복을 위한 부모의 태도

Dyer(2023)는 저서 『아이의 행복을 위해 부모는 무엇을 해야 할까』에서 무한계 인간이란 자신의 능력을 기반으로 하여 성공적이고 만족스러운 삶을 살아가는 사람이라 하였다. 즉, 무한계 인간은 어떤 상황에서든 높은 차원의 향상심과 자신감을 갖는 인간이다. 억압된 감정이나 불안 없이 평온하고 자유롭게 사는, 가장 인간적인 사람이다. 그들은 인생을 최고의 경험이라 여기며 언제나 감사하는 마음을 갖고 있다. 그렇다면 자녀를 무한계 인간으로 키우기 위해 부모는 무엇을 해야 할까?

첫째, 자녀가 자신감 넘치고 긍정적이며 행복한 삶을 사는 사람이 되길 바란다면, 부모는 자녀 교육에서 최우선 과제로 어떤 상황에서도 인생을 즐길 수 있는 능력을 길러주어야 한다.

둘째, 긍정적인 가치관과 삶을 즐길 줄 아는 능력을 아이에게 알려주고 싶다면, 먼저 부모부터 생활 속에서 모범을 보여주어야 한다. 자녀에게 부모만큼 강한 인상을 줄 수 있는 본보기는 없다.

셋째, 부모가 원하는 틀 속에 자녀를 맞추는 순간 재능의 싹이 꺾인다. 모든 아이는 무한계 인간의 자질을 갖고 태어난다. 부모는 자녀가 지니고 태어나는 무한계 인간으로서의 권리, 즉 한계가 없는 어른으로 성장할 권리를 존중해야 한다. 부모는 자녀가 자신의 가능성을 펼칠 수 있게 스스로 원하는 방향으로 향할 수 있도록 북돋워 주어야 하며, 결정권은 부모가 아니라 '아이'에게 있다는 것을 기억해야 한다.

넷째, 자녀가 스스로를 존중하고 사랑하는 힘인 '자존감'은 부모가 만든다. 자존감은 한 인간으로서 자신을 어떻게 보고 있는가를 나타내는 말이다. 아이의 자기 평가는 주위 사람들이 그 아이를 얼마나 소중하게 생각하고 있느냐에 기초한다. 따라서 부모가 자녀를 사랑스럽고 소중한 존재로 여기면 아이도 자신을 가치 있게 생각한다.

다섯째, 자녀가 어떤 일에 실패했을 때는 시선을 자기 안으로 돌려 자신은 훌륭하다고 생각하도록 가르쳐야 한다. 항상 자신을 가치 있는 사람으로 여기라는 격려를 받은 아이는 스스로를 높이 평가할 줄 안다. 자기 자신을 가치 있다고 생각하는 아이는 도전을 두려워하지 않고 실패에 대한 두려움이 적다.

3) 자녀의 자존감을 높이는 부모의 태도

한 개인의 자존감은 평생을 살아가면서 삶의 원천이 되는 중요한 특성이다. 부모는 자녀의 자존감을 낮추거나 고양하는 핵심적인 역할을 한다.

(1) 자녀의 자존감을 떨어뜨리는 부모의 태도

먼저 자녀의 자존감을 떨어뜨리는 부모의 태도를 살펴보면 다음과 같다 (Dyer, 2023).

첫째, 입버릇처럼 "너는 나쁜 아이야."라고 말한다. 예를 들어, 실수로 우유를 엎질렀는데 "또 일을 저질렀군. 벌써 몇 번째야."라고 혼낸다면 아이는 '나는 뭐든 서툴기만 한 나쁜 아이야.'라고 생각한다. 그 결과, 아이는 정말로 자신을 별 볼일 없는 사람이라고 믿는다.

둘째, 아이가 나쁜 행동을 하는 현장을 집요하게 찾아낸다. 자주 야단을 맞은 아이는 자존감이 낮고, 부모에게 미움을 받고 있다고 생각하며 마음속에는 부모에 대한 원망이 차곡차곡 쌓여 있다.

셋째, 자존감에 상처를 주는 애칭으로 자녀를 부른다. '바보', '뚱보', '못난이', '멍청한 녀석' 등 부정적인 호칭은 아이의 자존감을 떨어뜨린다.

넷째, 아이를 항상 '부족한 인간'처럼 다룬다. "나중에 크면 엄마가 왜 그렇게 잔소리했는지 알게 돼.", "이유를 말해 줘도 넌 모를 거야. 아빠 말이니까 무조건 따라야 해." 등 이런 종류의 말은 아이에게 '너는 아직 온전한 사람이 아니야. 너는 불완전한 반쪽 인간에 불과해.'라고 말하는 것이나 다름없다.

다섯째, 아이를 항상 다른 누군가와 비교한다. 아이를 형제나 어린 시절의 부모 자신, 혹은 옆집 아이와 비교하는 것은 아이에게 자신은 특별하지도 않고 개성적이지도 않다는 생각을 가지게 한다.

여섯째, 아이의 생각을 묻지 않고 부모가 대신 떠맡는다. 부모가 아이의 일을 대신해 주면, 아이의 자존감이 낮아지고 자신감은 흔들린다. "나도 할 수 있어요, 엄마."라는 아이의 호소를 무시해서는 안 된다. 자기 불신이 깊어진 아이는 자신이 중요한 일을 할 수 없다고 생각한다.

일곱째, 아이가 한 일을 자꾸 비판한다. 비판은 자존감을 떨어뜨리는 일등공신이다. 부모가 비판할수록 아이는 비판적인 자화상을 그리게 된다.

여덟째, 아이가 제 나이에 맞게 대답할 기회를 빼앗는다. 마치 아이에게는 표현 능력이 없는 것처럼 부모가 아이를 대변하는 경우가 종종 있다. 이런 행동은 아이에게 자기불신을 조장하고 자존감을 잃게 만든다.

아홉째, 아이 앞에서 끊임없이 불평을 늘어놓는다. 아이는 부모가 보여준

모습을 자기 안에 받아들인다. 따라서 아이 앞에서 끊임없이 불평하는 부모는 아이에게 불평하는 인간이 되라고 가르치는 것이나 마찬가지다.

열째, 아이가 보는 앞에서 다른 사람에게 아이를 무시하는 말을 한다. 아이도 감정을 지닌 존재라는 사실을 부모가 무시할수록 아이 또한 자신을 점점 더 무시하게 된다.

열한 번째, 아이와 물리적인 거리를 두고 지낸다. 부모의 스킨십 부족으로 따뜻한 사랑을 받지 못한 아이는 자신은 껴안거나 다독여 줄 만한 가치가 없다고 생각한다. 그러다 자신을 매력 없는 존재로 생각하고, 사랑받을 가치가 없는 인간이라는 의심을 하게 된다. 그렇기 때문에 아이에게 "사랑한다."라는 말을 자주 들려주어야 한다.

(2) 자녀의 자존감을 높이는 부모의 태도

이러한 양육태도와 대조적으로 자녀의 자존감을 높이는 부모의 태도는 다음과 같이 요약할 수 있다(Dyer, 2023; Humphreys, 2006; Ginott, 2003).

첫째, 부모가 가치 있는 사람이라는 것을 보여준다. 부모는 자녀의 롤모델이다. 부모가 자녀에게 자신에 대한 긍정과 존중이 어떤 것인지 행동으로 보여주는 한편, 자신을 긍정하고 존중하는 사람은 남들로부터도 소중한 대접을 받게 된다는 것을 알려주어야 한다.

둘째, 아이 스스로 선택하게 한다. 아이들은 매일 자기 나이와 이해력에 해당하는 문제들에 대해서 판단하고 선택하는 연습을 해야 한다. 아이들은 제각기 서로 다른 특별한 존재이다. 그렇기 때문에 비교보다는 개성에 대한 존중이 앞서야 한다. 아이의 개성을 존중한다는 것은 아이가 평생을 통해 '나는 나 자신을 위해 무엇을 선택하든 그것을 이룰 무한한 가능성이 있어.'라고 생각하는 것을 의미한다. 즉, 아이를 어엿한 한 사람으로서 존중하고, 그 고유성을 인정해 주면, 아이는 특별한 존재로 대접받는다고 생각하게 되어 자신감을 갖고, 스스로를 높이 평가하게 된다.

셋째, 자녀의 행동만으로 아이를 평가하지 않는다. '아이의 행동'과 '아이 자신'을 분명하게 구분한다. 아이의 자존감을 키워 주려면 '아이'와 '행동'이 별개라는 걸 이해해야 한다. 아이에게 실패를 두려워하지 말고, 실패를 통해 배우고 성장하라고 가르쳐야 한다. 특히 자녀가 실패한 뒤에는 결과와는 상관없이 자신이 가치 있는 존재임을 상기시켜 준다. 일이 잘못되었을 때 그저 벌어진 사건 자체만 다루고 아이에 대해서는 왈가왈부하지 않는 것이 최선이다.

넷째, 아이 스스로 판단하고 책임지게 한다. 자신을 높게 평가하는 아이는 스스로 판단을 내릴 기회를 부여받으며 자랐다. 부모가 이런저런 문제를 대신 해결해 주는 것이 아니라 아이에게 책임을 지게 한 것이다. 아이가 자신을 중요한 존재로 느끼고, 부모가 믿고 있다는 것을 알고 나면 새로운 모험을 시도할 수 있는 용기가 생긴다. 아이들이 성숙하려면 문제를 자기 힘으로 해결하는 기회를 얻어야 한다.

다섯째, 매일매일 인생의 즐거움을 깨닫게 한다. 자녀의 자존감을 높이려면 인생을 긍정적으로 바라보는 습관을 길러 주어야 한다.

여섯째, 한 번 야단치기보다 두 번 칭찬하는 것이 좋다. 자주 야단맞는 아이는 자신을 비판하는 법을 배우고, 결국에는 자신을 비하한다. 칭찬은 자녀 교육의 모든 과정에서 꼭 필요한 훌륭한 교육법이다. 부모는 노력하는 사람의 편이라는 것을 알게 해 줄 때 아이는 자신에 대한 긍정적인 이미지를 만든다.

일곱째, 자신이 생각하는 대로 된다는 것을 알려준다. 자녀는 부모가 주입한 것을 토대로 하여 자신의 생각을 만들고, 자신의 생각대로 성장한다. 따라서 부모는 아이가 긍정적으로 생각할 수 있게 도와줄 수도 있고, 부정적으로 생각할 수 있게 도와줄 수도 있다.

이처럼 아이의 삶에 적어도 부모가 걸림돌이 되지 않도록 아이를 있는 그대로 받아들여야 한다. 가끔 부모가 이 사실을 잊기 때문에 부모가 원하는 틀 속에 아이를 맞추려는 잘못을 저지르게 된다. 부모가 할 일은 아이가 가장 필요한 결심을 할 수 있도록 도와주는 것이다. 부모의 인정으로 인해 아이는 자신의 생활을 관리하고 언제든 자신을 긍정적으로 생각하게 될 것이고, 자신 있게 자신의 삶을 개척해 나갈 것이다.

4) 부모역할, 예행연습이 필요하다

처음 경험하는 부모역할은 연습 없이는 제대로 수행할 수 없다. 자녀를 양육하는 일은 실전이다. 따라서 반드시 연습이 필요하다. 부모역할에 대한 연습에 필요한 내용을 정리하면 다음과 같다(조무아, 2014).

(1) 부모가 변해야 아이도 변한다.

부모자녀관계의 변화는 부모의 노력과 부모 자신의 변화에서 시작되는 것이다. 나 자신의 변화를 통해 상대방에게 영향을 미치고, 상대방은 스스로의 의지로 변화를 시도하도록 기다리는 것이 바람직하다. 부모와 자녀의 관계는 상호 존중하고 배려하는 관계가 바람직하다. 아이가 자존감에 상처를 받지 않도록 존중하는 태도로 아이에게 잘못을 일러줄 방법을 찾아야 한다.

(2) 눈높이를 맞추면 아이 스스로 마음을 연다.

반영적 경청법은 자녀를 믿는 마음으로 시작하여 도움을 주는 방법이다. 자녀의 입장에서 생각하고 말하는 것보다 열심히 듣는 것(경청)이 먼저다. 자녀를 수용하고 공감하고자 하는 부모의 마음이 선행되고 꾸준히 연습해야 한다.

(3) 대화에서 '나-전달법'을 사용한다.

'나-전달법'은 말의 주어가 '나'다. 예를 들면 "내가 피곤하단다.", "나는 쉬고 싶단다."와 같이 말하는 것이다. '나-전달법'은 내게 문제가 있다는 것을 표현할 뿐 네 탓이라는 느낌을 주지 않는다. 그러므로 원인 행동을 제공한 사람은 방어나 공격의 필요성을 느끼지 않고 상대방을 도와줄 수 있는 입장이 되어 자신의 행동을 돌아보게 된다. 그런가 하면 '너-전달법'은 '네가 잘못했다', '네가 문제다', '네 탓이야'라는 느낌을 전달하기 때문에 원인행동을 제공한 사람은 위협을 느끼고, 자신을 보호하고자 하는 본능으로 방어적인 자세를 취하게 된다. 물론 이런 상태에서는 자신의 행동을 돌아보고 반성할 여유를 갖기 힘들다.

Gordon(2021)의 부모역할훈련 프로그램에서는 '나-전달법'을 효과적으로 활용하기 위해서는 세 가지 요소를 갖추어야 한다고 말한다. 나-전달법의 세 가지 요소와 예시를 살펴보면 다음과 같다.

〈요소〉

1. 수용할 수 없다고 느끼는 **행동**은 무엇인가?
   (문제가 되는 행동을 구체적으로 서술)
2. 그 행동은 당신(부모)에게 어떤 **영향**을 끼치는가?
   (부모에게 미치는 영향을 구체적으로 서술)
3. 당신은 그 행동이나 영향으로 인해 어떤 **느낌**을 받는가?
   (부모의 느낌을 서술)

〈예시〉

- “내가 신문을 읽고 있는데 네가 신문을 흔들면(행동) 어디까지 읽었는지 다시 찾아야 되고 빨리 읽을 수 없어서(영향) 답답하다(느낌).”
- “네가 침대에서 뛰면(행동) 침대가 망가지고 먼지도 나니까(영향) 싫어(느낌).”
- “옷을 벗어 방바닥에 그대로 두면(행동) 내가 치워야 되니까 힘들고(영향) 속상해(느낌).”

‘나-전달법’을 사용할 경우 주의해야 할 점이 있다. 첫 번째 요소인 행동을 말할 때는 비난, 비평 없이 말해야 하고, 또 말하는 사람이 주관적으로 해석해서 말하지 않고 ‘있는 그대로의 사실’만을 말해야 상대방이 거부감 없이 받아들일 수 있다. 예를 들면, “내가 말하는데 내 말을 듣지 않으면 속상해”라고 말하는 것과 “내가 말하는데 ‘버릇없이’ 내 말을 듣지 않으면 속상해”라고 말하는 것은 차이가 있다. 두 번째 요소인 영향을 말할 때는 나에게 미치는 구체적인 영향 즉 시간, 노력, 돈을 쓰게 하거나 신체적 · 정신적 손실을 입게 된 것을 찾아서 말한다. 자녀가 자신의 행동이 부모에게 문제가 된다는 것을 알면 스스로 행동을 바꾸려는 마음이 생길 것이다. 세 번째 요소인 느낌(감정)을 표현할 때는 진실하고 정직한 감정을 찾아서 말한다. 그렇게 할 때 두 번째 요소인 영향이 더욱더 강화되어 효과적인 ‘나-전달법’이 될 수 있다.

(4) 제3의 방법

민주적인 방법 6단계를 적용한다. 감정 처리를 잘하는 것은 욕구 문제를 해결하기 위한 선결과제라고 할 수 있다.

① 1단계: 문제 정의하기

욕구를 충족하기 위해 갈등을 확인하고 정의하는 과정이다. ‘나-전달법’으로 자신의 욕구를 말하고 '반영적 경청'으로 자녀의 욕구를 파악한다. 욕구가 드러나면 다시 한번 정리해서 서로의 욕구를 확인한다.

② 2단계: 가능한 해결책 탐색하기

자녀가 해결책을 생각해 보도록 격려하고 부모도 자유롭게 해결책을 내놓는다. 엉뚱하거나 마음에 들지 않는 방법도 이 단계에서는 평가를 하지 않고 전부 수집한다.

③ 3단계: 해결책 평가하기

2단계에서 생각해 낸 해결책 중에서 부모나 자녀 어느 쪽에서라도 싫은 방법은 폐기하고 서로가 수용할 수 있는 해결책을 찾아내는 과정이다.

④ 4단계: 해결책 결정하기

3단계에서 선별한 것 중 부모와 자녀 모두 수용할 수 있는 것으로 해결책을 결정한다. 필요하다면 기록해 두는 것이 좋다.

⑤ 5단계: 해결책을 실행하기

누가, 언제, 무엇을 할 것인지를 정하고 그에 따라 실천한다.

⑥ 6단계: 실행 결과를 평가, 검토하기

이미 만들어지고 실행한 방법이 항상 최선이라는 법은 없다. 실행 과정에서 알게 된 부적절한 부분, 수정하거나 거부하고 싶은 점이 있다면 보완하고 더 나은 해결책을 찾아서 다시 시도하도록 준비한다.

지금까지 본 장에서는 부모자녀관계 중 부모됨에 대해서 알아보았다. 자녀가 긍정적인 시각을 가지고 일생을 살아갈 수 있도록 부모는 긍정적인 시각을 갖고 자녀를 바라봐야 한다. 또한, 부모가 행복하고 만족스러운 결혼생활을 영위함으로써 부모의 삶이 자녀에게 모델링된다면 자녀의 삶 또한 긍정적이고 행복하게 변화하게 될 것이다. 바람직한 부모자녀관계를 유지하기 위해 부모는 자기성찰과 발전적 변화를 모색하고, 양육훈련을 통해서 자녀의 욕구를 바로 파악하고, 자녀의 문제에 적절히 대처해 나갈 필요가 있다. 무엇보다도 자녀의 성장에 따라 부모도 성장할 필요가 있다는 것을 명심해야 한다.

참고문헌

김명자, 계선자, 강기정, 김연화, 박미금, 박수선, 송말희, 유지선, 이미선(2017). **아는 만큼 행복한 결혼 건강한 가족**. 파주: 양서원.

김정옥, 박귀영, 유가효, 전귀연, 홍계옥, 홍상욱(2012). **가족관계**. 파주: 양서원.

문미옥(2001). **좋은 부모가 되는 7가지 전략**. 서울: 다음세대.

보건복지부(2023). 2022년 아동학대 연차보고서.

신용주, 김혜수(2021). **결혼과 가족**. 서울: 창지사.

오은영(2016). **못 참는 아이 욱하는 부모**. 서울: 코리아닷컴.

유영주, 김순옥, 김경신(2022). **가족관계학**. 경기 파주: 교문사.

정계숙, 류수민, 한안나(2015). 예비부모의 부모됨에 대한 이미지 분석: 남녀대학생을 중심으로, **열린유아교육연구, 20**(2), 319-347.

정옥분, 정순화(2016). **부모교육**(3판). 서울: 학지사.

조무아(2014). **부모 역할, 연습이 필요하다**. 서울: 깊은 나무.

최규련(2014). **가족관계론**. 고양: 공동체.

통계청(2022). 2022년 사회조사.

하지현(2014). **엄마의 빈틈이 아이를 키운다.** 파주: 푸른숲.

한국일보(2022.09.05). 잘못된 양육방식 오히려 자녀 성장에 독.

Chapman, G. D., & Warden, S. (2017). **부모가 되기 전에 꼭 알아야 할 12가지.** 박상은 역. 서울: 생명의 말씀사.

Dyer, W. W. (2023). **아이의 행복을 위해 부모는 무엇을 해야 할까.** 조영아 역. 고양: 푸른 육아.

Flaßpöhler, S., & Werner, F. (2020). **부모가 된다는 것.** 정혜경 역. 서울: 나무생각.

Ginott, H. G. (2003). **부모와 아이 사이.** 신흥민 역. 서울: 양철북.

Gordon, T. (2021). **부모역할훈련.** 홍한별 역. 서울: 양철북.

Holden, G. W. (2020). *Parenting: A Dynamic Perspective.* CA: SAGE.

Humphreys, T. (2006). **8살 이전의 자존감이 평생 행복을 결정한다.** 윤영삼 역. 서울: 디산북스.

Olson, D. H., DeFrain, J. D., & Olson, A. K. (2007). **행복한 결혼 건강한 가족.** 21세기 가족문화연구소 역. 파주: 양서원.

Rabin, A. I. (1965). Motivation for parenthood. *Journal of Projective Techniques and Personality Assessment, 29*(4), 405–413.

CHAPTER

07

부모자녀관계2 : 발달 단계별 부모역할

CHAPTER

07 부모자녀관계2: 발달 단계별 부모역할

부모자녀관계는 자녀가 성장함에 따라 변화하고 부모역할 역시 자녀의 발달 단계에 따라 변화한다. 영아기는 급속한 신체발달, 애착 형성, 신뢰감 형성, 감각발달 등이 이루어지는 시기로 부모는 양육자, 보호자, 언어 및 신체발달의 자극제공자 역할을 수행해야 한다. 유아기는 활발한 신체운동 기능 발달, 호기심과 상상력의 지능 발달, 자발성 발달, 또래와의 적극적인 상호작용 등의 시기로 부모는 자율성, 독립성과 주도성 발달의 조력자이다. 아동기는 근면성 발달, 독립적인 행동 증가, 사회 · 도덕적 행동의 발달, 자아개념 형성의 결정적 시기로 부모는 격려자이며 근면성 발달 및 긍정적 자아개념 형성의 조력자이다. 청소년기는 아동기에서 성인기로 넘어가는 과도기로 이차성징이 나타나고 자아정체감을 형성하는 시기로 부모는 자녀에 대한 존중, 상담자, 정체감 형성 조력자의 역할을 해야 한다. 성인기는 대학 졸업, 사회 진출, 부모로부터 독립하여 자율적 생활을 모색하는 시기로 부모는 자녀의 직업 준비에 도움을 주고 자녀를 독립된 개인으로 인정해 주어야 한다. 이와 같이 부모의 역할은 발달적 역할이라고 할 수 있다. 이에 본 절에서는 발달 단계별 부모역할을 부모역할의 개념과 역할 변화를 중심으로 살펴보고자 한다.

1. 부모역할

부모되기를 계획하여 부모가 되어야 하는 것처럼 부모역할은 준비 없이 제대로 수행할 수 없다. 부모는 출산한 자녀의 바람직한 발달과 사회화에 대한 책임을 감당해야 한다. 부모역할을 하나의 정의로 정리하기는 어렵지만, 일반적으로 다음의 요소를 포함한다고 본다(Knox & Schacht, 2005).

1) 양육자

발달 단계에 따라 자녀에게 필요한 것에는 변화가 발생한다. 부모는 이러한 변화에 따라 지속적으로 자녀가 필요한 것을 제공하는 양육자(caregiver)의 역할을 받아들이고 수행해야 한다.

2) 정서적 자원

부모는 소속감, 사랑받고 있다는 느낌, 긍정적 자아개념 발달의 욕구와 같은 자녀의 정서적 욕구에 민감하게 반응하는 정서적 자원(emotional resource) 역할을 해야 한다. 포옹이나 입맞춤 같은 사랑의 표현만이 아니라 그러한 정서적 행동이 자녀의 자존감 향상에 도움이 됨을 알고 수행해야 한다.

3) 경제적 자원

부모는 매년 자녀의 의식주에 들어가는 많은 비용을 예상하고 미리 준비하고 계획하여 경제적 자원(economic resource) 역할을 해야 한다.

4) 교사

모든 부모는 자녀가 이롭다고 느낄 수 있는 원칙 또는 인생철학을 가지고 있어야 한다. 부모는 자녀에게 기본적인 인생교훈을 가르쳐야 한다. 자녀가 삶에서 중요한 것이나 인생철학에 흥미를 느끼지 않고 심지어 저항할지라도 부모는 교사(teacher)로서의 역할을 단념해서는 안 된다.

5) 보호자

부모는 해로운 것으로부터 자녀를 보호하는 일차적 보호자(protector)이다. 예를 들어, 자녀가 어려서는 안전벨트를 하게 하고, 커서는 약물이나 폭력으로부터 보호하는 것까지 확장될 수 있다.

부모의 역할은 자녀의 성장에 필수적인 영양공급부터 시작하여 자녀의 잠재능력을 키워주는 것까지 포함하는 광범위한 개념이다. 이는 부모자녀 간의 끊임없는 상호작용을 통해 이루어진다. 적절한 부모역할은 자녀의 성장, 발달에 필수적이며, 뛰어난 아동 뒤에는 자녀의 지적 발달과 사회적 욕구를 충족시키기 위해 노력하는 부모가 있다(정옥분, 정순화, 2008).

또한, 바람직한 부모는 교사, 모델, 의논 대상자, 성역할 평등 개념 전수자로서의 역할을 수행하는 것이다. 자녀들에게 좋은 행동의 모범을 보여주어야 하며, 자녀의 습관이나 행동 등을 가르쳐 주어야 하고, 때로는 상담자로서, 그리고 자녀에게 성에 따른 역할 및 행동을 가르쳐 주는 역할도 수행해야 한다(이연섭, 강문희, 1998). 이렇듯 부모역할의 목적은 자녀가 사는 사회에서 잘 성장하고 생존할 수 있도록 보호하고 준비시키는 데 있다(Popkin, 2014).

2. 부모역할의 특성

부모는 자녀의 출생을 시작으로 다양한 역할을 수행해야 하는데, 이러한 역할은 한정된 시간 동안만 수행하는 것이 아닌 일생에 걸쳐 이루어진다. 부모역할은 일반적으로 예상하고 있는 것보다 더 강한 책임감을 수반하고 어렵고 힘든 것이다. 다른 역할과 구분되는 독특한 부모역할의 특성을 종합하면 다음과 같다(김양희 외, 2011; 이재연, 김경희, 1996; 최규련, 2014; 최외선 외, 2003; Bigner, 1985).

첫째, 부모역할은 부모 자녀 간에 장기간 파급효과가 큰 중요한 일이며, 복잡하고 전인적인 노력이 필요한 일임에도 명확하게 정의되어 있지 않다. 부모의 역할은 모호하다. 현대사회에서 부모역할은 과거보다 더 많은 어려움과 부담을 수반하는데, 이는 부모역할에 대한 가치관이 변하고 사회환경과 다양한 가치체계가 부모역할 수행가치와 대립되는 상황에서, 조화와 균형을 이루는 적절한 선택을 해야 하기 때문이다. 그렇기에 부모역할에 대한 분명한 규준과 지침은 없다.

둘째, 직업 등 다른 역할에 대한 준비에 비해 대부분의 부모들은 부모됨에 대한 준비나 훈련 없이 부모가 된다. 부모역할이 복잡하고 어려운 역할임에도 불구하고 부모역할 수행에 필요한 체계적인 훈련이나 지식 없이 자녀를 양육함으로써, 부모자녀 간 갈등을 초래하고 아동학대가 발생되기도 한다.

셋째, 부모역할은 남자보다 여자에게 더 많은 문화적 압력이 주어진다. 어머니 역할에 대한 사회적 기대가 아버지 역할보다 더 크고 가치가 있다고 여겨진다. 또한, 역할 수행에 대한 사회적 규범이 엄격할수록 부모역할에 있어서 어머니의 역할은 더 커지게 된다. 오늘날 부부가 같이 맞벌이를 하는 상황에서도 남자보다는 여자에게 더 자녀 양육에 대한 책임을 지우는 경향이 있다. 따라서 취업모들은 직장일과 가정에서 육아 등에 관한 역할을 남편에 비해 과중하게 떠맡게 되고, 이는 부부갈등을 초래하는 원인이 된다.

넷째, 부모로 준비가 되어 있지 않아도 계속할 수밖에 없다. 일단 자녀를 출산하고 부모가 되면 부모 노릇이 어렵다고 중도에 포기할 수 없다.

다섯째, 부모역할은 연습할 수 없고 늘 실제 상황이다. 부모역할에 있어 실수나 시행착오는 돌이킬 수 없다. 부모역할은 자녀를 대상으로 수행하는 것이기 때문에 그 결과는 수정되거나 아무 일이 없었던 것처럼 지워버릴 수 없다. 부모역할은 늘 실제 상황이라는 것을 명심하고 사전준비 없이 임하여 자녀에게 상처를 입히는 결과를 초래하지 않도록 준비를 철저히 해야 한다.

여섯째, 부모의 권위는 없고 의무만 있다. 과거에는 부모가 자녀에게 절대적인 권위를 행사한 반면, 오늘날 부모의 권위는 이전과 같지 않고 자녀에 대한 최종적인 책임만이 남아 있다.

일곱째, 부모 두 사람이 한 팀이 되어 부모역할을 수행해야 한다. 자녀 양육을 위해서는 부모가 협동해야 한다. 즉, 좋은 부모가 되려면 부부관계가 견고하고 협동적이어야 하며 개방적 의사소통을 하여야 한다. 부부는 자녀를 어떻게 양육할 것인가에 대해 의논하여 자녀에게 일치된 방향을 제시해야 하고, 자녀의 성장에 따라 자녀 양육 방식을 조정해야 한다,

여덟째, 각 아동마다 독특하다. 부모가 첫째 아이를 잘 이해하게 되면 두 번째 아이도 잘 이해할 수 있을 것 같은 생각이 들지만 많은 경우 그렇지 않

다. 아이는 저마다 다르기 때문에 이 점이 부모역할을 더 어렵게 하기도 한다. 심지어는 기존에 배워 알고 있는 것이 다른 자녀를 이해하는 데 장애가 되기도 한다.

아홉째, 부모역할이 끝나는 시기에 대해서는 알려져 있지 않다. 부모의 의무는 어디에서나 철저하게 시행되나 어느 정도가 적당하고 바람직한지 그 한계가 없다.

열째, 부모역할은 희생을 수반한다. 부모의 자식에 대한 사랑은 본능적이며 무조건적이기 때문에 부모는 출생에서부터 결혼에 이르기까지 혹은 그 이후까지 자식을 위한 일을 주저 없이 행한다. 신체적인 고통을 감수함은 물론 물질적 · 정신적으로 부모가 지닌 모든 것을 자식에게 기꺼이 희생한다. 여기에는 아무런 조건이 없으며, 다만 자식이 건강하고 사회적으로 성공하여 행복하기를 바랄 뿐이다.

열한째, 부모역할은 자녀가 성장함에 따라 부모도 변화해야 하는 발달적인 역할이다. 부모역할은 시간의 흐름에 따라 변화를 필요로 한다. 부모에 대한 자녀의 요구는 발달 단계에 따라 다르다. 신생아기, 영아기, 유아기, 아동기, 청소년기 등 발달 단계에 따라 자녀의 요구가 달라지며, 자녀의 욕구에 맞추어 부모역할을 변화시켜야만 한다. 즉, 자녀의 성장에 따라 부모도 성장해야 한다.

종합하면, 부모역할을 제대로 수행하기 위해서는 준비와 훈련이 필요하며, 부모는 각 아동의 특성에 따라 다르게 대처해야 한다. 무엇보다도 부모는 자녀의 발달 단계에 따라 변화된 역할을 수행하며 함께 성장해 나가는 것이 중요하다. 부모의 역할을 잘 수행함으로써 부모자녀관계의 개선과 자녀의 전인적인 발달을 도모할 수 있다.

3. 부모의 양육태도

부모의 양육태도는 아동의 육체적, 정신적 발달 등 모든 발달 영역에 지대한 영향을 미친다. 즉, 부모는 아동의 롤모델이므로 부모의 양육태도는 아동의 가치관, 삶을 바라보는 자세, 인생관 등에 영향을 미치는 것이다.

Baumrind(1991)는 애정과 통제 차원으로 부모의 양육태도를 구분하였다. 애정 차원은 부모가 자녀에게 애정적이고 민감한 반응을 보이는 것이며, 통제 차원은 자녀에게 성숙한 행동을 요구하고 행동을 통제하는 것이다. 애정과 통제 차원에 따라 부모의 양육태도는 다음의 네 가지 유형으로 나누어진다(임지영 외, 2017; 조성연 외, 2017).

1) 허용적 양육태도

허용적 양육태도는 자녀의 행동에 대한 통제가 거의 없고, 애정이 높은 유형이다. 부모는 자녀에게 자율성을 허락하고, 벌은 사용하지 않으며 신체적 안전이 보장되는 범위 내에서 자녀에게 자유를 준다. 또한, 외부에서 규정한 기준에 복종하도록 요구하지 않으며, 냉정하고 초연한 태도를 보이면서 가끔 부모들을 화나게 하는 행동까지도 허용한다. 이 유형의 부모는 가족의 결정사항을 아동과 의논하여 정하고, 힘을 사용하기보다는 이유를 설명한다. 허용적 양육을 받은 자녀는 자신감이 있고 적응을 잘 하는 편이나, 규율을 무시하고 제멋대로 행동하거나 충동적인 경향이 있다.

2) 권위주의적 혹은 독재적 양육태도

권위주의적 양육태도는 통제는 높고 애정은 낮은 유형이다. 이 유형의 부모는 체벌과 강압적인 양육 방법을 사용하고, 아동을 절대적 행동 기준과 정해진 틀에 끼워 맞추려 하며, 질서나 전통을 고수하는 것 자체에 가치를 둔다. 또한, 자녀의 자율성을 제한하고 언어적 의사소통을 장려하지 않으며, 아동의 자유 의지를 구속하고 복종을 요구한다. 이러한 부모의 자녀는 화를 잘 내며 변덕스럽고, 사회적으로 유능하지 못하고 의존적이거나 반항적인 성향을 보이며, 자신이 불행하다고 느끼는 경우가 많다.

3) 권위 있는 혹은 합리적 양육태도

권위 있는 양육태도는 애정과 통제가 모두 높은 유형으로, 즉 권위주의적 양육과 허용적 양육이 잘 조화된 바람직한 양육태도를 말한다. 이 유형의 부모는 자녀의 의사소통을 격려하고, 한정된 범위 내에서 자율성을 허용하며, 통제와 격려를 조화롭게 사용하는 합리적인 태도를 보인다. 이 유형의 부모는 자녀의 잘못된 행동을 통제할 뿐만 아니라 독립성이나 개별성을 강조하고 논리적 설득을 사용하며, 자녀의 의견이나 결정, 자율적인 자유의지와 순응을 존중한다. 권위 있는 양육을 받은 자녀는 사회적으로 유능하고 책임감이 있으며 또래와 원만한 관계를 유지하고 자신감이 있으며 학교생활을 잘하고 성취지향적이다.

4) 무관심한 양육태도

무관심한 양육태도는 자녀에게 애정을 보이지 않고 관여나 요구를 하지도 않는 무관심한 태도를 말한다. 이러한 유형은 가장 바람직하지 못한 양육 유형으로 부모가 자신이 처한 문제로 인해 자녀에게 관심을 줄 수 있는 여력이 부족한 경우가 많다. 무관심한 양육을 받은 자녀는 자아존중감이 낮고, 사회적으로 유능하지 못하고, 친구관계를 원활하게 맺지 못하며, 자기통제력이 부족하고 반사회적 문제행동을 많이 보인다.

4. 부모역할의 변화

남녀의 역할에서 전통적인 개념은 성별에 따른 역할 구분이 분명하여 남자는 도구적 · 수단적 역할(instrumental role), 여자는 정서적 · 표현적 역할(expressive role)을 수행하는 것으로 보았다. 즉, 아버지는 가족을 위해 가정 밖의 영역인 외부에서 근로를 통해 수입을 창출하여 가족생활에 필요한 생활비를 마련하는 역할을, 어머니는 가정 내의 영역에서 육아와 가사를 전담하고 가족의 전반적인 문제에 대해 처리하는 역할을 담당하였다.

오늘날에는 남녀 간 역할을 분리한 전통적 개념보다 남녀의 역할을 함께 수행할 수 있는 사람이 변화하는 시대에 더 적응적인 것으로 여겨진다. 과거에 비해 여성의 교육 기회 확대, 취업, 가정 밖에서의 활동에 대한 욕구 등으로 더 이상 여성들의 활동공간은 가정 내로 제한적이지 않다. 따라서 가정 내에서도 이제는 어머니가 외부 활동을 하면서 육아나 가사를 온전히 전담할 수 있는 상황이 아니다.

현대의 바람직한 인간상은 성별에 따른 남녀의 구분보다는 남성성, 여성성을 통합하여 개인의 능력과 선호에 따라 융통성 있게 양성성을 발휘하는 사람이다(김명자 외, 2017). 부모의 역할도 과거의 분리된 아버지 역할, 어머니의 역할에 변화가 생겼다. 자녀의 양육에 참여하는 아버지가 늘어나고 있으며, 많은 양육 관련 연구(조은정, 박형신, 2015; 한혜림, 2021)에서도 아버지의 양육 참여가 아동발달에 긍정적인 영향을 미치는 것으로 보고하고 있다.

변화하는 부모역할 연구(나종혜, 2005)에서 아버지와 어머니가 생각하는 아버지와 어머니의 역할은 자녀의 발달 단계에 따라 차이가 있었는데, 자원 제공자로서의 역할은 자녀의 연령에 따라 그 중요성이 크게 변하지 않은 반면 양육자로서의 책임감이나 발달적 지지, 돌보기 및 지도, 함께 활동을 해나가는 역할은 어린 영아를 가진 부모들이 가장 중요하게 인식하였다. 이에 비해 청소년기 자녀를 가진 부모들은 모든 범주에서 부모의 역할을 비교적 덜 중요하게 인식하는 것으로 나타났다. 책임감 영역은 발달 단계에 따라 큰 변화가 없다고 생각하는 반면 양육참여 분야에서 영아기 자녀를 둔 부모는 자녀를 발달적으로 지지하는 어머니의 역할을 가장 중요하다고 생각하였고 유아기, 아동기, 청소년기 순으로 그 중요도가 낮아졌다. 이러한 결과는 발달 단계에 따라 자녀의 성장발달에 필요한 부모역할이 달라진다는 것을 나타낸다.

5. 발달 단계별 부모역할

부모의 역할은 자녀의 성장 발달에 따라 변화를 요구한다. 이에 Galinsky (1987)는 자녀의 성장 과정에 따른 부모역할과 주요 과업을 〈표 7-1〉과 같이 제시하였다.

▼ 표 7-1 Galinsky의 발달 단계별 부모역할

단계		연령	역할	주요 과업
1	이미지 형성 단계	임신기	보호자	태교
2	양육 단계	영아기	보호 및 양육자	애착형성
3	권위형성 단계	유아기(학령전기)	훈육자	자기조절, 자존감
4	설명하는 단계	아동기(학령기)	격려자	책임감
5	상호의존 단계	청소년기	상담자	진로
6	떠나보내는 단계	청년기	동반자	독립

출처: 남유희 외(2018). 부모상담.

자녀의 각 발달 시기에 따른 부모역할을 구체적으로 살펴보면 다음과 같다.

1) 영아기 발달과 부모역할

영아기는 출생 후부터 3세 이전까지의 기간이다. 이 시기는 처음 경험하는 부모역할에 대한 스트레스와 자녀 양육 부담 등의 문제로 부부간의 갈등이 발생할 수 있어 부모역할을 잘 인식하고 적절한 양육태도와 양육에 잘 적응하는 것이 필요하다.

영아기는 감각운동기이자 제1의 성장급등기로 급속한 신체발달이 이루어지고, 기본 운동 능력 습득, 언어 습득, 감각운동기관을 통해 받아들인 정보로 인지발달 등이 이루어진다. 심리사회발달은 주양육자와의 안정적인 양육관계를 통한 기본적 신뢰감의 획득이 중요하고, 이것은 향후 인생에 있어서 또래관계, 학교에서 교사와의 관계, 직장에서의 상사와의 관계에까지 영향을 미치는 중요한 과업이 된다.

영아기 발달과 부모의 역할에 대해 살펴보면 〈표 7-2〉와 같다(김길숙 외, 2016; 김명자 외, 2017; 백경숙 외, 2020).

▼ **표 7-2 영아기 발달과 부모역할**

영아기의 발달	영아기의 부모역할
신체적 성장과 발달이 가장 빠른 시기	• 보육자, 보호자로서의 역할 – 안전하고 건강한 환경 제공 • 자율성 발달 조력자로서의 역할
사회, 정서 발달 및 애착형성 시기 (정서적 유대감)	• 애착형성을 위한 상호작용 대상자로서의 역할 • 심리적 안녕과 세상에 대한 신뢰감 형성 조력자로서의 역할
인지 · 언어발달	• 적절한 언어 자극 제공자로서의 역할 • 학습 경험 제공자로서의 역할
감각 · 동작적 지능의 발달기	• 다양한 방법의 감각 자극, 신체적 자극 제공자로서의 역할
각 아동별 특성을 고려	• 자녀특성과 기질특성, 자신의 상황에 맞는 양육이 필요함

영아기 부모역할과 관련된 연구들을 살펴보면 다음과 같다.

영아의 기질은 어머니 애착에 직접적인 영향을 미친다(정미라 외, 2014). 즉, 어머니가 영아의 기질을 긍정적으로 인지할수록 어머니 애착 정도가 높게 나타난 것이다. 기질은 다른 사람과의 관계 형성에 영향을 주며, 양육자인 어머니도 자녀의 기질에 따라 반응하는 양식이 달라지므로 부모가 영아의 기질을 파악하고 이해하여 양육하는 것이 중요하다. 또한, 여러 연구에서 어머니와 안정적인 애착의 형성은 영아의 인지 및 언어발달에 긍정적인 영향과 향후 발달에 지속적 영향을 미쳤다(정미라 외, 2011; 조수진, 2013; Lang et al, 2010).

이상의 연구들은 어머니가 자녀의 기질을 변화시키려 하기보다 바르게 이해하고 양육할 때, 어머니와 자녀의 애착이 강화되어 자녀의 안정적인 발달을 가져올 수 있음을 시사한다.

2) 유아기 발달과 부모역할

유아기는 만 3세에서 7세까지의 기간이다. 3~5세는 걸음마기로 유아의 주된 생활환경은 가까운 이웃으로까지 확대되지만 여전히 가정이 주된 환경이다. 이 시기의 유아는 신체 및 운동발달로 인하여 움직임이 많고, 자신의 의사를 적극적으로 표현하며, 자기중심적 사고가 발달하면서 부모에게 반항하는 성향이 강해진다. 5~7세 유아는 유치원에 입학하는 등 생활환경이 확대되며, 또래집단과의 접촉을 통하여 사회적 기술을 본격적으로 습득하게 된다. 또한, 사물에 대한 호기심이 증가하며 직관적 사고능력이 발달하게 되고, 걸음마기에 특징적으로 나타났던 반항적 행동이 점차 반항적 사고로 대치된다(권중돈, 2021). 유아기 발달과 부모의 역할에 대해 살펴보면 〈표 7-3〉과 같다(김길숙 외, 2016; 김명자 외, 2017; 백경숙 외, 2020).

▼ 표 7-3 유아기 발달과 부모역할

유아기의 발달	유아기의 부모역할
• 신체 성장속도는 둔화 • 운동기술은 급속 증대 – 활발한 신체운동기능 발달 및 인지적 발달	• 양육자로서의 역할 • 자율성 및 독립성 발달 조력자의 역할 – 생활습관 잡기 – 올바른 식습관 지도
• 전조작기의 인지발달 – 자기중심적 사고, 직관적 사고, 물활론적 사고, 인공론적 사고, 보존개념 결여 – 상징적 사고를 하면서 가상놀이를 즐김	• 격려와 인내로 주도성 발달 조력자의 역할 – 환경에 대한 자발적 도전을 도와줌 • 자아개념 발달의 촉진자로서의 역할 – 자기 능력에 대한 자신감 신장
• 어휘수 증가, 문법의 숙달, 탈중심화를 통해 사회화된 언어 사용 – 언어 능력, 자발성 및 도전심의 급속한 발달	• 부모 권위 확립, 적절한 훈육을 하는 훈육자로서의 역할 – 일관된 부모의 지시와 규칙 – 자녀의 행동에 대한 적절한 규제 • 학습경험 제공자로서의 역할 • 언어발달 촉진자의 역할 – 올바른 대화습관, 언어습관 습득 교육

부모와 분리되고 또래와의 상호작용에 적극 참여하게 됨	• 유아의 사회성 발달 촉진자 역할 – 타인에 대한 민감성과 배려심 키우기 등 유아의 사회적 상호작용 능력 신장

▼ 표 7-4 영역별 부모역량 제고 방법

영역	부모역량 제고 방법
영유아 발달	• 영유아 발달 정보를 얻기 위해 관련 매체를 이용
건강과 안전	• 안전사고 관련 응급처치 방법 알기 • 영아의 돌연사증후군, 흔들림증후군 등을 고려하여 양육하기 • 아이가 하루에 3번 이상 칫솔질을 하도록 지도하기 등 치아 관리하기
가족관계	• 아이의 말에 성의 있게 대답하기 • 유아의 행동을 간섭하지 않기
물리적·물질적 환경	• 아이의 장난감을 계획하고 사주기 • 일정시간만 스마트폰 및 컴퓨터, TV를 사용하도록 조절하기
놀이	• 시간이 없어도 아이와 놀아주는 것에 우선순위 두기
생활지도	• 아이의 울음이나 화에 감정적으로 대처하지 않기 • 자녀의 긍정적인 행동에 칭찬하기
지역사회 연계	• 지역사회 내 아이에게 도움이 되는 장소(영유아플라자, 보육정보센터, 유아교육진흥원 등)에 대한 정보 알기

출처: 장혜진 외(2013).

유아기 부모역할과 관련된 연구들을 살펴보면 다음과 같다.

유아의 사회적 유능감 연구(한혜림, 2021)에서 유아가 타인과의 관계에서 자신의 의견이나 생각 등을 잘 표현하기 위해서는 무엇보다 아버지가 자녀의 의견을 잘 경청하고, 공감하며, 지지해 주는 것이 필요한 것으로 나타났다. 또한, 유아의 사회적 유능감을 나타내는 주장성, 협력성, 자기통제를 향상시키기 위해서는 무엇보다 아버지가 온정적인 양육태도와 부모로서의 자신감과 유능감을 지녀야 한다. 즉, 유아의 사회적 유능감을 높이기 위해서는 온정적 양육태도와 부모 유능감 모두를 향상시킬 필요가 있다.

어머니의 양육 스트레스 연구(최종희, 최미경, 2018)에서 유아의 기질 자체보다는 자녀를 양육하면서 느끼는 부모역할 만족도에 따라 어머니가 경험하는 양육 스트레스 정도가 달랐다. 또한, 자녀를 양육하면서 느끼는 스트레스에 어머니의 부모역할 만족도가 중요한 요인으로 작용하고 있었다.

아버지와 어머니가 자녀의 물리적, 정서적 욕구에 대응하여 적절한 사회적, 물리적 자원을 제공함으로써 자녀의 기본적인 욕구가 충족되도록 돕고, 안전감을 느끼도록 환경을 제공하는 등 부모가 양육에 대한 역할지능이 높을수록 자녀의 일상적 스트레스는 낮은 것으로 나타났다(조은정, 박형신, 2015). 이와 더불어 부모의 질 높은 공동양육은 가족 내의 정서적 안정감을 발현시키며, 가족 내의 긍정적 분위기는 유아의 정서에 직접적인 영향을 끼친다(박선진, 강민주, 2020). 부모로부터 안정된 환경을 제공받고, 협력적이고 일관된 부모의 상호작용을 경험한 유아는 심리정서적으로 안정되고, 이후 긍정적인 사회적 관계를 형성할 수 있다.

유아의 공격성 문제를 해결하고 협동성을 증진시키기 위해서는 어머니가 배우자와 함께 자녀를 양육할 때 보이게 되는 자신의 긍정적인 행동을 보다 강화하고, 부정적인 행동들은 표출되지 않도록 중재할 필요가 있다(한영숙, 2019). 유아의 공격적인 행동을 줄이기 위해서는 어머니의 긍정적인 공동양육 행동을 증진시키고 갈등적인 공동양육 행동은 감소시킬 수 있도록 중재하는 것이 무엇보다 중요하다. 또한, 유아의 협동적인 행동을 강화시키기 위해서는 어머니의 긍정적인 공동양육에 초점을 두고 향상시키기 위해 노력하는 것이 중요하다.

이러한 연구들은 유아의 발달은 협력적이고 일관된 부모의 공동양육(coparenting), 온정적인 양육태도, 부모의 역할만족도가 높을 때 자녀의 발달에 긍정적인 영향을 미치는 것을 보여준다.

읽을거리

아이의 건강한 신체 활동을 위해 부모가 해야 할 일

1. 운동의 중요성을 차근차근 설명해 준다. - 건강한 몸과 마음에 필수
2. 하고 싶은 운동을 아이가 스스로 선택할 수 있게 도와주어야 한다.
3. 아이가 관심을 보이는 운동은 함께 하며 부담을 줄여 주어야 한다.
4. 작심삼일로 끝나지 않도록 평소 운동하는 모습을 자주 보여 주어야 한다.

출처: 조선일보(2023.08.04). 공원에서 함께 뛰고 캐치볼부터 해보세요.

3) 아동기 발달과 부모역할

아동기는 초등학교 입학부터 졸업까지의 시기, 즉 7~13세의 발달 단계이다. 아동기는 공식적 학습이 시작된다는 의미에서 학동기, 사회적 행동이 현저하게 증가하면서 또래끼리 어울려 다니기 시작한다고 하여 도당기(gang age), 영 · 유아기나 청소년기의 역동적 변화에 비해 상대적으로 조용한 발달이 이루어지는 시기라고 하여 잠재기라고도 한다.

아동기에는 꾸준한 신체적 성장이 이루어지지만 성장 속도는 둔화한다. Freud는 아동기를 성격 형성에 영향을 미치는 특별한 발달적 사건이 발생하지 않는 잠복기로 보았고, Erikson은 자율성과 유능성이라는 성격특성의 발달이 이루어진다고 하였으며, Piaget는 이전과는 다른 새로운 형태의 인지 발달, 즉 조작적 사고가 이루어지는 매우 중요한 시기로 보고 있다. 아동기는 생활의 중심이 가정에서 학교로 옮겨지며, 공식적 학교교육을 통하여 인지능력을 발전시키고 자신이 속한 사회에서 생활하는 데 필요한 사회적 기술을 습득해야 하는 시기이다(권중돈, 2021).

아동기 발달과 부모의 역할에 대해 살펴보면 〈표 7-5〉와 같다(김길숙 외, 2016; 김명자 외, 2017; 백경숙 외, 2020).

▼ 표 7-5 아동기 발달과 부모역할

아동기의 발달	아동기의 부모역할
• 독립적 행동과 생활이 증가 • 대근육 운동기능 습득, 운동 능력 향상 – 자전거 타기, 스케이팅, 야구, 테니스 등 다양한 스포츠 활동 가능	• 다양한 운동기술의 습득은 아동에게 큰 성취감을 준다는 것을 이해하고 스포츠 활동 장려 • 격려자로서의 역할 · 훈육자로서의 역할 – 신체적 보호 양육형태에서 심리적 양육형태로 변화함 – 지나친 과보호와 간섭을 주의
• 인내력 · 근면성 발달	• 근면성 발달 조력자로서의 역할 – 성공 경험과 성취감을 느끼게 도와줌 • 학습 경험 제공자로서의 역할 – 효율적 · 규칙적 학습방법 습득
• 정서 · 사회성 발달 • 구체적 조작기의 인지발달 – 논리적 사고, 탈중심화, 가역적 사고, 조망수용능력 습득	• 감정 조절 능력 신장 조력자 – 또래관계에서 나타날 수 있는 부정적 정서를 이해하고 이를 다스릴 수 있는 능력을 갖도록 도와줌 – 자녀의 또래관계에 대한 부모의 적절한 지원과 개입 • 교사와 유기적 협조체제 유지
• 사회 도덕적 행동의 발달	• 생활의 중심이 학교로 변화했음을 이해함 – 세심한 관찰과 대화가 필요 – 아동기 자녀와 부모자녀 의사소통 기틀잡기 교육자의 역할 – 또래친구와 밀접한 관계, 인간관계 기술을 습득하도록 도움
• 자아개념 형성의 결정적 시기	• 긍정적 자아개념 형성 조력자로서의 역할 – 사회적 비교를 통한 평가로 인해 부정적 자아개념을 갖지 않도록 도와줌
• 기타	• 놀이와 학습의 조화 실천자의 역할 – 놀이와 학습의 병행이 필요함을 교육
	• 금전 교육자의 역할 – 경제관념 기틀 마련 방법에 대한 교육
	• 사춘기에 대한 준비 – 사춘기 자녀의 심리 이해 교육

아동기 부모역할과 관련된 연구들을 살펴보면 다음과 같다.

어머니가 온정적이고 동시에 적절한 제한을 하는 방법으로 자녀를 양육할수록 아동의 계획-조직화 능력이 좋아지고 행동 및 정서통제 등을 더 잘하게 되며, 아동이 학교생활에 더 잘 적응하게 된다(김형연, 김민주, 2020). 또한, 어머니가 화를 내거나 지시하거나 처벌하는 등의 부정적인 양육행동이 아닌 애정적이고 민주적이고 편안한 긍정적 양육행동을 하는 것은 아동이 인터넷과 스마트폰에 몰두하는 것을 줄이고, 아동의 집행기능 곤란을 감소시켜 계획과 조직화, 행동 및 정서통제를 더 잘하게 하며, 학교에서의 수행과 적응수준을 높인다(김형연, 김민주, 2020).

아동의 사회성 발달에 관한 연구를 살펴보면, 조상은(2021)은 부모의 효능감이 높고 양육 스트레스가 낮을수록 아동의 사회성 수준이 높다고 보고하였다. 이 연구에서는 아버지의 불안이 과보호 양육으로 이어지진 않았으나 부모가 과보호 양육을 보이는 경우에는 인지적 왜곡을 통해 자녀 불안으로 이어졌다. 백순기와 김도진(2019)은 부모의 감독 수준과 애정 수준이 높을수록 아동의 적응 수준은 높아지는 반면, 부모의 비일관성 및 과잉기대 수준이 높을수록 아동의 적응 수준은 낮아진다고 밝혔다.

취업모의 양육태도 연구(차민정, 2021)에서는 부모와 자녀의 관계에서 부모가 자녀의 요구에 대해 민감하고, 자녀와 정서적 및 애정적인 교류를 하는 등의 사회적 양육방식은 자녀의 우울, 불안의 수준을 낮추고, 사회적 능력 수준을 높이는 것으로 나타났다. 또한, 사회적 양육방식은 부모가 아동에게 외부 환경에서 접할 수 있는 대상 및 사건 등을 관찰하고 모방하고 배울 수 있도록 기회를 제공하는 교수적 양육방식보다 자녀의 긍정적인 심리 행동문제와 더 밀접한 관련이 있는 것으로 나타났다.

부부갈등이 부정적인 양육행동으로 표현될 경우 아동의 발달 과정에 부정적인 영향을 미친다. 예를 들어, 부부간의 문제로 발생된 어머니의 부정적 감정이 부정적인 양육행동으로 표출될 때 자녀들은 수면문제들을 경험하게 되고, 생물학적 조절 시스템인 수면을 방해함으로써 실행기능, 정서조절 및 문제행동에 부정적인 영향을 미칠 수 있다(노지운, 신나나, 2020). 아동의 수면을 연구한 또 다른 연구(김지윤 외, 2018)에서 긍정적인 양육태도는 아동의 적절한 수면시간에 직접적인 영향을 미쳤다. 반면, 부정적인 양육태도는 직접적으로 아동의 수면시간에 영향을 주지는 않았지만, 아동의 우울 성향을 높여 수면시간을 줄어들게 하는 것으로 나타났다.

읽을거리

밥 먹을 땐 부모도 스마트폰 멀리해야 해요.

스마트폰 중독

- 아이가 보는 영상·연령 등급 등 확인
- 일부 사이트 차단하는 앱 쓰거나 시간 관리 앱 사용하는 것도 좋아
- 무조건 막기보다는 사용 줄이게 해야

과학기술정보통신부 '스마트폰 과의존 실태 조사'에 따르면 만 10~19세 스마트폰 이용자 중 과의존 위험군 비율이 2018년 29.3%에서 매년 늘어 작년에는 40.1%를 기록했다. 청소년 10명 중 4명이 스마트폰 사용을 중단할 경우 불안이나 짜증 등 금단증상을 보이며 일상생활에서 장애를 겪는다.

특히 뇌 발달이 본격화하는 10대 청소년에겐 더 나쁜 영향을 미칠 수 있다. 소아청소년기는 기억력과 사고력 등을 담당하는 전두엽이 한창 성장하는 시기인데, 스마트폰 과다 사용이 이를 방해해 아이들의 인지능력을 크게 떨어뜨린다.

아동·청소년은 아직 자기통제가 미숙하기 때문에 부모가 아이의 건전한 인터넷 사용에 관심을 갖고 지도해야 한다. 부모가 디지털 기기를 너무 많이 하는 모습을 보이지 않으며 아이에게 모범이 되는 것도 중요하다. 특히 아이와 함께 식사를 할 때는 스마트폰에 손대지 않고 함께 나누는 대화에 집중하는 게 좋다.

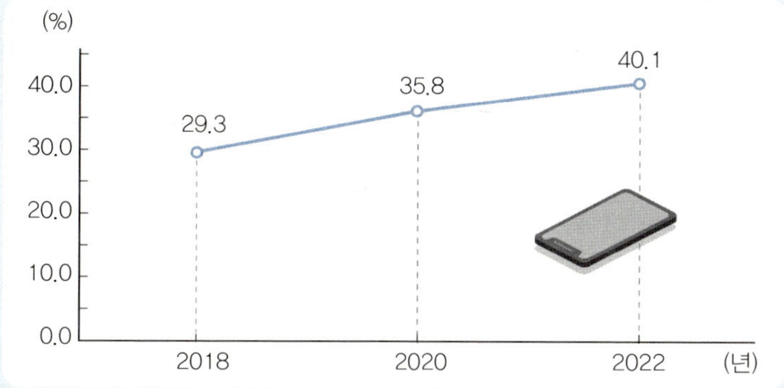

▲ 그림 7-1 청소년 중 스마트폰 과의존 위험군 비율

출처: 조선일보(2023.07.07). 밥 먹을 땐 부모도 스마트폰 멀리해야 해요.

4) 청소년기 발달과 부모역할

청소년기는 중학교와 고등학교에 재학하는 시기인 13~19세를 지칭한다. 청소년기에 신체 · 심리 · 사회적 측면에서 급격한 발달이 이루어지기 때문에 청소년기를 지칭하는 용어는 다양하게 사용되고 있다. 신체적 발달 측면에서는 신체적 성장이 급격하게 이루어진다는 점에서 제2의 성장급등기, 성적 성숙이 급격히 이루어진다는 점에서 사춘기로 불린다. 심리적 발달 측면에서는 부모로부터 심리적으로 독립하고 자아정체감을 형성한다는 점에서 질풍노도의 시기로 불린다. 그리고 사회적 발달 측면에서는 부모로부터 독립을 추구하는 과정에서 부모의 권위에 도전하고 잦은 갈등을 일으킨다는 점에서 제2의 반항기, 여전히 어린이도 성인도 아니라는 점에서 주변인으로 불린다(권중돈, 2021).

청소년이 안정된 자아정체감을 형성하기 위해서는 신체적 성숙과 성적 성숙, 추상적 사고능력의 발달, 정서적 안정성의 확보, 그리고 부모나 또래집단으로부터 자율성을 확보할 수 있어야 한다.

청소년기 발달과 부모의 역할에 대해 살펴보면 다음과 같다(권중돈, 2021; 김길숙 외, 2016; 김명자 외, 2017).

▼ **표 7-6 청소년기 발달과 부모역할**

청소년기의 발달	청소년기의 부모역할
• 제2의 성장급등기 – 성적 성숙(이차 성징, 사춘기), 민감하고 불안정하고 신경질적임	• 자녀를 성숙된 인격체로서 존중 – 자녀의 성장에 대한 수용 및 자녀에 대한 존중과 이해
• 아동기에서 성인으로 넘어가는 과도기 – 주변인	• 상담자와 격려자로서의 역할 – 부모자녀 사이의 원활한 소통의 대화 상대자 및 상담자로서의 역할
• 자기존중감 갈구 및 자아정체감 형성기	• 정체감 발달의 조력자 역할 – 심리적 정체성 형성 조력자로서의 역할 – 따뜻한 심리적 환경, 화목한 가정 분위기 조성

청소년기 부모역할과 관련된 연구들을 살펴보면 다음과 같다.

청소년이 지각한 부모의 양육태도 연구(김미경, 2017)에서 청소년이 지각한 긍정적 양육태도는 청소년의 자아정체감을 매개하여 삶의 목표에 영향을 주는 것으로 나타났다. 이는 자기 존재에 대한 이해와 평가에 부모의 양육태도가 매우 중요한 밑그림을 제공하며, 자아정체성의 발달은 청소년이 자신에 대한 이해와 타인에 대한 올바른 평가를 통해 스스로 삶의 목표를 확립하는데 도움을 준다는 것을 의미한다.

청소년 자녀와 부모가 생각하는 좋은 부모에 대한 연구(조미영, 유순화, 2021)에서 청소년 자녀가 생각하는 좋은 부모는 '친밀한 가족관계를 만드는 부모', '자녀를 존중하고 대화하는 부모', '기본 생활습관 형성을 중요시하는 부모', '일상적 안정감을 제공하는 부모', '자녀를 존중하고 기준이 명확한 부모'의 5유형으로 분류되었다. 청소년기 자녀를 둔 부모가 생각하는 좋은 부모는 '화목한 가정을 중요시하는 부모', '믿어주고 기다려 주는 부모', '친밀하고 격려하는 부모', '격려하고 길잡이가 되는 부모'로 분류되었다. 양쪽 다 친밀한 가족관계, 자녀를 존중하고 대화하는 것을 중요하게 생각하였으나, 부모는 자녀가 훌륭한 사회인이 될 수 있도록 돕는 것을, 청소년 자녀는 심리적, 물리적으로 안정적인 환경을 제공하는 부모가 좋은 부모라고 보았다.

청소년 자녀의 부모연구(김은정, 2019)를 보면, 부모는 자녀가 건강한 분리-개별화를 성취할 수 있도록, 그리고 자녀와의 건강한 정서적 유대관계 형성을 위해 부모가 먼저 자녀와 명확하면서도 유연한 경계선을 형성해야 한다. 이는 자녀에게 필요한 정서적 유대와 돌봄을 주되, 심리적 통제와 과보호를 지양해야 함을 의미한다. 부모는 자녀가 독립적으로 행동하는 것을 지지하고, 자녀를 분리된 존재로 인정해 주어 자녀 스스로의 능력과 노력으로 자율적으로 성장해 가도록 허용해 줄 때, 자녀는 분리-개별화를 성취해갈 수 있다.

고등학생 진로개발역량 연구(김소라, 문승태, 2017)에서는 자녀가 학교 및 학과 선택, 흥미와 적성에 관한 부모와의 대화가 많다고 지각할수록 사회영역 진로개발역량이 높아지는 것으로 나타났다.

읽을거리

부모는 청소년 자녀의 부정적 감정 반응에 어떻게 마주해야 할까?

첫째, 부모가 분노하면 청소년의 뇌는 더 큰 분노로 반응한다. 부모는 침착하고 냉정을 유지해야 한다.

둘째, 부모는 자녀의 부정적 감정 반응에 직접 맞대응하기보다는 사랑과 신뢰의 눈빛으로 조용히 곁에서 기다려 주는 것이 필요하다.

셋째, 논리적으로 설명하려 하지 말자. 아무리 논리적인 말도 그들에게는 단지 부모의 잔소리일 뿐이다. 그러나 "그런 말(행동)을 하면 엄마(아빠) 마음이 어떻겠니?"라고 부모의 느낌을 전달하는 것은 효과적이다.

끝으로, 감정과 정서는 읽어주고 수용해야 한다. 예를 들면, "참, 힘들었겠다.", "많이 속상했겠다." 등의 표현으로 감정을 읽어주고 공감한다.

청소년기는 신체적으로 정신적으로 성인이 되어 가는 과정이다. 청소년 자녀를 둔 부모는 자녀의 신체뿐 아니라 뇌와 마음의 발달에 따른 변화를 이해해야 한다. 청소년기에 성호르몬이 분비되어 '이차 성징'이 나타나는 신체적 변화가 정상적인 발달 과정이듯, 청소년기의 '질풍노도'는 뇌와 마음의 발달에서 나타나는 정상적인 과정이다.

출처: 헬스조선(2023.03.30). 청소년 자녀의 부정적 감정에 맞대응하지 마라.

5) 성인기 발달과 부모역할

성인기를 19~40세로 본다면, 성인기는 다시 19~30세의 청년기(youth)와 30~40세의 성년기로 구분된다. 청년기는 고등학교를 졸업하면서 시작되어 취업과 결혼을 통하여 부모로부터 완전한 독립을 성취함으로써 종결된다. 이러한 청년기는 직업준비 등을 포함한 다양한 역할 탐색과 선택을 하고, 부모로부터 독립하여 자율적 생활을 모색하는 시기이다. 성년기는 탐색과 의사결정이 주류를 이루는 청년기와는 달리 배우자로서의 역할, 직업적 역할의 몰두, 그리고 자녀를 양육하고 사회화하는 부모로서의 역할을 수행하는 시기이다(권중돈, 2021).

성인기의 발달과 부모의 역할에 대해 살펴보면 다음과 같다(권중돈, 2021; 김명자 외, 2017; 조성연 외, 2017).

▼ 표 7-7 성인기 발달과 부모역할

성인기 발달	성인기의 부모역할
• 직업준비 – 다양한 역할 탐색과 선택 – 취업과 결혼 • 부모로부터 경제적 독립 – 자율적 생활을 모색	• 자녀의 진로에 대한 조언자의 역할 • 자녀의 심리적 독립과 자율성 확립 조력자의 역할 – 자녀의 생각이나 가치관 인정, 자율성 부여 – 과도한 개입이나 관여 줄이기 – 자녀의 결정을 믿고 기다려 주기
• 배우자로서의 역할 • 사회인, 직업적 역할에 몰두 • 부모로서의 역할 – 자녀 양육과 사회화	• 자녀에 대한 적당한 관심 – 자녀의 수준에 맞는 기대 • 자녀 스스로 문제를 해결할 수 있도록 기다려 줌 • 도움 필요시 적극적으로 지원하는 지원자의 역할

성인기 부모역할과 관련된 연구들을 살펴보면 다음과 같다.

대학생 자녀가 지각하는 부모의 과잉간섭은 삶의 목표 지향성에 부정적인 영향을 미쳤다(이의빈 외, 2021). 이러한 결과는 자녀의 삶에 지나치게 개입하고 간섭하는 부모의 양육방식은 자녀의 자율적인 의사결정을 저해함으로써, 삶의 방향, 목표 설정 및 지향에 부정적인 영향을 미치는 것이라 볼 수 있다.

자녀가 성인이 되었음에도 불구하고, 자녀의 삶에 깊숙이 관여하면서 어려움을 해결해 주고 대신 결정해 주는 등의 헬리콥터 부모 양육이 지속된다면, 그들의 자녀는 여전히 자아정체감을 확립하지 못한 채 어른아이에 정체되는 위험성을 가질 수도 있다. 헬리콥터 부모는 대학생 자녀 개인에게 부정적일 수 있지만, 나아가 자녀의 사회적 관계 인식인 친구관계, 공동체의식에까지도 부정적인 영향을 미칠 수 있다(최미혜, 2015).

헬리콥터 부모에 관한 또 다른 연구(강시은, 2017)에서는 부모가 자신의 삶에 지나치게 관여하고 자율적 의사결정을 허용하지 않는다고 지각할수록 청년은 높은 수준의 우울을 경험하는 것으로 나타났다.

읽을거리

성인 자녀가 부모와 단절하는 원인과 갈등을 회복하는 방법

현대사회, 성인 자녀는 정도는 다르겠지만 누구나 부모로부터 거리를 두고자 하는 욕구가 있으며 이를 이해하는 것은 중요하다. 내가 왜 부모와 함께 있을 때 괴로울까? 나는 왜 부모를 떠나고 싶어 할까? 나를 방치하고 심하게 통제하고 심지어 학대했던 부모의 마음은 무엇이었을까?

성인이 된 자녀는 부모의 영향권에서 벗어나야 한다. 만족스럽지 못한 나의 현재 모습에 더 이상 부모의 잘못을 탓해서는 안 된다는 것이다. 부모 때문에 누리지 못한 행복이나 이루지 못한 꿈으로 억울했던 마음을 버리고 정리하는 것만으로도 부모와의 관계 회복에 도움이 될 수 있을 것이다. 부모는 모두에게 영원한 마음의 안전기지이다. 또한 늙고 힘없는 부모를 보살피고 위로하는 것은 부모만을 위한 것이 아니다. 내 마음의 평화와 진정한 독립에 큰 도움이 된다. 궁극에는 부모와 '좋은 관계'를 맺어야 하는 가장 큰 이유이다.

출처: 괜찮은 뉴스(22.10.12). 성인 자녀가 부모와 단절하는 원인과 갈등을 회복하는 방법.

마지막으로 좋은 부모가 되는 7가지 전략에 대해 소개한다(문미옥, 2001).

● 제1전략: 자녀특성 파악하기

1. 부모의 욕심을 버리고 자녀의 입장에서 키우기로 결심하자.
2. 자녀가 잘하는 것, 즐겁게 할 수 있는 것을 알아내자.

● 제2전략: 잘 들어주기

1. 말하기와 훈계하기보다 들어주기
   - 잘 들어주기만 해도 존경과 신뢰받는 부모가 될 수 있다.
2. 자녀의 모든 말을 4단계로 들어주자.

- 제1단계: 잘 들어주기(자녀의 생각과 감정을 이해하고 읽어주기)
- 제2단계: 스스로 대안을 내어 보도록 유도하기
- 제3단계: 함께 대안 강구하기
- 제4단계: 자녀가 최선책 결정하도록 도와주기

● 제3전략: 칭찬하기

칭찬은 고래도 춤추게 한다는 말처럼 칭찬은 자존감 높고 긍정적인 자녀로 키우는 가장 좋은 방법이다.

● 제4전략: 책임지게 하기

자신의 일에 책임을 지게 하면 훌륭한 사람으로 자랄 수 있다.

● 제5전략: 부모생각 알리기

1. 자녀의 기분만 맞추지 말고 부모로서 할 말은 해야 한다.
2. 부모 생각을 효율적으로 알리려면 부모가 자녀에게 부모의 감정이나 생각, 의사 등을 솔직하게 전달해야 한다.

● 제6전략: 고전 들려주기

고전 속에는 많은 교훈과 지혜가 담겨 있다.

● 제7전략: 가족관계 증진시키기

활동1. 가족사 이야기

활동2. 가족의 경축일 지키기

활동3. 가훈 만들기

활동4. 존댓말 가르치기와 쓰기

활동5. 가족 문화 만들기

참고문헌

강시은(2017). 청년이 지각한 헬리콥터 부모역할과 심리적 적응의 관계: 부모에 대한 친밀감과 부모의 진로기대 부담의 매개효과. 서울대학교 대학원 석사학위논문.

괜찮은 뉴스(2022.10.12). 성인 자녀가 부모와 단절하는 원인과 갈등을 회복하는 방법.

권중돈(2021). **인간행동과 사회복지실천.** 서울: 학지사.

김길숙, 김지현, 이혜민(2016). **부모교육 프로그램 내용분석 및 활용방안.** 서울: 육아정책연구소.

김명자, 계선자, 강기정, 김연화, 박미금, 박수선, 송말희, 유지선, 이미선(2017). **아는 만큼 행복한 결혼 건강한 가족.** 파주: 양서원.

김미경(2017). 청소년이 지각한 부모양육태도가 삶의 목표에 미치는 영향: 자아정체감의 매개효과. **열린부모교육연구, 9**(4), 21-38.

김소라, 문승태(2017). 고등학생 진로개발역량에 있어서의 부모의 역할. **진로교육연구, 30**(4), 27-48.

김양희, 전세경, 문영소, 이영세, 김예리, 김진희, 장은정, 박정윤, 김효민, 안진경, 백선아, 최은주(2011). **결혼과 가족.** 파주: 양서원.

김은정(2019). 청소년 자녀의 건강한 경계선 형성과 분리-개별화를 위한 부모의 역할. **학부모연구, 6**(3), 1-19.

김지윤, 박은혜, 이종은, 강현아(2018). 부모의 양육태도가 아동 수면시간에 미치는 영향-아동의 우울을 매개로. **학교사회복지, 41,** 127-149.

김형연, 김민주(2020). 어머니의 양육행동이 아동의 학교적응에 미치는 영향: 아동의 미디어기기 중독 및 집행기능 곤란의 매개효과. **아동학회지, 41**(1), 105-121.

나종혜(2005). 자녀의 발달단계에 맞는 새로운 부모역할 제안: 변화하는 부모역할 개념과 수행을 중심으로. **한국생활과학회지, 14**(3), 411-421.

남유희, 이지은, 정성경(2018). **부모상담.** 부산: 한국청소년상담복지개발원.

노지운, 신나나(2020). 부부갈등이 아동의 실행기능, 정서조절 및 문제행동에 미치는 영향: 어머니의 양육행동과 아동의 수면의 매개적 역할. **아동학회지, 41**(6), 51–66.

문미옥(2001). **좋은 부모가 되는 7가지 전략.** 서울: 다음세대.

박선진, 강민주(2020). 부모 공동양육의 질이 유아의 사회적 기술에 미치는 영향: 부정적 정서에 대한 어머니의 반응과 유아 불안의 이중매개효과. **육아정책연구, 14**(2), 3–27.

백경숙, 곽소현, 서혜전, 박수선(2020). **결혼과 가족.** 파주: 양서원

백순기, 김도진(2019). 부모의 양육태도와 아동발달의 관계. **한국융합학회논문지, 10**(10), 267–274.

이연섭, 강문희(1998). **부모교육.** 서울: 정민사.

이의빈, 엄명용, 김진원(2021). 부모의 과잉간섭이 대학생 자녀의 삶의 목표 지향성에 미치는 영향–자아정체감의 매개효과를 중심으로. **한국사회복지학, 73**(3), 205–228.

이재연, 김경희(1996). **부모교육.** 서울: 양서원.

임지영, 도금혜, 류혜원, 문영경, 배기조, 송혜영, 이수원(2017). **영유아발달.** 고양: 공동체.

장혜진, 이정림, 윤은주, 김해인(2013). **영유아 행복을 위한 부모역량 제고 방안 연구.** 서울: 육아정책연구소.

정미라, 강수경, 김민정, 최혜정(2014). 12개월 영아의 기질, 영아에 대한 어머니 애착, 양육스트레스와 영아발달 간의 구조적 관계. **유아교육연구, 34**(3), 333–354.

정미라, 권정윤, 박수경(2011). 애착안정성과 어머니 양육행동의 민감성이 12개월 영아의 발달에 미치는 영향. **유아교육학논집, 15**(6), 335–352.

정옥분, 정순화(2008). **부모교육.** 서울: 양서원.

조미영, 유순화(2021). 청소년 자녀와 부모가 생각하는 좋은 부모에 대한 Q 방법론적 분석. **열린부모교육연구, 13**(2), 23–48.

조상은(2021). 아동특성, 부모특성, 가족특성이 아동의 사회성 발달에 미치는 영향. **인문사회21, 12**(4), 2835–2848.

조선일보(2023.07.07). 밥 먹을 땐 부모도 스마트폰 멀리해야 해요.

조선일보(2023.08.04). 공원에서 함께 뛰고 캐치볼부터 해보세요.

조성연, 백경숙, 옥경희, 전효정, 전연진(2017). **가족관계론.** 파주: 양서원

조수진(2013). 어머니의 양육행동 및 애착과 영아언어발달에 관한 연구. 한양대학교 교육대학원 석사학위논문.

조은정, 박형신(2015). 아버지와 어머니의 부모역할지능이 유아의 성별에 따른 또래 유능성과 일상적 스트레스에 미치는 영향. **한국보육학회지, 15**(1), 27–48.

차민정(2021). 취업모의 사회적, 교수적 양육태도와 자녀의 심리 · 사회적 행동문제 간의 관계 분석. **학부모연구, 8**(4), 31–45.

최규련(2014). **가족관계론.** 고양: 공동체.

최미혜(2015). 부모의 헬리콥터형 양육태도가 대학생 자녀의 친구관계, 공동체의식에 미치는 영향 연구: 자아정체감의 매개효과를 중심으로. **GRI 연구논총, 17**(2), 181–205.

최외선, 김득성, 현은민, 이기숙, 손낙주, 구순주, 배기조, 박혜인, 최보가, 전귀연(2003). **결혼과 가족.** 대구: 정림사.

최종희, 최미경(2018). 유아의 기질이 어머니의 양육스트레스에 미치는 영향: 부모역할만족도의 매개효과. **한국아동학회지, 39**(3), 97–112.

한영숙(2019). 부모의 양육스트레스와 유아의 공격적 · 협동적 행동의 종단적 관계: 부모공동양육의 매개효과, **아동학회지, 40**(2), 75–86.

한혜림(2021). 아버지의 양육태도와 양육참여도, 양육효능감의 군집유형에 따른 유아의 사회적 유능감 연구. **한국생활과학회지, 30**(5), 771–781.

헬스조선(2023. 03. 30). 청소년 자녀의 부정적 감정에 맞대응하지 마라.

Baumrind, D. (1991). The influence of parenting style on adolescent competence and sub–stance use. *The Journal of Early Adolescence, 11*(1), 56–95.

Bigner, J. (1985). *Parent–child relations: an introduction to parenting.* NewYork: Macmillan.

Galinsky, E. (1987). *The six stages of parenthood.* Boston: Addison–Wesley

Knox, D., & Schacht, C. (2005). *Choices in relationships: An introduction to marriage and the family.* CA: Thomson Wadsworth.

Lang, A. J., Gartstein, M. A., Rodgers, C. S., & Lebeck, M. M. (2010). The impact of maternal childhood abuse on parenting and infant temperament. *Journal of Child and Adolescent Psychiatric Nursing, 23*(2), 100–110.

Popkin, M. H. (2014). *Active parenting: A parent's guide to raising happy and successful children.* Georgia: Active Parenting Publishers.

CHAPTER

08

형제자매관계

1. 형제자매관계에 대한 이해
2. 형제자매관계에 대한 이론적 관점
3. 출생순위와 성격발달
4. 형제자매관계에 영향을 주는 요인
5. 형제자매관계의 중요성
6. 발달시기별 형제자매관계

CHAPTER

08 형제자매관계

형제자매는 공통된 생물학적 혹은 입양 부모를 가지며, 일반적으로 같은 가정에서 성장하는 경험을 한다. 출생률의 감소로 형제자매가 없는 외동이 가정이 증가하고 있지만, 현재 청년들을 비롯한 성인들은 보통 한두 명의 형제자매들이 있다. 형제자매관계는 부모 이외에 인생 전반에 걸쳐서 가장 오래 지속되는 관계 중 하나로 형제자매는 생애 최초로 만나게 되는 동지이자 친구이며, 경쟁자이다. 또한, 형제자매관계는 개인의 사회적, 정서적, 그리고 인지적 발달에 영향을 미칠 수 있는데, 형제자매관계의 역할과 기능은 나이가 들어감에 따라 변화하게 되며, 연령 터울이나 성별의 조합에 따라 각기 다른 양상으로 관계를 맺기도 한다. 하지만 같은 가정에서 자란 형제자매들이 모두 동일하게 성장하는 것은 아니다. 형제자매들은 부모로부터 다르게 대우를 받거나 같은 경험을 서로 다른 방식으로 인식하면서 다르게 성장하기도 한다. 이러한 형제자매관계는 가족관계 안에서 부부관계 및 부모자녀관계와 함께 중요한 위치를 차지한다.

1. 형제자매관계에 대한 이해

형제자매관계는 부모자녀관계에 비해 상호적이며 평등한 관계로, 그 역할에는 놀이, 도움, 공유, 가르침 등이 포함된다. 형제자매는 일생을 통해 서로에게 정서적인 지지자, 경쟁자 및 의사소통의 파트너가 된다.

1) 인구통계학적 특성

대한민국은 해마다 합계출생률이 낮아져 2022년 현재 합계출생률은 역대 최저치인 0.78을 기록하고 있다(통계청, 2023). 2022년 인구동향조사 출생 · 사망 통계에 따르면, 2022년 한 해 태어난 아이는 24만 9천명이며, 이 중 첫째아는 15만 6100명으로 62.7%를 차지했다(통계청, 2023). 이러한 수치는 10년 전인 2012년의 첫째아 비중 51.5%와 비교하였을 때 매우 증가한 수치이다. 반면, 둘째아는 7만 5900명으로 전체 태어난 아이의 30.5%를 차지하였으며, 10년 전인 2012년 38.1%와 비교하였을 때 크게 감소한 수치로 나타났다. 이러한 출생률 저하로 형제자매가 없는 외동이 비율이 증가하고 있는 것이 현실이지만, 이제 결혼을 하고 가족을 꾸리려는 2, 30대가 출생할 당시에는 첫째아 출생률이 50%를 넘지 않아 이들에게는 보통 한두 명의 형제자매가 있다.

생각해 보기 Think about

외동 자녀로 충분

통계청 인구동향조사에 따르면, 2021년 4분기에 태어난 아이 10명 중 6명은 첫째인 것으로 나타났다. 이에 반해 2021년 4분기 셋째아 이상의 비율은 7.8%이며, 이는 처음으로 8% 아래로 떨어진 수치이다. 즉, 2015년 1분기(9.7%)와 비교하면 1.9%가량 떨어진 수치다. 둘째 아이의 출산 역시 2015년 1분기 38.6%에서 2021년 4분기 33.4%로 집계되었다. 이는 둘째와 셋째 이상의 자녀를 출산하는 다자녀 가정이 줄어들고 있음을 나타낸다.

출처: 서울신문(2022.02.27). 외동 자녀로 충분.

연구에 따르면, 청소년기 형제자매는 주당 평균 10시간을 함께 보내며, 그 중 일부는 건설적인 시간(예술, 음악, 취미와 같은 창의적 활동, 스포츠, 종교활동에 함께 참여하기)에 사용되고, 일부는 건설적이지 않은 시간(TV 시청, 게임)에 사용된다고 한다(Tucker et al.. 2001). 그리고 청소년기 형제자매들의 의사소통 주제는 대부분 학교생활이나 미디어 등에 관한 일상적인 것이었다(Tucker & Winzeler, 2007). 한국청소년정책연구원(2021)에 따르면, 현재 대한민국의 고등학생들(고1)이 형제자매와 보내는 시간은 평일의 경우 하루 평균 2시간, 주말의 경우 하루 평균 4시간 정도로 나타났다. 또한 김소영(2021)의 연구에 따르면, 한국 청소년의 경우 부모보다는 형제 또는 친구와 함께 교제 및 여가활동을 하며 보내는 시간이 2배 정도 길고, 형제와 함께 보내는 시간은 부모와 함께 보내는 여가시간보다 높은 시간 사용 만족감을 보여 형제와 보내는 시간이 청소년들에게 중요한 의미가 있음을 알 수 있다.

또한, 형제자매관계는 연령에 따라 그 양상이 달라지는데, 연령이 증가하면서 어린 시절에 비해 형제자매관계는 덜 밀접해지고, 덜 강렬해지며, 게다가 청년기로 들어가면서부터는 손위 형제가 권력을 양보하면서 더욱 평등해진다(East, 2009; Lindell & Campione-Barr, 2017). 그리고 청소년기에서 청년기로 넘어가면서 형제자매간의 동반자적 관계는 개인이 가족을 벗어나 외부 세계에서 활발히 활동하면서 점차 약화되기 시작하다가(Whiteman et al., 2017) 중년기를 지나 노년기로 접어들면서 다시 가까워지는 U자 형태의 모습을 보인다.

2) 형제 유무에 따른 차이

오랫동안 형제가 없는 외동이들은 부모에게 의존적이고, 자제력이 부족하며, 자기중심적인 행동을 보이는 등 사회성 측면에서 바람직하지 않다고 평가되었다. 하지만 기존의 통념과 달리 실제 연구들은 외동이들이 성취 지향적이며, 자신감이 넘치고, 특히 손아래 형제자매들보다는 좀 더 바람직한 특성을 갖는다고 평가하였다(Thomas et al., 1993). 즉, 외동이들은 지적 능력이나 성취동기, 사교성 등에서 맏이와 유사한 성격특성을 갖는 것으로 나타났다.

하지만 형제가 있는 경우에는 주변에 자극이 될 만한 인물들이 있고, 형제자매와의 상호작용을 통해 더 많은 탐색 활동을 하게 되며, 부모의 사회생활로 인한 공백을 형제가 대신하여 채워준다는 장점이 있는 것도 사실이다. 또한, 형제가 있는 경우에는 외동이에 비해 자신의 정서를 표현하고, 이해하고, 조절하고, 반응하는 정서 능력과 또래 유능성이 일반적으로 더 높게 나타난다(곽금주, 2008).

하지만 많은 연구들이 외동이와 형제가 있는 아동들 간 차이가 생각보다 크지 않다고 주장한다. 국내 외동이 연구들을 분석한 정순화(2011)는 외동이와 형제아 집단 간의 비교연구들에서 외동이와 형제아 집단 간에 차이가 없다는 결과가 가장 많았으며, 개인 내 변인, 개인 간 변인, 개인 외 변인(부모양육태도, 부모특성, 가족특성)이 이들의 발달에 미치는 영향에 있어 개인 간 변인(사회성 발달, 부모자녀관계, 또래관계 등)에서만 외동이의 부정적 특성이 우세한 것으로 보고하였다(전영주 외, 2021 재인용).

한편, 청소년의 교육 성취에 영향을 미치는 변인으로 출생순위와 부모의 양육태도를 복합적으로 살펴본 이유경(2020)의 연구에서, 형제자매가 있는 집단은 외동 집단과 비교하였을 때 상대적으로 부모의 양육 태도에 반응하는 정도가 둔감했다. 이는 형제자매의 존재가 부모의 영향에 대한 일종의 완충제 역할을 하기 때문에 형제자매가 있는 집단은 부모의 양육태도에 덜 민감하게 반응하기 때문이다. 하지만 이 연구에서 첫째 집단은 외동이나 손아래 형제들과는 달리 학업에 있어 부모의 투자 및 기대 수준의 변화에는 가장 민감하게 반응하였는데, 이는 형제가 있는 경우 한정된 자원을 나누어야 하고, 이때 첫째아 집단이 가장 민감하게 반응하는 것으로 보인다.

3) 관계적 특성: 경쟁관계와 질투

형제자매관계는 긍정적인 감정과 부정적인 감정이 모두 포함되는 특성이 있어 청소년들은 일반적으로 자신의 형제자매들에게 혼합된 감정을 가지고 있다. 그중에서 형제자매관계만의 독특한 특성 중 하나가 바로 경쟁(rivalry)과 질투심이다. 특히 아동기나 청소년기에는 이러한 라이벌 관계를 좀 더 강하게 경험하는데, 이는 부모의 관심이나 사랑 혹은 자원을 더 얻기 위함이다. 지나친 경쟁심은 형제간 갈등이나 다툼과 같은 문제를 야기하기도 하지만, 건강한 수준의 경쟁과 질투심은 개인의 성장을 촉진하고 성취에 대한 동기부여를 할 수 있고, 사회적인 기술을 훈련할 기회가 되기도 한다.

형제자매들은 일반적으로 서로를 아주 잘 알고 있고, 이러한 형제자매들 간의 교감과 서로에 대한 정보는 상황에 따라 서로에게 지지를 제공하는 데 활용되기도 하지만, 이러한 정보를 이용하여 서로를 조롱하고 관계를 악화시키기도 한다(Dunn, 2015). 즉, 형제자매관계는 일반적으로 양가적인 감정을 포함하는 관계이며, 이것이 서로의 상호작용에서 나타나기도 하는 특성이 있다.

생각해 보기 Think about

피는 물보다 진할까?

형제자매들 사이에 갈등은 항상 일어난다. 캘리포니아 뉴포트 비치 오션 리커버리의 임상 책임자인 캘리 하트만은 "성인 형제간 갈등은 의견 대립, 적대 행동, 이해관계 상충 등에 의해 야기될 수 있는 불화의 한 형태"라고 말했다. 어린 시절의 해결되지 않은 문제, 다른 성격이나 가치관, 배신이나 불신을 일으키는 '가족 비밀' 등이 그 발생 원인이 된다. 또한, 성인 형제간 갈등은 논쟁부터 공격성에 이르기까지 많은 다양한 행동을 수반하기도 한다. 코넬대학교의 칼 필러머 박사의 2019년 조사에 의하면, 성인의 약 27%가 가족간의 소원함을 경험하고 있다고 보고하였으며, 2017년 사회과학 저널에 발표된 연구에서 형제자매의 약 30%가 무관심한 상태이며, 심지어 6%는 적대적이라고 보고하기도 하였다. 이러한 형제간 갈등을 해결하는 방법으로 다음을 살펴보자.

형제간 갈등해결법

- 경계 설정: 모든 형제자매가 지켜야 할 행동 및 의사소통 규칙을 설정하자.
- 기대감 이야기하기: 형제관계가 앞으로 어떻게 작용할지에 대해 솔직한 대화를 나누자.
- 적극적인 경청 연습: 서로의 관점을 듣고 이해하고 있는지 확인하자.
- 공통의 목표에 집중: 형제를 하나로 묶을 수 있는 공유된 목표, 가치 또는 관심사에 집중하자.
- 필요할 때 사과: 행동에 대한 책임을 받아들이고 필요할 때에는 진심으로 사과하라.
- 치료 참석: 가족 치료는 갈등을 해결하고 효과적으로 의사소통하는 데 도움을 준다.

출처: 코메디닷컴(2023.01.21). 피는 물보다 진할까? 형제 갈등 푸는 법.

4) 형제자매의 역할

형제자매관계에서는 상호작용을 통해 서로를 모방하려는 경향이 강하게 나타나며, 특히 동생이 손위 형제를 모방하는 정도가 더욱 강하다. 따라서 손위 형제는 일반적으로 긍정적인 행동이나 부정적인 행동 모두에 있어 역할모델로서 작동하고, 삶의 여러 측면과 관련된 충고나 조언을 한다. 즉, 손위 형제들은 모델링, 코칭과 격려, 그리고 자기 노출을 통해 어떤 행동이 바람직한지 혹은 인기가 있는지에 대해 손아래 형제들의 기대를 형성하게 한다(Whiteman et al., 2017). 또한, 손위 형제의 학업적 지원은 손아래 형제의 학업 성취와도 정적인 관련이 있다(Wang et al., 2019).

하지만 형제자매들은 부정적인 역할모델로서도 작동하는데, 이 때문에 형제자매들 간에는 유사한 수준의 문제행동을 보이는 경향이 있다. 이에 비행, 외현화 문제행동, 음주, 성에 대한 태도에서 형제자매들 간에는 유사성을 보인다(Huijsmans et al., 2019).

이런 역할을 통해 긍정적인 형제자매관계는 개인의 안녕에도 영향을 미치는데, 한 메타분석에 따르면 형제간에 충돌이 적고 형제자매간의 관계가 친밀할수록 외현화 및 내재화 문제가 적다고 밝혔다(Buist et al., 2013). 반면에 충돌과 갈등이 증가하면 우울증 등이 증가하였는데, 이러한 형제자매간 갈등이 비효과적인 양육과 결합되었을 때에는 특히 더 유해한 결과를 낳았다(Milevsky, 2011).

2. 형제자매관계에 대한 이론적 관점

형제자매관계를 설명하는 데 여러 이론적 관점들이 활용될 수 있다.

첫 번째는 Adler의 출생순위이론(Sibling position theory)이다. 이 이론은 자녀가 가족에서 태어나는 순서가 자녀의 성격발달에 영향을 미친다고 보는 형제자매관계를 설명하는 가장 대표적인 이론이다. 즉, 첫째 자녀는 책임감이 강하고, 성취 지향적인 경향이 있지만, 막내 자녀는 외향적이고 관심과 주목받기를 원한다고 보았다. 반면에 중간 자녀들은 주로 외교적이고 적응력이 높은 성격을 발달시킨다고 본다.

두 번째는 형제자매경쟁이론(Sibling rivalry theory)이다. 이 입장은 형제자매 간의 갈등을 일으키는 형제자매 경쟁은 부모의 관심과 자원을 원하는 욕망에서 비롯된다고 본다. 형제자매들은 부모의 사랑, 승인 및 물질적 소유물 등을 얻기 위해 경쟁을 하게 된다. 이러한 경쟁은 그 강도가 다양할 수 있으며, 형제자매관계에 긍정적이고 부정적인 영향 모두를 미칠 수 있다.

세 번째는 Bandura의 사회학습이론(Social learning theory)이다. 사회학습이론에서 사람의 행동은 다른 사람의 행동이나 주어진 상황을 관찰하고 모방하면서 학습된다고 본다. 사회학습이론을 형제자매관계에 적용해 보면, 형제자매들은 관찰과 모방을 통해 서로에게 배우고 학습하게 된다. 즉, 형제자매는 서로에게 역할모델로 작동하면서 행동, 태도 및 가치를 형제자매와의 상호작용을 통해 습득하거나 강화시킬 수 있다. 형제자매들은 부모와는 다른 형제자매의 행동을 관찰하고 모방함으로써 때로는 서로 간의 갈등을 해결하고 협력하는 방법을 배우면서 사회적 기술을 증진한다.

네 번째는 부모의 편애이론(Differential parental treatment theory)이다. 이 입

장은 부모가 자녀들을 달리 대하는 방식이 형제자매관계에 영향을 미친다고 제안한다. 부모가 지속적으로 한 자녀를 다른 자녀들보다 우대하는 양육방식을 보여주면, 형제자매들 사이에는 질투, 원한 및 경쟁심이 생길 수 있다. 이러한 편애는 이를 자녀들이 어떻게 받아들이느냐가 중요하지만, 일반적으로 형제자매관계와 개인의 웰빙에 장기적인 영향을 미칠 수 있다.

다섯 번째는 Bowlby의 애착이론(Attachment theory)이다. 이 이론은 원래 부모자녀관계에서의 애착관계를 설명하는 이론이지만, 형제간 애착을 설명하는 데에도 활용될 수 있다. 이 이론은 형제자매들 간의 감정적인 유대가 중요하다고 강조하고 있는데, 형제자매들은 서로 간에 고유의 애착관계를 형성할 수 있다고 본다. 즉, 이를 통해 서로에게 감정적인 지지, 동반자, 그리고 안정감을 평생 제공하기도 한다. 하지만 형제자매 애착의 질은 터울, 성별 그리고 가족 내 역동과 같은 요인에 따라 달라지기도 한다.

여섯 번째로 자원희석이론(Resource dilution theory)이 있다. 이 이론은 Blake(1981)에 의해 처음으로 제안된 이론으로 가족 내 자녀의 수가 증가함에 따라 각 자녀가 사용 가능한 자원(시간, 관심, 재정 자원 등)이 분산된다는 이론이다. 따라서 형제자매가 많을수록 개별 아동의 인지발달이나 사회 혹은 정서발달에 대한 부모의 투자나 관심이 줄어들어 부정적인 영향을 미친다는 입장이다. 반면에 외동이는 형제아에 비해 상대적으로 풍족한 가정의 자원을 지원받을 수 있어 형제아보다 우수한 교육 성과와 노동시장 성과를 나타낼 가능성이 있다고 본다. 일부 연구에서는 이 이론을 지지하는 결과를 찾아냈지만, 형제자매 수와 자녀의 성취수준 간의 인과관계에 대한 논쟁이 있는 것도 사실이다. 예를 들어, 많은 형제자매의 수가 자녀의 낮은 학업 성취도를 야기하는 것이 아니라 학업성취도가 낮았던 부모들이 더 많은 자녀를 갖는 경향이 있다는 것이다(Rodgers, 2001).

지금까지 설명한 이론들은 형제자매관계에 대한 다양한 관점을 제공하지만, 개인의 경험은 상황에 따라 달라질 수 있다. 형제자매관계는 개인의 성격, 가족의 역동, 문화적 규범과 같은 다양한 요소에 의해 영향을 받으며 달라지기도 한다.

3. 출생순위와 성격발달

출생순위에 따른 성격발달에 대해 일반화한 학자가 앞서 소개한 Adler이다. 개인심리학자인 Adler(1959)는 출생순위가 한 개인의 성격에 깊이 영향을 준다고 주장하였다(정옥분, 2015 재인용; 정현숙, 2019 재인용).

첫째의 경우, 일반적으로 출생 시부터 부모의 사랑과 관심을 모두 받고 자라다가 동생이 생기게 되면서 부모의 애정과 관심을 동생에게 양보해야 하는 상황이 된다. 이에 이때부터는 부모의 애정과 관심을 되찾아오기 위해 책임감을 보이거나 동생에 대한 양보심을 학습해 나간다. 이처럼 맏이는 부모로부터 가장 많은 기대와 관심 속에서 성장하게 되며, 지적인 자극이나 경제적인 투자도 가장 많이 받는다. 그 결과 맏이는 손아래 형제들보다 성취지향적이며, 인지발달이나 창의성이 뛰어나고, 친구들 간에 인기가 있는 편이다. 한편, 부모는 맏이에게 많은 관심을 보이지만 애정적으로는 엄격한 편이다. 부모는 양육 경험의 부족으로 불안하고 과보호적인 태도를 보이게 된다. 또한, 맏이들은 첫째라는 위치 때문에 책임감이 강하긴 하지만, 이로 인해 다소 권위적인 태도를 보이게 된다.

둘째는 출생부터 이미 오빠나 형, 언니나 누나라는 상대가 있으므로 좀 더 앞서려고 하는 도전정신이 발달하게 된다. 둘째는 출생 후 손위 형제의 존재로 인해 무력감과 좌절감을 느끼게 된다. 자신보다 우월한 형의 존재는 경쟁심을 유발하며, 이에 둘째들은 좀 더 사교적이며 손위 형제와는 다른 특성을 보임으로써 자신의 위치를 확보하게 한다. 게다가 동생이 출생할 경우, 맏이와 막내에게 자신의 권리를 빼앗긴다고 느끼고 불공평함을 경험하기도 한다.

막내는 출생순위상 불리한 위치로 출생하지만, 애교를 부리거나, 약하게 보임으로써 자신의 위치를 이용하여 모든 가족구성원들이 자기에게 맞추도록 한다. 막내는 응석받이로 자라나면서 독립심이 부족하고 열등감을 느끼기 쉽지만, 그에 반해 이를 극복하기 위한 강한 동기를 형성한다. 또한, 이들은 어수룩하게 보이거나 드러내놓고 반항함으로써 자신의 위치를 확보하기도 한다. 그 결과 막내는 독자적으로 무엇을 할 기회가 적어 미성숙한 성격특성을 보이는 경향이 있다고 한다.

일부 연구들도 이와 같은 형제순위에 따른 성격특성의 발달 경향성을 보고하고 있는데, 한 연구에서 일반적으로 첫째 아이들이 가장 지적이고 성취지향적이면서 성실하고, 막내들이 가장 진보적이면서 반항적인 경향성이 있다고 하였다(Paulhus, 2008). 즉, 첫째 아이들은 성인중심적이며, 성인에게 도움이 되려고 하고, 성인이나 규범을 잘 따르는 경향이 있으며, 자제력이 뛰어났다. 또한, 출생순위에 따른 부모의 양육행동에 대한 연구도 있는데, 어머니가 손위 형제에게 더 통제적 양육 행동을 한다고 보고한 김언경(2011)의 연구결과는 Adler의 이론과 부분적으로 일치한다. 일반적으로 부모들은 첫째에게 훈육과 간섭을 많이 하지만, 손아래 자녀들에게는 좀 더 애정적인 특성이 있다(기현주, 김희진, 2004).

하지만 최근에는 이러한 출생순위에 따른 차이가 크지 않다는 연구결과들이 많이 보고되고 있다. 최근에 수행된 대규모 연구에서 지능에서는 출생순위의 영향이 있어 첫째 아이들이 약간 더 높은 지능 수준을 보였지만, 삶의 만족도, 내적/외적 통제, 위험감수, 인내심 및 충동성 등 성격특성에서는 출생순위의 영향이 없어 성격특성 발달에 있어 출생순위에 따른 유의미한 차이를 발견하지 못했다(Rohrer et al., 2017).

물론 형제순위, 즉 출생순위가 형제자매들 간의 관계에 영향을 줄 수는 있지만, 많은 연구자들은 출생순위의 영향이 종종 과대평가되었다고 본다. 예를 들어, 형제자매의 성별에 따른 관계특성에 관한 연구에서 남자형제들이 혼성 형제관계나 자매관계보다 덜 긍정적으로 나타나 출생순위 자체보다 형제자매의 성별조합이 관계에 더 큰 영향을 미치는 것으로 나타났다(Cole & Kerns, 2001). 즉, 형제자매관계에 있어 형제자매의 수, 형제자매의 나이, 터울, 형제자매의 성별 등도 영향을 미치기 때문에 출생순위의 영향은 매우 제한적이다.

4. 형제자매관계에 영향을 주는 요인

형제자매관계에 영향을 미치는 구조적 특징은 출생순위, 성별의 구성, 터울과 같은 특성들이 대표적이다. 그 외 개인의 기질, 가족의 구조적 특성과 부모의 양육행동 등이 형제자매관계에 영향을 미치는데, 본 절에서는 이에 대해 좀 더 자세히 살펴보고자 한다.

1) 출생순위

출생순위는 형제관계에서의 능력과 권위, 그리고 부모의 기대에서 형제간 역할 차이를 유발하는 대표적인 요인이다(Newman, 1994; 곽금주, 2010 재인용). 형제자매관계는 출생순위에 따른 위계를 포함하고 있는데, 손위 형제자매들은 신체적으로, 사회적으로, 그리고 인지적으로 손아래 형제자매보다 우위에 있고, 종종 손아래 형제자매들의 돌봄에 참여하게 된다. 따라서 손위 형제자매들은 손아래 형제자매들보다 관계 안에서 더 큰 권력을 가지게 되며, 이러한 힘과 권력의 차이는 일반적으로 아동기와 초기 청소년기에 가장 크고, 청소년기를 지나면서 점차 감소한다(Tucker et al., 2010).

2) 성별의 구성

형제자매관계의 특성은 동성이냐 혼성이냐에 따라 달라지기도 한다. 보통 손위 남아는 그들의 동생들에게 신체적 힘에 근거한 방법을 많이 사용하는 반면, 손위 여아는 동생들에게 보다 수용적이고 말로 설명하는 친사회적인 방법을 많이 사용하는 경향을 보인다(정옥분, 2015).

또한, 동성 형제자매간 특히 자매간이 이성형제나 남자형제관계보다 우호적인 관계를 보였다(김상희, 1989; 이경희, 1991). 동성의 형제자매관계에서는 아동기에서 중기 청소년기까지는 손위 형제의 권위가 증가하고 그 후에는 감소하는 반면, 혼성의 형제자매관계에서는 반대로 중기 청소년기까지는 손위 형제의 권위가 연령이 증가함에 따라 크게 증가하지 않지만, 오히려 그 후에 증가하는 경향을 보인다.

3) 터울

형제자매관계는 터울에 따라 다소 상이하게 나타나기도 하는데, 터울이 가까운 경우 서로 간에 질투심이 높고, 이러한 경우 손아래 형제는 손위 형제로부터의 적대감이나 공격성의 대상이 된다. 물론, 터울이 가까운 경우 경험하는 형제자매간 친밀감이나 동료의식이 또래 간의 경쟁에 대처하는 방법을 가르쳐준다는 이점이 있기도 하다.

반면에, 형제간 터울이 커지면 손위 형제는 또래보다는 부모나 교사와 같은 역할모델의 기능을 수행하게 된다. 이처럼 터울이 클수록 형제자매간의 위계가 형성되면서 관계는 더욱 친밀해지고 손위 형제가 동생에게 해 줄 수 있는 역할도 더 잘 수행할 수 있다(전영주 외, 2021).

4) 개인의 기질

개인의 기질도 형제자매관계에 영향을 미치는데, 특히 쉬운 기질을 가지고 있으면서 부모들로부터 형제들과 비슷한 대우를 받는 형제자매는 다른 형제자매들과 잘 지내지만, 까다로운 기질을 가지고 있고 이로 인해 부모로부터 특별한 대우를 받는 형제자매의 경우에는 다른 형제자매들과 잘 지내지 못하는 경향이 있다(Brody et al., 1987).

또한, 형제들 간의 기질의 조합도 형제자매간의 상호작용에 영향을 준다. 기질이 동일한 형제는 기질이 다른 경우보다 서로에게 자랑을 더 많이 하거나 상대의 부정적 행동에 대해 반응하지 않는 경향이 있으며, 기질이 다른 형제들끼리는 서로 돕거나 격려하는 등의 상호 호혜적 행동을 더 많이 하는 경향이 있다(기현주, 김희진, 2004).

5) 가족의 구조적·기능적 특성

형제자매관계에 영향을 미치는 가족의 구조적 요인에는 이혼가정, 재혼가정, 그리고 입양가정 여부 등이 있다. Noller 등(2008)의 연구에 따르면, 형제자매들의 긍정정서와 부정정서를 모두 포함하는 정서 강도를 살펴본 결과, 이혼가정이나 별거가정의 형제자매들이 양부모가정보다 청소년들의 정서 강도가 높았다. 또한, 정문자 등(2016)은 재혼가정에서 두 부부가 자녀를 데리고 재혼을 하는 경우 부모들은 나타날 수 있는 어려움을 인식하고, 자녀 간의 형제자매관계를 명확히 설정하려는 적극적인 노력과 개방적인 의사소통이 필요하며, 자녀들의 다른 친부모와 부모역할을 공유하는 것이 이러한 어려움을 해소하는 방안이라고 하였다(전영주 외, 2021 재인용).

한편, 한부모가족에서 어머니(혹은 아버지)가 자신의 양육이나 관리능력에 대해 부족함을 느끼면 자녀들에게 일부 그 책임을 넘겨주게 되는데, 이때 맏이(주로 딸)가 형제자매관계에서 부모역할을 하는 부모화(parentifcation)가 일어난다. 이는 해당 자녀의 독립성과 능력감을 증가시키기도 하지만, 동생들이 새로 향상된 언니(누나)의 지위를 받아들일 수 없을 때 형제간 갈등이 생기게 된다.

하지만 많은 연구들은 부부갈등과 같은 가족의 기능적 특성이 가족구성 유형이나 구조적 특성 그 자체보다 형제자매관계를 더 잘 예측한다고 보았다(Beckett et al., 1998). 예를 들어, 역기능적인 가족의 경우, 형제자매간의 공격적인 상호작용이 종종 관리되지 않는 모습을 보이는데, 이러한 역기능적 가족 간의 상호작용 경험들과 갈등적 형제자매관계는 자녀들로 하여금 반사회적이고 공격적인 행동을 배우고 연습하는 훈련의 장이 되기도 하여 부정적인 영향을 미쳤다(Criss & Shaw, 2005).

읽을거리

이혼과 형제자매관계

이혼이 부모자녀관계에 어떠한 영향을 미치는지에 대해서는 많은 연구들이 수행되었지만, 형제자매관계에 미치는 영향에 대해서는 간과되는 경향이 있었다. 형제자매관계는 부모의 이혼에 다음과 같은 두 가지 방식으로 반응할 수 있다.

첫 번째는 함께 사는 어머니나 아버지의 시간과 관심의 절대적인 양이 부족하기 때문에 이를 얻기 위한 형제자매간 갈등이 증가한다는 가설이다. 또 다른 가설은 이혼과 같은 불안정한 상황은 형제자매들로 하여금 서로를 더 의지하게 하고 더 가까워지게 한다는 것이다. 안타깝게도 많은 연구가 첫 번째 가설을 지지하는 것으로 보이는데, 즉 이혼가정의 형제자매관계는 양친부모 가정보다 더 갈등적이고 부정적이었다(McHale et al., 2012).

하지만 이처럼 이혼가정의 낮은 형제자매관계의 질은 이혼 그 자체의 영향이라기보다는 서로에게 적대적인 결혼생활을 했던 부모들에게 양육되었기 때문일 수도 있다(Milevsky, 2019). 즉, 이혼이 일어나기 전에 발생했던 많은 역기능적인 가족 상호작용 및 부모 간의 갈등과 다툼이 자녀들에게 전이되어 형제자매간 갈등수준이 양부모가정보다 높게 나타난다는 것이다.

출처: Lamanna et al. (2020). Marriages, families, and relationships: making choices in a diverse society.

6) 부모자녀관계와 양육행동

우리의 대인관계는 서로 연결된 관계망과 같아 부모자녀간의 관계는 형제자매관계의 질에도 영향을 미치게 된다. 즉, 부모와의 관계가 친밀하고 부모가 지지적인 청소년들은 그렇지 않은 청소년들보다 형제자매간의 갈등이 적고 더 긍정적인 관계를 맺는다(Ruff et al., 2018). 반대로 부모로부터 부정적인 양육을 경험하는 청소년들은 형제자매관계에서도 더 공격적일 가능성이 크다.

형제자매관계에 가장 큰 영향을 미치는 부모의 양육행동 중 하나는 편애이다. 부모들은 일반적으로 한 형제자매를 다른 형제자매보다 선호하는데, 부모의 공평하지 않은 대우는 형제자매간의 갈등을 일으키며, 심각한 경우에는 자아존중감 하락, 우울, 반사회적 행동 등과 같은 다양한 문제와 연관이 된다(Jensen & McHale, 2017). 384쌍의 형제자매를 대상으로 한 연구에서 65%의 어머니와 70%의 아버지가 특정 자녀를 선호하는 것으로 나타났다(Shebloske et al., 2005). 이러한 부모 편애의 부정적 영향은 타인과의 비교가 빈번해지는 청소년기에 더 두드러지게 된다.

하지만 부모가 형제자매를 다르게 대우하는 것에 대한 이유를 자녀들이 이해하거나 그 상황을 이해한다면, 또한 차별이 아닌 자녀의 개별적 요구에 부응하기 위한 양육의 목적으로 자녀들을 차별화하여 양육하는 것이라면, 이는 형제자매간의 경쟁을 줄이고 자녀들의 안녕에 긍정적인 영향을 주기도 한다(Feinberg et al., 2003).

5. 형제자매관계의 중요성

일반적으로 형제자매관계의 질은 개인의 안녕에 영향을 미치는데, 형제자매간의 갈등은 청소년 문제행동의 위험 요인이 된다. 또한, 형제자매간의 지나친 논쟁 혹은 손아래 형제에 대한 신체적 공격이나 심리적 괴롭힘은 이러한 상호작용 패턴을 다른 대인관계 맥락에서도 적용하게 만들어 또래관계에 어려움을 가질 확률이 높인다(Gallagher et al., 2018). 하지만 일반적으로 형제자매간에는 적대감이나 경쟁심보다는 우호적인 상호작용의 비율이 높다. 즉, 형제자매관계에서는 서로에게 애착을 형성하고, 놀이상대로서 서로를 좋아하는 것과 같은 긍정적인 측면이 더욱 강하게 나타난다(Hetherington & Parke, 1993; 정옥분, 2015 재인용). 한편, 긍정적인 형제자매관계는 친밀감 형성에 대한 배움의 장을 제공하여, 친밀한 형제자매관계를 형성한 청소년들은 청년기 이성교제 시에도 파트너와 친밀감을 쉽게 형성하게 된다(Doughty et al., 2015).

1) 사회적 지지

사회적 지지는 부모나 형제, 친지, 이웃, 또래, 동료 등 개인에게 있어서 중요한 사람들로부터 제공되는 긍정적인 지원을 말한다. 형제자매는 일생에 걸쳐 서로에게 실질적인 지원과 도움을 제공할 수 있는데, 특히 형제자매가 어려움에 직면했을 때 바로 도움을 주거나 조언을 제공하며, 평생을 사회적 지지의 원천이 될 수도 있다.

한 연구에서 손위 형제자매들은 손아래 형제자매들에게 사회적, 학업적 활동에서 지지자의 역할을 하였다(Tucker et al., 2001). 또한, 중독 문제를 지닌 청소년의 경우, 인터넷 중독 문제를 해결하는 데 다른 가족구성원이나 교사의 지지보다 형제의 사회적 지지가 더 긍정적인 영향을 주는 것으로 밝혀졌다(조남근, 양돈규, 2001; 곽금주, 2010 재인용).

2) 사회적 능력의 발달

형제자매는 서로의 신념, 가치 및 행동에 영향을 미치면서 형제관계를 통해 어린 시절부터 사회기술의 기초를 익히게 된다. 즉, 형제자매들은 사회화 요소로 작동하여 사회적 기술, 의사소통, 협상 및 갈등해결을 돕고, 서로에게 모델로 작용하면서 친사회적 태도와 행동을 형성하게 하여 사회적 능력 발달에 도움이 된다. 연구들에 따르면, 긍정적인 형제자매관계는 아동기 및 청소년기의 사회성 발달에 긍정적인 영향을 미친다(Doughty et al., 2015).

형제자매가 부모나 친구보다 청소년의 사회화에 더 강력한 영향을 미치는 이유는(Dunn, 2015), 형제자매는 부모보다 나이가 더 비슷하므로 부모보다 문제를 더 잘 이해하고, 효과적으로 의사소통할 수 있기 때문이다. 예를 들어, 성에 대한 태도나 문제행동과 같은 금기된 주제에 관해 토론할 때 형제자매는 효과적인 의사소통 파트너가 되면서 사회화에 더 큰 영향을 미친다.

3) 정서 능력의 발달

형제자매관계의 질은 개인의 심리적 안녕에도 영향을 미치게 되는데(Whiteman et al., 2015), 긍정적인 형제자매관계는 자아존중감에 긍정적으로 영향을 미치고, 가정이나 학교에서 발생하는 스트레스의 부정적 영향을 감소시켜 주는 역할을 한다. 또한, 형제자매들은 종종 강한 정서적 유대감을 공유하면서 서로에게 감정적 지지 등을 제공하여 정서발달에 도움을 준다.

현대사회에서 맞벌이 부부의 증가로 형제자매는 일상생활공간에서 부모의 부재를 채워주는 정서적 안녕의 원천이 되기도 한다. 그리고 형제자매간에 발생하는 다양한 갈등을 해결하면서 정서조절 능력을 발달시키게 하고, 타인의 정서를 이해하는 능력을 어릴 때부터 발달시키게 된다.

6. 발달시기별 형제자매관계

청년기에 이르게 되면서 증가하는 형제간의 물리적 거리로 인해 형제자매관계에서도 친구관계와 마찬가지로 자발적인 노력이 점차 중요해진다. 게다가 결혼이나 출산, 이혼 같은 중요한 인생 사건과 외부의 압력, 갈등 등은 성인기 형제자매관계의 질적 · 양적인 속성을 변화시킨다. 하지만 성인기에 이르러 상호작용이나 접촉의 빈도가 줄어들었다 하더라도 부모를 매개로 한 우회적인 의사소통과 직간접적인 상호작용을 통하여 유대관계를 지속해 간다(곽금주, 2008).

1) 영유아기 형제자매관계

영유아기 형제자매관계는 긍정적인 상호작용과 부정적인 상호작용이 혼합되어 있는데, 특히 이 시기에는 형제자매간의 일반적인 경쟁과 부모의 애정과 관심, 그리고 주목을 얻기 위한 경쟁이 흔하다. 최근 맞벌이 부모의 증가로 영유아기에 형제들끼리 상호작용할 기회가 더 늘어나고 있다.

유아기 형제자매관계와 관련된 국내 연구를 살펴보면, 유아기 형제관계는 형제와의 관계 형성을 통해 여러 가지 사회적 전략이나 기술을 적용해 보고, 상대 형제를 통해 새로운 사회적 기술을 학습하는 경험을 쌓는 등 한 개인을 사회적으로 유능하게 하는 중요한 역할을 한다(박화윤, 안라리, 2005). 반면, 일부 연구에서는 유아기 형제간의 상호작용은 서로를 경쟁상대로 받아들여 갈등 행동을 증가시킨다고 보기도 하였다(이지영 외, 2020 재인용).

2) 아동기 형제자매관계

아동기로 진입하면서 형제자매관계는 더욱 복잡해진다. 이 시기는 형제자매간에 함께 보내는 시간이 많고, 협력적인 놀이와 공동 활동이 많이 이루어지는 시기로, 이 시기 형제자매는 서로에게 동반자이자 신뢰할 수 있는 상담상대가 되면서 비밀을 공유하기 시작한다.

그러나 출생순위에 따른 위계가 강해지고, 공정성과 관련한 여러 이슈에서 갈등이 발생하기도 한다. 하지만 아동기 때 긍정적인 유대관계를 맺은 형제자매들은 청소년기에도 서로에게 여전히 애정과 관심을 보이고, 성인기를 넘어서도 친밀하고 가깝게 지내는 경향성이 있다(Dunn et al., 1994; 정옥분, 2015 재인용).

3) 청소년기 형제자매관계

청소년기에 들어오면서 형제자매관계를 포함하는 가족관계가 또래관계보다 그 중요성이 뒤로 밀리면서 청소년들은 친구들과 더 많은 시간을 보내고, 형제자매와 보내는 시간이나 감정적인 강도는 감소한다(McHale et al., 2012). 이 시기에는 관계의 중요성에서는 형제자매관계를 부모와의 관계와 유사하게 평가하지만, 정서적 지원이나 만족도 측면에서는 또래관계와 더 유사하게 평가하는 특성이 있다(Furman & Buhrmester, 1985).

하지만 청소년 초기 형제자매관계는 충돌과 경쟁이 가장 높은 시기로(Campione-Barr & Smetana, 2010), 특히 손아래 형제들이 청소년 초기에 해당되는 경우 손아래 형제들의 도전으로 형제자매간 갈등이 증가하는 경향이 있다(Lindell & Campione-Barr, 2017). 또한, 청소년기에는 개인이 독립성을 추구하고, 자아정체성을 형성하는 시기로 형제자매들 간에 서로 다른 관심사, 소속집단, 그리고 가치관을 가지게 되면서 의견충돌과 갈등이 발생한다. 그러나 이 시기 형제자매들은 활동 경험의 공유를 통해 유대감을 형성하고, 서로에게 다양한 문제에 대해 조언해 주면서 감정적 지지를 제공하기도 한다.

고등학생 600명을 대상으로 한 국내 연구(이훈희, 2011)에서 형제자매가 있는 경우가 형제자매가 없는 경우보다 결혼관 및 자녀관에서 높은 점수를 보였다. 이 연구에서 형제자매간 관계가 만족스러울 때 다양한 영역의 결혼관 및 자녀관에도 긍정적인 영향을 미치는 것으로 나타나 청소년기 형제자매관계는 미래의 결혼생활 및 자녀에 대한 가치관에도 긍정적 영향을 미침을 보여주었다.

4) 성인기 형제자매관계

성인 초기, 즉 청년기에는 청소년기보다 형제끼리 시간을 훨씬 덜 보내게 되지만, 형제자매에 대한 긍정적이고 부정적인 혼합된 감정은 여전히 일반적이다. 청년기에는 가정 안에서 함께 보내는 시간이 현저히 줄어들고 때로는 진학이나 취업으로 인해 원가족을 떠나게 되면서 형제자매간 연락은 선택 사항이 되고, 청소년기에 갈등이 있었던 형제자매관계도 감정적으로 덜 강렬해지는 경향이 있다(Hetherington & Kelly, 2002). 즉, 형제자매관계는 자발적이고 가족 내 역동에 영향을 덜 받게 되고, 서로에게 충고를 제공하는 지원과 연결의 원천이 된다. 하지만 최근 결혼 연령이 늦추어지면서 부모 및 형제자매와 동거하는 기간이 늘어나고, 이에 청년기나 성인기에도 형제자매와 물리적으로나 심리적으로 가까운 관계를 계속 유지하는 경우가 적지 않게 되었다(Hamwey et al., 2019; 백예슬, 2023 재인용).

또한, 청년기를 넘어 성인기로 들어가면서 형제자매는 서로 각자의 삶과 책임을 가지게 되지만, 여전히 형제자매간의 가족적 유대감은 유지한다. 이 시기에는 결혼, 출산, 취업 등의 중요한 인생 사건을 각자 경험하지만, 이러한 인생 사건을 함께 겪으면서 서로를 지원하기도 한다.

만 19세에서 34세 성인 479명을 대상으로 한 국내 연구에서(백예슬, 2023) 성인여성은 남성에 비해 부모의 편애를 더 높은 수준으로 인식하였다. 성인 남성의 경우에는 형제자매의 손위 여부, 형제자매의 지원 빈도가 긍정적 형제자매관계와 유의미한 관련이 있었고, 형제자매 수는 형제자매간 갈등과 관련이 있었다. 즉, 남성의 경우 본인이 손위이고 형제자매가 지원을 자주 해줄수록 관계가 온정적이었지만, 형제자매 수가 많을수록 갈등수준도 높았다. 반면에 여성의 경우에는 형제자매의 성별, 본인의 지원 빈도가 긍정적 형제자매간 관계와 관련이 있었고, 형제자매 수와 형제자매의 성별(동성)은 갈등과 관련이 있었다. 즉, 성인 여성은 자매일 때 그리고 본인이 형제자매를 지원하는 빈도가 높을수록 형제자매관계에서 온정적 태도를 보였지만, 형제자매의 수가 많을수록 그리고 자매일 때 갈등수준도 높다고 보고하였다. 또한, 남성과 여성 모두 어머니와의 관계가 애정적일수록 형제자매간 온정 수준도 높았다.

한편, 40~59세 남녀 376명을 대상으로 중년기 형제자매관계를 살펴본 남상은과 양혜정(2022)의 연구에서 중년기 형제자매관계의 질은 신체적 건강과 심리적 안녕감에 긍정적인 영향을 미치는 것으로 나타났다. 먼저, 본 연구에서 성별이나 학력, 부모의 생존 여부 등과 같은 인구통계학적 변인에 따른 중년기 형제자매관계의 질에는 차이가 없었지만, 결혼 유무 및 접촉빈도에 따른 차이는 있었다. 즉, 결혼상태에 있는 경우 형제자매관계의 질이 높았고, 근거리에 살고 있어 자주 만날수록 형제자매관계의 질이 높았다. 또한, 형제자매관계는 중년기 신체적 건강과 심리적 안녕감에 긍정적인 영향을 미쳤는데, 이는 생애전환기로 많은 변화를 겪는 중년기에 형제자매가 이러한 도전들에 잘 대처할 수 있도록 돕는 자원이 된 것으로 보인다.

생각해 보기 Think about

'배우자의 형제자매 유무' 남 63% "상관없다", 여 "있으면 좋아"

결혼정보업체에서 실시한 미혼남녀 479명을 대상으로 배우자의 형제자매 설문조사 결과 응답자 중 36.5%가 배우자에게 형재자매가 있는 것이 좋다고 답하였다. 배우자에게 형제자매가 없는 것이 좋다고 응답한 비율은 전체 11.9%이며 51.6%의 응답자는 상관없다고 답하였다.

한편, 답변의 양상은 성별에 따라 다른 결과가 나왔는데, 남성 중 63.4%는 배우자 형제자매의 유무에 대해 상관없다고 답했지만, 여성 중 45.9%는 있는 것이 좋다고 응답하였다. 배우자에게 형제자매가 있기를 바라는 이유로는 꿈꾸는 미래 가족상(50.9%), 더 많은 가족의 사랑을 받을 수 있어서(21.7%), 부모님 부양의 부담을 나눌 수 있어서(15.4%) 등으로 조사되었으며, 배우자에게 형제자매가 없는 것을 선호한 이유로는 사소한 참견(40.4%), 명절에 스트레스를 받을 것 같아서(22.8%), 지인으로부터 안 좋은 이야기를 많이 들어서(14.0%) 등으로 조사되었다.

이상적인 배우자의 형제자매 순위에 대해서 막내(40.9%), 중간(36.5%), 첫째(22.5%) 순으로 집계되었으며, 남녀가 가장 바라는 배우자의 형제자매 또한 달랐는데, 남성은 배우자에게 언니(40.0%)가 있기를 희망했지만, 여성은 형(36.9%)이 있기를 희망했다.

출처: 아시아투데이(2020.05.07). '배우자의 형제자매 유무' 남 63% "상관없다", 여 "있으면 좋아"

학자들은 친밀감, 상호 관련 정도, 접촉빈도, 질투심, 적개심 등이 형제관계를 이해하는 주요 요인이라고 하면서 성인기 이후의 형제관계를 유형화했는데, 이를 곽금주(2010)는 다음과 같이 정리하였다.

성인기 형제관계는 친밀형, 우정형, 충실형, 무관심형, 적대형의 다섯 가지 유형으로 분류가 되는데(Gold et al., 1990), 충실형(34%)과 우정형(30%)이 성인기 형제자매관계에 있어 가장 높은 비율을 차지한다. '충실형'은 친밀도와 상호 관련 정도, 그리고 접촉빈도는 보통 수준이며 질투심과 적개심은 비교적 낮은 집단이지만, '우정형'은 친밀도와 상호 관련 정도는 높고, 접촉빈도는 보통 수준이며, 질투심과 적개심은 비교적 낮은 편으로 주로 이성형제간에서 많이 나타난다.

반면에 '친밀형'은 친밀도와 상호 관련 정도, 그리고 접촉빈도가 매우 높고, 질투심과 적개심은 가장 낮은 유형으로 가장 긴밀하고 가까운 형제관계인데, 주로 자매관계에서 많이 나타난다. 무관심형은 서로 무관심한 관계로 모든 속성이 낮은 수준이며, '적대형'은 적개심과 상호 관련 정도는 높지만, 친밀감과 접촉빈도는 낮다. 만나면 싸우는 형제관계가 주로 적대형에 속한다고 볼 수 있다.

5) 노년기 형제자매관계

노년기 형제자매관계는 상황과 개인의 경험에 따라 개인의 삶에 다양한 영향을 미치게 된다. 노년기의 형제자매관계는 일반적으로 지원과 돌봄, 공유된 추억, 손실과 애도, 가족관계 유지, 화해와 용서 등의 특성을 띤다.

먼저, 지원과 돌봄이다. 함께 나이가 들어가면서 형제자매는 서로를 돌보고 지원하는 데 중요한 역할을 담당할 수 있다. 서로를 정서적으로 지지하기도 하고, 서로에게 실질적인 도움을 제공하기도 하며, 때로는 동반자로서의 역할도 수행한다. 형제의 건강상의 문제를 해결하기 위해 병원을 알아보고 의료정보를 제공하기도 하고, 의료시설 방문을 위한 교통수단을 제공하거나 거동이 불편한 형제자매를 위해 일상생활에서 도움이 되기도 한다.

둘째, 공유된 추억이다. 오랜 시간을 함께한 노년기 형제자매들에게는 공유된 추억, 경험 그리고 가족의 역사를 기반으로 하는 깊은 유대감이 있다. 이들은 함께 어린 시절을 회상하거나 가족이 함께했던 것들에 관해 이야기를 나누면서 추억을 상기하는데, 이는 서로의 과거에 대한 지속성과 연결감을 제공한다.

셋째, 손실과 애도이다. 노년기에 이르러 형제자매들은 부모, 다른 형제자매, 또는 가까운 친척 등의 죽음을 경험한다. 형제자매들은 이러한 애도와 슬픔의 순간에 서로에게 위안을 제공할 수 있다. 즉, 사랑하는 사람들을 잃는 과정에서 서로를 지지하고, 가족의 역사를 공유하게 된다.

넷째, 가족관계의 유지이다. 형제자매들은 가족관계를 유지하는 역할을 하기도 하는데, 가족 내 세대를 잇고, 가족의 전통과 가치 등이 젊은 가족구성원들에게 전달되도록 서로 협력한다. 노년기 형제자매들은 가족 행사, 모임, 여행 등을 통해 더 적극적으로 협력하며 소속감과 지속성을 유지한다.

마지막으로 화해와 용서이다. 노년기는 때에 따라서는 서로에게 가지고 있던 과거의 갈등과 불만을 해소하는 시기가 되기도 한다. 사람들은 나이가 들면서 자신의 삶과 관계를 돌아보는 경향이 있고, 남아 있는 문제들을 해결하고 마무리하려고 한다. 이를 통해 형제관계에 있어서도 새로운 유대관계를 형성하고 서로에 대한 보다 깊은 이해를 하게 되기도 한다.

이러한 노년기 형제자매관계는 지리적 근접성, 개인의 성격과 같은 요인에 따라 달라지기도 하는데, 어떤 형제자매들은 평생 강한 유대감을 유지하지만, 어떤 형제자매들은 그렇지 않을 수도 있다.

참고문헌

곽금주(2008). **20대 심리학**. 서울: 랜덤하우스코리아.

곽금주(2010). **흔들리는 20대: 청년기 생애설계 심리학**. 서울: 서울대학교출판문화원.

기현주, 김희진(2004). 출생순위, 형제 성구성, 형제기질조합에 따른 형제 상호작용. **아동학회지, 25**(4), 49-70.

김상희(1989). 兄弟間 및 또래간 社會性에 影響을 주는 家族人口學的 變因. 이화여자대학교 대학원 박사학위논문.

김소영(2021). 청소년의 자유시간 사용과 시간사용 만족감. **인문사회 21, 12**(6), 2433-2446.

김언경(2011). 어머니가 인식한 형제 대우와 형제 상호작용, 형제 및 형제또래의 낯선 유아와의 상호작용 특성, 또래 유능성 간의 관계. 이화여자대학교 대학원 석사학위논문.

남상은, 양혜정(2022). 중년기 성인의 형제자매 관계의 질이 심리적 안녕감 및 신체적 건강에 미치는 영향 성별과 형제구성에 따른 차이. **가족과 가족치료 (구 한국가족치료학회지), 30**(2), 221-243.

박화윤, 안라리(2005). 유아의 형제관계의 질과 또래유능성 및 정서능력간의 관계. **유아교육연구, 25**(1), 91-108.

백예슬(2023). 청년 남녀의 형제자매 온정 및 갈등에 대한 다층모형분석. 서울대학교 대학원 석사학위논문.

서울신문(2022.02.07). 외동자녀로 충분.

아시아투데이(2020.05.07). 배우자의 형제자매 유무 남 "63% 상관없다", 여 "있으면 좋아".

이경희(1991). 형제간 상호작용에 관한 관찰연구: 형제지위 변인의 효과를 중심으로. 연세대학교 대학원 박사학위논문.

이유경(2020). 양육 태도가 청소년의 학습 태도 및 교육 성취에 미치는 종단적 영향 출생 순위에 따른 차별적 효과. **한국사회학회 사회학대회 논문집**, 150-151.

이지영, 이정미, 이상희(2020). 유아의 성별 및 형제특성에 따른 부모자녀관계와 또래관계 간의 관계분석. **아동교육, 29**(2), 215-230.

이훈희(2011). 형제자매 유무 및 관계가 결혼 · 자녀관에 미치는 영향. 한국교원대학교 교육대학원 석사학위논문.

전영주, 황경란, 송정숙, 이복숙, 염은선, 주국희, 배윤민, 김명화(2021). **뉴노멀 시대의 결혼과 가족**. 서울: 신정.

정순화(2011). 국내 외동아 관련 연구의 동향분석. **인간발달연구, 18**(4), 35-61.

정옥분(2015). **청년심리학**. 서울: 학지사.

정현숙(2019). **가족관계**. 서울: 신정.

조남근, 양돈규(2001). 청소년이 지각한 사회적 지지와 인터넷 중독경향 및 인터넷관련 비행간의 관계. **한국심리학회지: 발달, 14**(1), 91-111.

한국청소년정책연구원(2021). 한국아동패널조사.

코메디닷컴(2023.01.21). 피는 물보다 진할까? 형제 갈등 푸는 법.

통계청(2023). 2022년 인구동향조사 출생·사망 통계.

Adler, A. (1959). *Understanding human nature*. New York: Fawcett.

Beckett, C., Groothues, C., & O'Connor, T. (1998). Adopting from Romania: the role of siblings in adjustment. *Adoption & Fostering, 22*(2), 25-34.

Blake, J. (1981). Family size and the quality of children. *Demography, 18*, 421-442.

Brody, G. H., Stoneman, Z., & Burke, M. (1987). Child temperaments, maternal differential behavior, and sibling relationships. *Developmental Psychology, 23*(3), 354.

Buist, K. L., Deković, M., & Prinzie, P. (2013). Sibling relationship quality and psychopathology of children and adolescents: A meta-analysis. *Clinical Psychology Review, 33*(1), 97-106.

Campione-Barr, N., & Smetana, J. G. (2010). "Who said you could wear my sweater?" Adolescent siblings' conflicts and associations with relationship quality. *Child Development, 81*(2), 464-471.

Cole, A., & Kerns, K. A. (2001). Perceptions of sibling qualities and activities of early adolescents. *The Journal of Early Adolescence, 21*(2), 204-227.

Criss, M. M., & Shaw, D. S. (2005). Sibling relationships as contexts for delinquency training in low-income families. *Journal of Family Psychology, 19*(4), 601-610.

Doughty, S. E., McHale, S. M., & Feinberg, M. E. (2015). Sibling experiences as predictors of romantic relationship qualities in adolescence. *Journal of Family Issues, 36*(5), 589-608.

Dunn, J. (2015). Siblings. In J. E. Grusec & P. D. Hastings (Eds.), *Handbook of socialization: Theory and research* (2nd ed., pp. 182-201). New York: Guilford Press.

Dunn, J., Slomkowski, C., & Beardsall, L. (1994). Sibling relationships from the preschool period through middle childhood and early adolescence. *Developmental Psychology, 30*(3), 315-324.

East, P. L. (2009). Adolescents' relationships with siblings. *Handbook of Adolescent Psychology, 2*, 43–73.

Feinberg, M. E., McHale, S. M., Crouter, A. C., & Cumsille, P. (2003). Sibling differentiation: Sibling and parent relationship trajectories in adolescence. *Child Development, 74*(5), 1261–1274.

Furman, W., & Buhrmester, D. (1985). Children's perceptions of the qualities of sibling relationships. *Child Development*, 448–461.

Gallagher, A. M., Updegraff, K. A., Padilla, J., & McHale, S. M. (2018). Longitudinal associations between sibling relational aggression and adolescent adjustment. *Journal of Youth and Adolescence, 47*, 2100–2113.

Gold, D. T., Woodbury, M. A., & George, L. K. (1990). Relationship classification using grade of membership analysis: A typology of sibling relationships in later life. *Journal of Gerontology, 45*(2), S43–S51.

Hamwey, M. K., Rolan, E. P., Jensen, A. C., & Whiteman, S. D. (2019). "Absence makes the heart grow fonder": A qualitative examination of sibling relationships during emerging adulthood. *Journal of Social and Personal Relationships, 36*(8), 2487–2506.

Hetherington, E. M., & J. Kelly (2002). *For Better or For Worse: Divorce Reconsidered*. New York: Norton.

Hetherington, E. M., & Parke, R. D. (1993). *Child psychology* (4th ed). NewYork: McGraw-Hill

Huijsmans, T., Eichelsheim, V. I., Weerman, F., Branje, S. J., & Meeus, W. (2019). The role of siblings in adolescent delinquency next to parents, school, and peers: Do gender and age matter?. *Journal of Developmental and Life-Course Criminology, 5*, 220–242.

Jensen, A. C., & McHale, S. M. (2017). Mothers', fathers', and siblings' perceptions of parents' differential treatment of siblings: Links with family relationship qualities. *Journal of Adolescence, 60*, 119–129.

Lamanna, M. A., Riedmann, A., & Stewart, S. D. (2020). *Marriages, families, and relationships: Making choices in a diverse society*. Massachusetts: Cengage Learning.

Lindell, A. K., & Campione-Barr, N. (2017). Relative power in sibling relationships across adolescence. *New Directions for Child and Adolescent Development, 2017*(156), 49–66.

McHale, S. M., Updegraff, K. A., & Whiteman, S. D. (2012). Sibling relationships and influences in childhood and adolescence. *Journal of Marriage and Family, 74*(5), 913–930.

Milevsky, A. (2011). *Sibling relationships in childhood and adolescence: Predictors and outcomes*. New York, NY: Columbia University Press.

Milevsky, A. (2019). Parental factors, psychological well–being, and sibling dynamics: A me–diational model in emerging adulthood. *Marriage & Family Review, 55*(5), 476–492.

Newman M. (1994). *Health as expanding consciousness*. Boston: Jones and Bartlett.

Noller, P., Feeney, J. A., Sheehan, G., Darlington, Y., & Rogers, C. (2008). Conflict in divorcing and continuously married families: A study of marital, parent-child and sibling relationships. *Journal of Divorce & Remarriage, 49*(1–2), 1–24.

Paulhus, D. L. (2008). Birth order. *Encyclopedia of infant and early childhood development*. Oxford, UK: Elsevier.

Rodgers, J. L. (2001). What causes birth order-intelligence patterns? The admixture hypoth–esis, revived. *American psychologist, 56*(6–7), 505.

Rohrer, J. M., Egloff, B., & Schmukle, S. C. (2017). Probing birth–order effects on narrow traits using specification–curve analysis. *Psychological Science, 28*(12), 1821–1832.

Ruff, S. C., Durtschi, J. A., & Day, R. D. (2018). Family subsystems predicting adolescents' perceptions of sibling relationship quality over time. *Journal of Marital and Family Therapy, 44*(3), 527–542.

Shebloski, B., Conger, K. J., & Widaman, K. F. (2005). Reciprocal links among differential pa–renting, perceived partiality, and self–worth: a three–wave longitudinal study. *Journal of Family Psychology, 19*(4), 633.

Thomas, C. W., Coffman, J. K., & Kipp, K. L. (1993). *Are only children different from children with siblings? A longitudinal study of behavioral and social functioning*. Paper presented at the biennial meeting of the Society for Research in Child Development, New Orleans.

Tucker, C. J., McHale, S. M., & Crouter, A. C. (2001). Conditions of sibling support in adolescence. *Journal of Family Psychology, 15*(2), 254–271.

Tucker, C. J., Updegraff, K., & Baril, M. E. (2010). Who's the boss? Patterns of control in adolescents' sibling relationships. *Family Relations, 59*(5), 520–532.

Tucker, C. J., & Winzeler, A. (2007). Adolescent siblings' daily discussions: Connections to perceived academic, athletic, and peer competency. *Journal of Research on Adolescence, 17*(1), 145–152.

Wang, M. T., Degol, J. L., & Amemiya, J. L. (2019). Older siblings as academic socialization agents for younger siblings: Developmental pathways across adolescence. *Journal of youth and adolescence, 48,* 1218–1233.

Whiteman, S. D., Jensen, A. C., & McHale, S. M. (2017). Sibling influences on risky behaviors from adolescence to young adulthood: Vertical socialization or bidirectional effects?. *New directions for child and adolescent development, 2017*(156), 67–85.

Whiteman, S. D., Solmeyer, A. R., & McHale, S. M. (2015). Sibling relationships and adolescent adjustment: Longitudinal associations in two-parent African American families. *Journal of Youth and Adolescence, 44,* 2042–2053.

CHAPTER

09

조부모-손자녀관계

1. 조부모됨
2. 조부모역할 유형
3. 조부모 연구 이론
4. 조부모-손자녀관계에 영향을 미치는 요인
5. 좋은 조부모되기

CHAPTER

09 조부모-손자녀관계

현대사회의 사회경제적 변화는 조부모-손자녀관계에도 많은 변화를 가져왔다. 과거에 비해 손자녀 수는 감소하고, 조부모는 경제적으로 여유가 있고 길어진 수명으로 손자녀가 성인이 될 때까지 생존하는 경우가 많다. 또한 전자메일이나 스마트폰과 같은 새로운 통신수단의 보급으로 거리에 관계없이 조부모와 손자녀가 쉽게 접촉할 수 있게 되었다. 따라서, 오늘날 조부모는 과거에 비해 오랫동안 조부모역할을 수행하고 손자녀에게 더 많은 투자를 할 수 있으며, 손자녀와 많은 활동을 함께할 수 있다. 무엇보다도 맞벌이 가정, 이혼가정, 재혼가정 등의 증가로 조부모가 손자녀의 양육을 전담하거나 보조하는 경우도 늘어나고 있다. 이렇듯 현대의 조부모는 손자녀와 더 길고 강한 유대가 형성되는 경향이 있고 손자녀의 삶에서 영향력 있는 역할을 할 가능성이 더 높아졌다. 본 장에서는 조부모-손자녀관계를 조부모됨, 조부모역할 유형, 조부모 연구 이론, 조부모-손자녀관계에 영향을 미치는 요인 그리고 좋은 조부모되기에 관한 내용을 중심으로 살펴보고자 한다.

1. 조부모됨

인간의 수명이 늘어나고 자녀출산이 감소하는 최근의 인구학적 추세로 인해 장년기와 노년기 삶에 있어 조부모역할의 중요성이 증가하고 있다. 조부모됨이 자발적인 선택은 아니지만 대부분의 조부모들은 부모 노릇을 할 때보다 조부모역할에 더 쉽게 적응하며 손자녀와의 관계에 만족한다. 손자녀는 책임감 없이 애정으로만 감싸줄 수 있는 대상이기 때문이다(유영주 외, 2022).

조부모와 손자녀의 관계 특성에 대해 정신심리학자인 Kornhaber(1996)는 다음과 같이 제시하였다(정현숙, 2019 재인용). 조부모-손자녀관계는 ① 부모자녀관계에 이어 두 번째로 중요한 정서적인 관계이며, ② 서로의 삶에 깊게 영향을 주고받으며, ③ 많은 조부모들은 자신의 자녀에게 했던 실수를 손자녀들에게는 반복하지 않으려 노력하며, ④ 조부모역할이 조부모의 삶에 의미와 기쁨을 제공하고, ⑤ 헌신적이고 친밀한 조부모가 있는 손자녀들은 더 긍정적으로 성장하며, ⑥ 조부모들이 손자녀의 가족에 적극적으로 참여할 때 손자녀의 부모들도 많은 혜택을 받는다.

조부모가 손자녀에게 수행하는 역할은 다양하다. 조부모는 손자녀를 돌보기도 하고 인생의 교훈과 지혜를 가르치고 가족의 문화를 전수한다. 또한 손자녀의 놀이 친구가 되어주기도 하고 손자녀가 힘들어 할 때는 이들의 말을 귀담아 들어주며 정서적 지지를 제공해 준다. 이러한 경험들은 손자녀의 성장과 발달에 긍정적인 역할을 할 뿐만 아니라 조부모 자신에게도 긍정적인 영향을 준다. 조부모는 손자녀를 통해 젊음과 정열을 다시 경험하고 생의 연속성을 느끼며, 손자녀에게 인생의 경험과 지혜를 제공함으로써 생산성과 성취감을 느끼고, 손자녀의 성장과 사회적 성취를 통해 대리만족을 느끼게 된다. 무엇보다도 조부모와 손자녀 간 친밀한 관계는 가족의 결속력을 증진시키고 가족의 역사를 계승하며 가족에 대한 소속감을 강화시켜 가족 정체감 형성에 기여한다(경북여성정책개발원, 2015). 이렇듯 조부모역할은 손자녀뿐만 아니라 가족 전체에 큰 영향을 줄 수 있는데, 여기서는 손자녀 양육을 중심으로 조부모역할을 살펴보고자 한다.

1) 조부모의 손자녀 양육 역할

(1) 조부모의 손자녀 양육 현황

조부모는 손자녀에게 훈계자 역할, 가계 역사 전수자 역할, 손자녀 후원자 역할, 물질제공자 등 여러 역할을 수행하지만 최근 맞벌이 가구의 증가에 따라 손자녀를 양육하는 조부모들이 늘어나고 있다. 2022년 하반기 기준으로 맞벌이 가구는 46.1%로 부부 10쌍 중 절반가량이 맞벌이 가구였으며, 특히 18세 미만 자녀가 있는 맞벌이 가구는 55.3%로 나타났다(통계청, 2023). 어린 자녀를 둔 맞벌이 가정은 부모를 대신하여 자녀를 돌보아줄 신뢰로운 대리양육자가 필요하다. 조부모는 부모보다 자녀 양육 경험이 많으므로 손자녀에게 정서적 안정감을 제공해 줄 수 있으며, 손자녀에게 직접적인 의무감이 없기 때문에 순수하게 애정적인 유대감을 형성할 수 있다(정옥분, 정순화, 2020). 더불어 조부모는 다른 대리양육자들에 비해 비용이 적게 든다는 장점도 있다.

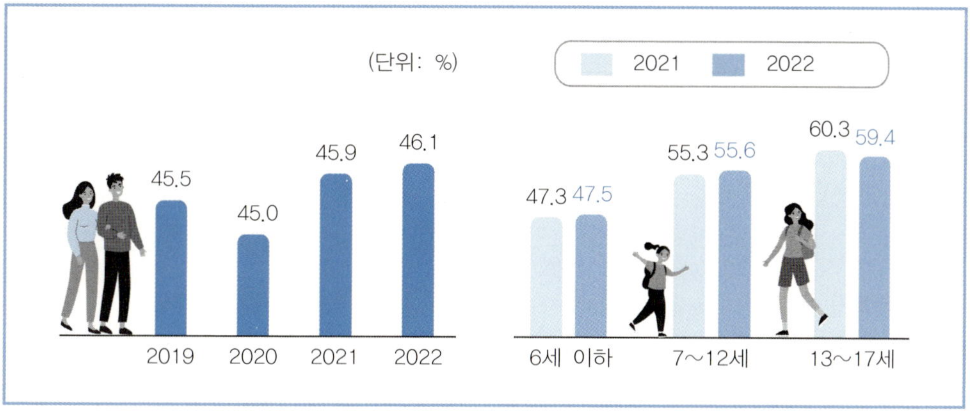

▲ 그림 9-1 맞벌이 가구 비중과 막내 자녀 연령별 맞벌이 가구 비중
출처: 통계청(2023). 2022년 하반기 지역별고용조사 맞벌이 가구 및 1인 가구 취업 현황.

이러한 이유로 조부모는 가장 선호되는 대리양육자이다. 조부모의 영유아 손자녀 양육실태에 관한 조사(이윤진 외, 2015)에 의하면 조부모 · 부모 · 일반 국민 모두 부모 다음으로 가장 바람직한 양육자로 조부모를 꼽았다. 선호 비율은 외조부모 32.8%, 친조부모 16.0%로 모계 조부모의 선호가 두드러졌다. 특히 맞벌이 가정이 대리양육자로 조부모를 선호하는 비중은 90.2%로, 외벌이 가정의 7.2%보다 압도적으로 높았다.

2021 전국 보육실태조사결과에 의하면 조사 대상 가구 중 조부모가 낮시간 동안 영유아 손자녀의 주양육자인 경우는 친가와 외가를 합쳐 5.0%였으며, 이 비율은 손자녀의 연령이 어릴수록 높아져 만 0세의 경우 8.3%에 달했다. 손자녀의 어머니가 취업 등으로 낮시간 동안 부재한 경우 조부모 돌봄 비율은 12.8%로 상승하였다(보건복지부, 육아정책연구소, 2022). 손자녀를 양육한 조부모 중 62.2%는 1명의 손자녀를 양육하였으며 1년 간 손자녀 1인당 양육 기간과 주당 양육 시간은 각각 36.7주, 39.9시간으로 나타났다(최경덕 외, 2022).

(2) 손자녀의 발달에 따른 조부모의 양육 역할

손자녀가 성장함에 따라 조부모가 손자녀에게 수행하는 역할도 변화한다. 손자녀의 발달 단계에 따른 조부모의 양육 역할은 다음과 같다(agelessonline, 2022 재구성).

① 영아기 손자녀

많은 조부모들에게 손자녀의 탄생은 인생의 가장 축복된 순간이다. 이 시기 조부모의 역할은 주로 손자녀의 부모와 함께 손자녀를 공동양육하는 것이다. 조부모는 양육에 관한 지식의 보고이다. 조부모는 손자녀의 목욕, 이유식, 질병, 외출 등 일상적인 양육에서 많은 정보와 도움을 제공할 수 있다. 손자녀가 어릴 때는 조부모의 도움이 특히 많이 필요하므로 이 시기는 조부모-손자녀 간 유대를 공고히 하기에 좋은 시기이다.

② 유아기 손자녀

손자녀가 유아기로 접어들면 조부모의 가장 큰 역할은 손자녀의 놀이 친구가 되는 것이다. 조부모는 손자녀와 블록 쌓기, 요리하기, 책읽기, 보드 게임 등 실내 놀이뿐만 아니라 놀이기구 타기나 자전거 타기 등의 야외활동도 함께 할 수 있다. 이러한 활동을 통해 조부모는 손자녀와 신체적 및 정서적으로 친밀감을 느끼고 손자녀는 조부모와 함께 하는 시간을 행복해한다.

③ 아동기 손자녀

초등학교 입학 후 손자녀에게 친구와 학교가 중심이 되면서 조부모와 함께 하는 시간은 점차 줄어든다. 이 시기 조부모는 손자녀의 이러한 변화를 이해하고 손자녀가 친구와 잘 지낼 수 있도록 지침을 알려주고 응원해 주는 역할을 수행할 수 있다. 손자녀는 아직 성인의 감독과 도움이 많이 필요하므로 조부모는 손자녀의 식사나 간식을 챙겨주고 학원이나 스포츠 센터에 데려다 주는 역할을 맡을 수도 있다.

④ 청소년기 손자녀

청소년기에 접어들면 손자녀는 신체적 및 심리적으로 독립하고자 하며 스스로 할 수 있는 것이 많아진다. 따라서 조부모는 이전에 손자녀에게 수행했던 돌봐주기나 함께 놀아주기 등 양육적 역할에서는 멀어진다. 이 단계에서 조부모는 주로 손자녀 부모의 보조 역할을 수행하게 된다. 예를 들어, 손자녀의 부모가 바쁘거나 사정이 생겨 부탁하는 경우 조부모는 손자녀를 병원에 데리고 가거나 학원에 데려다 줄 수 있다.

⑤ 청년기와 성인 초기 손자녀

청년기와 성인 초기 손자녀는 새로운 목표를 형성하고 독립을 하거나 자립을 하게 된다. 손자녀는 이제 대학생이 되고 직장인이 된다. 이 시기 손자녀에게는 가족이 최우선 순위가 아닐 수도 있다. 손자녀는 학업과 일에 전념하고, 이성 친구나 직장 동료와 관계를 맺고 유지하는데 많은 에너지를 쏟는다. 이로 인해 조부모와의 물리적 거리는 멀어지고 접촉기회 또한 감소한다. 조부모가 손자녀의 성장과 발달에 적극적으로 기여하는 시기는 끝났다고 볼 수 있다.

하지만 이 시기에 조부모와 손자녀 간 정서적 유대가 이전보다 더 활성화되기도 한다(이영숙, 박경란, 2010). 이는 특히 손자녀가 조부모와 동거하는 경우에 더 그러하다. 그동안 일방적이던 관계에서 벗어나 조부모와 손자녀가 상호적 관계로 발전하는 것이다. 성인이 된 손자녀는 조부모를 도와드려야 한다는 책임감을 느끼기도 하고 조부모 부양의 의무를 나누어져야 한다고 생각하기도 한다.

2) 조부모의 손자녀 양육의 영향

(1) 조부모 양육이 손자녀에게 미치는 영향

어린 시절의 경험, 특히 양육과 관련된 경험은 생애 전반에 걸쳐 개인의 행복을 결정하는 중요한 요소이다. 이러한 점에서 볼 때 조부모의 양육 또한 현재 뿐만 아니라 손자녀의 미래까지 장기적인 영향을 미치는 요소로 볼 수 있다. 손자녀에게 미치는 조부모 양육의 주요 영향을 발달 단계별로 살펴보면 다음과 같다.

맞벌이 가정 영유아를 대상으로 조부모 양육 도움 유무에 따라 기본생활습관, 의사소통, 사회정서 발달 면에서 나타나는 차이를 관찰한 최복경(2015)의 연구결과, 부모 중심의 양육보다 조부모가 함께 양육하는 영유아가 기본생활습관에서 더 우위를 보였다. 반면, 영유아의 의사소통과 사회정서발달에서는 조부모-부모 공동양육과 부모 단독양육 간 차이는 없었다.

아동기 손자녀에게 미치는 조부모 양육의 영향을 요약한 Sadruddin 등(2019)의 연구를 보면, 조부모 양육은 아동의 신체 건강, 사회정서 및 행동, 인지 및 교육 등 발달 전 영역에 광범위한 영향을 주는 것으로 나타났다. 즉, 조부모가 양육에 참여하는 가정의 손자녀는 우울증 발병 위험은 더 낮고, 정서지능과 친사회적 능력, 정서적 웰빙, 의사소통 기술은 더 높았으며, 키와 체중 등 신체발달도 더 우수하였다. 하지만 이러한 긍정적 효과는 주로 손자녀의 부모와 조부모가 공동양육을 하는 경우에 나타났다. 조부모가 손자녀의 일차적인 양육자(예, 조손가정)인 경우 손자녀는 발육부진이나 비만 등 신체적인 건강과 불안 및 우울증 등 정신건강 모두 상대적으로 좋지 않았으며, 학업적인 어려움을 겪는 비율도 더 높았고 사회적 부적응 행동을 할 가능성도 더 많았다. 이는 조부모가 일차적 양육 책임을 지는 가정은 사회경제적으로 취약한 경우가 많기 때문이다(Sadruddin et al., 2019).

청소년을 대상으로 한 Akhtar 등(2017)의 연구결과 조부모와 손자녀 간 정서적 친밀감은 부정적인 가족의 영향으로부터 손자녀를 보호하는 기능으로 작용하였다. 즉, 조부모-손자녀의 정서적 친밀감은 손자녀 부모의 권위주의적 양육이 손자녀의 위축, 부적절한 자기주장, 자만심 등의 부정적인 사회적 능력에 미치는 영향을 감소시키는 역할을 하는 것으로 나타났다(Akhtar et al., 2017).

이외에도 청소년을 대상으로 한 지연경 등(2014)의 연구에서는 청소년이 조부모와 온정적으로 상호작용하고 친밀할수록 부모로부터 받는 학업관련 심리적 압박을 덜 느끼는 것으로 나타났다. 청소년들은 부모로부터 많은 학업관련 압력을 받고 있다. 반면, 조부모는 손자녀의 입장에서 손자녀를 이해하고, 손자녀에게 정서적 지지를 제공할 수 있으므로 손자녀와 애정적인 결속감을 맺을 수 있다. 청소년 손자녀가 조부모와 맺는 온정적이고 친밀한 애정적 결속감은 청소년이 부모로부터 받는 학업 스트레스를 완화하는 역할을 하는 것으로 나타났다.

조부모의 중요성은 어린 손자녀에게 국한되는 것이 아니라 청년기 및 성인기 손자녀에게도 나타났다. 먼저, 대학생을 대상으로 한 김현정과 민주홍(2020)의 연구를 보면, 조부모의 돌봄 경험은 청년의 노인에 대한 태도에 긍정적인 영향을 주는 것으로 나타났다. 즉, 조부모로부터 돌봄 경험이 있는 대학생은 그러한 경험이 없는 대학생에 비해 노인에 대한 국가의 지원정책에 긍정적 태도를 보였으며, 노인에 대한 수용성이 유의미하게 더 높았다. 특히 돌봄이 이루어진 시기가 생의 발달 단계에서 빠를수록 노인에 대한 수용성이 더 높았다. 이러한 결과는 서로 다른 집단 사이의 접촉은 서로에 대한 편견을 완화시키고 긍정적 태도를 촉진시킨다는 접촉이론으로 설명할 수 있다(김현정, 민주홍, 2020).

초기 성인을 대상으로 한 Michałek-Kwiecień(2022)의 연구에서도 조부모와 함께한 경험이 성인 손자녀의 삶에 긍정적으로 작용하고 있음을 보고하였다. 즉, 조부모는 성인기 손자녀의 신념, 도덕, 가치, 직업윤리, 사랑과 결혼에 대한 태도, 가족 전통과 역사에 대한 이해, 수용 감정 등에 긍정적 영향을 주는 것으로 나타났다. 조부모와 지지적이고 긴밀한 관계는 손자녀의 삶의 위기 상황에서 특히 도움이 되는 것으로 나타났다.

그동안 일부 사람들은 조부모가 양육하는 손자녀는 '버릇이 없거나 떼가 많은 아이'라는 생각을 가지는 경향이 있었다. 하지만 조부모 효과에 대한 연구는 저소득 조손가정을 제외한 대부분의 경우 조부모 양육이 손자녀들의 발달 전반에 긍정적인 영향을 주는 것으로 보고하고 있다. 조부모는 '조용한 구원자' 또는 '이차적인 방어선', '안전망'으로 표현될 정도로 가족에게 물적 및 심리적 지원을 제공한다(최복경, 2015). 조부모의 오랜 삶의 경험을 통해 습득한 지식은 손자녀에게는 정서적 안정을 제공하고 세상에 대한 기본적 신뢰감을 쌓도록 도와주며, 손자녀가 어려운 일이나 예기치 못한 변화에 직면했을 때 안전장치 혹은 충격완화장치 역할로 작용한다.

(2) 손자녀 양육이 조부모에게 미치는 영향

손자녀를 양육하는 조부모는 성인 자녀가 마음놓고 직장생활에 전념할 수 있도록 자발적으로 손자녀를 돌보기도 하고, 성인 자녀의 부탁을 거절하기 어려워 내키지 않지만 마지못해 수락한 경우도 있다. 따라서 손자녀 양육이 조부모에게 미치는 영향에 관해서도 긍정적인 측면과 부정적인 측면 모두 고려해 볼 수 있다. 즉, 손자녀 양육은 조부모에게 기쁨과 즐거움을 제공하는 자원이 될 수도 있지만 또 다른 스트레스원이 될 수도 있다. 손자녀 양육이 조부모에게 미치는 영향은 역할이론으로 살펴볼 수 있는데, 이는 조부모가 손자녀를 돌보는 것은 조부모가 기존에 해오고 있던 원래 역할에 손자녀의 양육자 역할이 추가된다는 관점을 기반으로 하고 있다(신유미, 2015; 최경덕 외, 2022).

먼저 손자녀 양육이 조부모에게 자원이 된다는 관점은 역할확장이론(role expansion theory)으로 설명할 수 있다. 역할확장이론(Sieber, 1974)에 의하면 개인은 역할이 추가될수록 역할을 통해 더 많은 자원을 얻을 수 있고 역할수행으로 인한 만족감도 더 높아진다고 한다. 또한 추가된 역할은 다른 역할에서 유발된 스트레스를 완화시키는 효과도 지닌다. 이렇듯 역할확장이론에 의하면 개인이 여러 다양한 역할을 수행하는 것은 에너지를 창출하는 효과를 지닌다.

이 이론을 조부모의 손자녀 양육에 적용하면 조부모는 손자녀를 돌보는 역할이 추가됨으로써 손자녀와 친밀감을 형성하고 손자녀의 성장에 보람도 느끼며, 사회적 지지와 보상도 받고 스트레스는 감소한다. 결과적으로 손자녀 돌봄은 조부모의 삶의 만족감과 심리적 안녕감을 높여준다.

반면, 역할긴장이론(role strain theory)은 손자녀 양육 역할이 조부모에게 부정적인 영향을 줄 수 있다고 제시한다. 역할긴장이론(Goode, 1960)에 의하면 개인에게 새로운 역할이 추가되면 역할에 맞는 요구사항들도 증가하여 역할긴장이 나타난다고 한다. Goode(1960)은 역할긴장을 역할과부하와 역할갈등으로 설명하고 있다. 역할과부화는 역할이 새롭게 추가되면서 자원이 부족해지고 이로 인해 주어진 시간에 주어진 역할을 제대로 수행할 수 없게 되는 것을 의미하고, 역할갈등은 새로운 역할이 추가되면 요구되는 것들도 늘어나기 때문에 다양한 역할기대를 동시에 충족하기 어려워지는 것을 말한다.

이 이론을 조부모의 손자녀 돌봄에 적용해 보면, 조부모는 손자녀를 양육하면서 시간과 에너지가 많이 필요하고 체력적 소모가 많다. 무엇보다도 손자녀 양육으로 기존의 경제활동을 그만두거나 다른 수입활동을 하지 못하게 되어 경제적 부담이 커질 수 있다. 이때 조부모가 건강, 시간, 에너지, 경제적인 측면에서 가진 자원이 많지 않다면 손자녀 양육은 조부모에게 역할과부화와 역할갈등을 야기하고 역할긴장을 발생시킨다. 따라서 손자녀 양육은 조부모에게 스트레스원으로 작용하여 결과적으로 조부모의 삶의 만족감과 심리적 안녕감은 저하된다.

이렇듯 역할이론에 따르면 손자녀 양육은 조부모에게 긍정적인 영향을 줄 수도 있고 부정적인 영향을 줄 수도 있다. 우리나라의 경우 많은 조부모들은 손자녀를 돌보는 것에서 긍정적인 영향을 받는다고 응답하였다. 예를 들어, 보건사회연구원의 고령화연구패널데이터 분석결과(최경덕 외, 2022)에서는 손자녀 양육은 고령자가 스스로의 건강상태를 보통 이상이라고 간주할 확률을 46.1%p 상승시키며, 인지기능과 전반적 삶의 질 만족도를 각각 약 10점과 약 20점 정도 개선시키는 것으로 나타났다. 이러한 효과는 특히 여성고령자와 55~74세의 고령자에게서 두드러졌으며, 양육 여부 외에 양육한 손자녀 수, 양육 기간, 주당 양육 시간 등의 양육 강도 또한 주관적 건강상태, 인지기능, 전반적 삶의 질 만족도와 정적 관계가 있는 것으로 나타났다.

또 다른 연구(김우근 외, 2019)에서도 손자녀를 돌보는 조부모들은 우울증 위험이 낮은 것으로 나타났다. 손자녀를 양육 중인 조부모는 손자녀 양육에 관여하지 않는 조부모에 비해 우울증 점수가 현저히 낮았고 우울증을 가질 위험도 거의 절반으로 감소하였는데, 이러한 영향력은 가구 연소득, 건강 상태, 배우자 유무, 교육 수준, 고용 여부 등 우울증에 영향을 줄 수 있는 다른 요인들을 고려했을 때도 유의미하였다.

하지만 이러한 긍정적 영향에도 불구하고 체력이 저하되는 노년기에 상대적으로 많은 노동력을 요구하는 손자녀 돌봄으로 조부모는 건강상의 문제를 겪기도 하고, 부모역할에 따른 부담, 경제적 요인, 그리고 생활 기회의 제한 등으로 인한 스트레스를 겪기도 한다(김미영, 2023). 더욱이 손자녀를 돌보는 많은 조부모는 자신의 노동과 시간에 대해 자녀로부터 경제적 보상을 받지 못하고 있었다. 2021년도 보육실태조사(보건복지부, 육아정책연구소, 2022)에 의하면 손자녀 돌봄에 대한 경제적 보상을 지급하는 비율은 동거 친조부모 25.7%, 동거 외조부모 36.9%, 비동거 친조부모 43.1%, 비동거 외조부모 41.3%로 나타났다. 반면, 비용을 지불하지 않는다는 비율은 동거 친조부모 69.8%, 동거 외조부모 53.8%, 비동거 친조부모 47.3%, 비동거 외조부모 44.2%로 비용을 지불한다는 비율에 비해 월등히 높았다. 이처럼 조부모는 자녀의 양육을 돕는다는 측면에서 무급봉사를 하는 경우가 많았다. 조부모가 처음에는 긍정적인 동기로 손자녀 양육에 참여했다 하더라도 적절한 보상이 없다면 보람과 즐거움은 감소되고 스트레스가 많아져 가족 간 갈등이 깊어질 수 있다. 따라서 가족은 조부모의 노동과 시간에 대한 적절한 경제적 지원과 심리적 지지를 제공해야 함은 물론 저출산 고령화 및 맞벌이 가정의 대책으로 손자녀 돌봄 조부모를 위한 국가차원의 구체적인 정책이 마련되어야 한다.

읽을거리

조부모 손에 자란 아이, 성공 확률 높은 이유?

어린 시절 외할머니가 도맡아 키우다시피 한 빌 게이츠, 복잡한 가정사로 하와이 외갓집에서 자란 버락 오바마 미국 대통령을 비롯해 조부모 손에 자란 아이들 중에 크게 성공한 사례가 많다. 할머니와 할아버지 양육법에 특별한 비법이 있는 걸까?

미국 노스캐롤라이나대학교 글렌 H. 엘더 교수 연구진은 조부모와 함께 자란 아이들이 상대적으로 학교 성적이 우수하고, 성인이 된 뒤에도 성취감이 높다는 사실을 밝혀냈다. 연구진은 조부모와 자주 만나고, 조부모가 자신의 인생에 중요하다고 말한 아이들이 외부환경과 관계 없이, 자신의 학습능력을 최대로 발휘했다고 평가했다. 조부모와 손주가 가까이 살고, 자주 만날수록 아이의 성적과 성취도가 높다는 얘기다.

미국 브리검영대학교 연구진은 10대까지 조부모와 친밀한 아이들이 친사회행동 성향이 높다고 밝혔다. 아이들은 조부모가 손주에게 용돈을 주는 것보다 실용적인 기술을 가르쳐 주거나 용기를 북돋워 주는 행위를 통해 조부모에게 친밀함을 느꼈다.

반면, 조부모 양육이 아이들을 과체중이나 비만으로 만들 확률이 높다는 지적도 있다. 미국과 중국, 영국, 일본 등 8개 국가의 논문 23편을 비교 분석한 중국 상하이 대학교의 안 루오펭 교수는 "조부모에게 지금 세대에게는 오히려 풍요에 따른 과식과 비만이 문제임을 알려 줄 필요가 있다"고 설명했다.

연구진이 꼽은 문제점은 조부모의 '지나친' 너그러움이다. 그러나 조부모의 너그러움은 손주들에게 정신적 안정감의 기반이 됐다. 조부모가 너그러움의 정도만 조절한다면 손주의 몸과 마음에 좋은 영향만 미칠 수 있다는 뜻이다.

최근 과도한 스트레스 등으로 정신 건강을 위협받는 일이 잦아지는 점을 생각한다면, 조부모의 무한한 사랑은 손주에게 '정신 건강 백신'으로 작용할 것이다. 현대 한국 사회에서 조부모 육아가 주목받고 있고, 주목해야 하는 이유다.

출처: Bravo My Life(2021. 08. 04). 조부모 손에 자란 아이, 성공 확률 높은 이유?

읽을거리

조부모 맞춤형 교육 프로젝트: 세 살 성평등, 세상을 바꾼다.

여자, 남자에게 어울리는 단어가 구분되어 있다고 생각하세요?

차분하다 분홍색 파랑색 로봇 인형 앞치마 검사 스튜어디스 교사 소방관
설거지 빨래 씩씩하다 조신하다 상냥하다 순종적이다 활동적이다 보호받아야 한다

조부모님은 어떻게 생각하세요?

1 전혀 동의하지 않는다, 2 별로 동의하지 않는다, 3 그저 그렇다, 4 대체로 동의한다, 5 매우 동의한다

남자든 여자든 상관없이 힘들 때 힘들다고 말할 수 있고, 울고 싶을 때 울 수 있다.	1	2	3	4	5
남자든 여자든 하고 싶은 직업을 선택하면 된다.	1	2	3	4	5
파랑색은 남자에게, 분홍색은 여자에게 더 잘 어울린다.	1	2	3	4	5
설거지나 빨래와 같은 집안일은 남자와 여자가 공평하게 분담해야 한다.	1	2	3	4	5

성평등한 손자녀 양육을 위한 TIP

1. 세상에 그 어떤 색도 남자, 여자 색은 없습니다. 자신이 좋아하는 색을 선택할 수 있도록 도와주세요.
2. 아픔, 슬픔, 기쁨 등은 사람이라면 남자, 여자 상관없이 느낄 수 있습니다. 아이의 마음을 공감해 주고 인정해 주세요.
3. 직업을 남자직업과 여자직업으로 구분하지 말아 주세요. 자라나는 아이들에게 보다 많은 꿈을 꿀 수 있는 기회를 제공해 주어 자신이 원하는 꿈을 찾아갈 수 있도록 응원해 주세요.
4. 물건이나 놀잇감을 선택할 때 남자, 여자가 기준이 되지 않도록 도와주세요. 자신이 좋아하는 것, 하고 싶은 것을 선택하도록 격려해 주세요.
5. 같은 부모, 같은 환경에서 태어난 아이라도 똑같이 자라진 않는 모습을 흔히 보실 수 있죠? 아이들의 각자의 고유성을 인정해 주세요.
6. '남자라서', '여자라서'라기보다 '나답게'라고 말씀해 주세요.

손자녀 양육에 도움을 받을 수 있는 사이트

- **한국양성평등교육진흥원(www.kigepe.or.kr)** 성평등을 위한 다양한 콘텐츠 제공
- **인구보건복지협회(www.ppfk.or.kr)** 월령별 육아정보 플래시 제공
- **건강가정지원센터(www.familynet.or.kr)** 손자녀를 양육하시는 조부모님들에게 손자녀 양육에 도움이 되는 내용 공유, 지역별 센터로 교육 확인
- **육아종합지원센터(central.childcare.go.kr)** 손자녀를 양육하시는 조부모님들에게 손자녀 양육에 도움이 되는 내용을 공유
- **보건소** 각 지역별 보건소 홈페이지에서 확인 가능. 조부모를 대상으로 영유아 건강관리, 신생아 응급처치, 놀이법 등 진행

출처: 서울시 여성가족재단(2016). 조부모 맞춤형 교육자료. '세 살 성평등 세상을 바꾼다'.

2. 조부모역할 유형

1) Neugarten과 Weinstein의 유형

조부모에 대한 최초의 경험적 연구 중 하나인 Neugarten과 Weinstein (1964)은 미국 중산층 가정의 조부모 70명을 인터뷰하여 '형식적', '재미추구', '대리부모', '가족 지혜의 보고', '멀리 있는 인물'의 다섯 가지 유형의 조부모를 확인하였다.

(1) 형식적형

형식적형(formal)의 조부모들은 손자녀에게 관심은 가지지만 간섭하지 않는 유형이다. 이들은 사회에서 적절하다고 기대되는 그러한 조부모역할을 따르며, 손자녀에게 관용을 베풀거나 특별한 선물을 하는 것을 좋아한다. 가끔 손자녀를 돌봐주기도 하지만 부모의 역할과 조부모의 역할을 명확하게 구분하므로 양육은 부모에게 맡긴다. 따라서 형식적형의 조부모들은 손자녀에 대한 관심은 꾸준히 유지하지만 양육에 대한 조언은 하지 않으려 조심한다.

(2) 재미추구형

재미추구형(fun-seeker) 조부모들은 손자녀와의 장난을 좋아하고 격식을 차리지 않는다. 이들은 손자녀의 놀이친구가 되어 즐거운 활동을 함께하며 재미있는 시간을 보낸다. 재미추구형 조부모들에게 손자녀는 쾌락의 원천이며 여가활동의 원천이고, '생산'이 아닌 '소비'의 원천이다. 이들의 관계는 권위가 없는 관계이다. 이 유형에서는 조부모가 손자녀에게 일방적으로 무언가를 해

주는 것이 아니라 서로 만족하는 것을 중요하게 여기기 때문에 조부모와 손자녀 양측이 모두 재미를 느낄 수 있는 활동을 이끌어 내고자 한다.

(3) 대리부모형

대리부모형(the surrogate parent)은 말 그대로 부모를 대신해서 손자녀를 돌보는 유형이다. 이 유형은 주로 손자녀의 젊은 어머니가 일을 하고 있어 조부모가 손자녀를 실질적으로 양육할 책임을 떠맡는 경우이다. Neugarten과 Weinstein(1964)의 조사에서 이 유형은 조부에게는 없었으며 조모에게서만 나타났다.

(4) 가족 지혜의 보고형

가족 지혜의 보고형(the reservoir of family wisdom)은 조부모가 손자녀에게 특별한 기술이나 자원을 제공하는 유형이다. Neugarten과 Weinstein(1964)은 이 유형이 권위주의적인 부성중심관계를 나타낸다고 하였다. 이들의 연구에서 가족 지혜의 보고형은 조부에게서 나타났다. 가족 지혜의 보고형 조부에게 손자녀의 젊은 부모들은 가끔 원망이나 적대감을 갖기도 하지만 대체로 종속적인 위치를 유지하고 있었다.

(5) 멀리 있는 인물형

멀리 있는 인물형(distant figure) 조부모는 명절과 크리스마스, 생일과 같은 특별한 가족 행사에만 나타나는 유형이다. 이 유형의 조부모들과 손자녀와의 접촉은 짧고 드물다. 이들은 손자녀에게 마치 산타클로스와 같은 존재로 볼 수 있다. 멀리 있는 인물형 조부모는 자애롭지만 본질적으로 손자녀의 삶에서 멀리 떨어져 있고 가끔씩 만난다는 점에서 형식적형과 구분된다.

2) Mueller, Wihelm와 Elder의 유형

Mueller 등(2002)은 청소년 손자녀를 둔 897명의 조부모를 대상으로 조부모 역할, 즉 대면접촉, 함께 하는 활동, 친밀감, 도움(조언, 충고, 논의 등), 도구적 지원(재정적 도움 포함), 권위 및 훈육에 대한 응답을 종합하여 '영향력 있는', '지지', '수동', '권위지향', '거리두기'의 5가지 유형으로 분류하였다.

(1) 영향력 있는 형

영향력 있는 형(influential) 조부모들은 손자녀의 삶에 상당한 영향력을 끼치는 유형으로, 조사된 모든 조부모역할에 깊이 관여하고 있었다. 이 유형의 조부모는 손자녀와 친밀한 관계를 맺고 있다고 느끼며, 손자녀에게 부모 같은 역할도 하고 또래 같은 역할도 수행한다. 이들은 손자녀의 장래에 대해 이야기하고 조언이나 충고도 건네고, 필요하면 훈육도 한다. 영향력 있는 유형의 조부모들은 손자녀에게 재정적인 지원도 하고, 매일은 아니더라도 자주 손자녀를 만나고 활동을 함께 한다. 이 유형의 조부모는 정규직 일자리가 있고, 손자녀와 가까이 살고, 손자녀의 수가 적은 경향이 있다.

(2) 지지형

지지형(supportive) 조부모는 영향력 있는 조부모와 전반적으로 유사하나 손자녀에 대한 관여 수준이 더 낮다. 지지형 조부모는 영향력 있는 유형과 마찬가지로 손자녀에게 친밀감을 느끼고 활동을 같이하고 손자녀의 재능을 지지하고 손자녀에게 자신의 기술을 가르칠 기회를 갖는다. 하지만 이들은 손자녀의 부모역할, 즉 훈육을 하거나 규율을 가르치는 권위자 역할은 하지 않는다. 지지형 조부모들은 영향력 있는 조부모만큼 손자녀를 자주 만나지는 않지만 대부분은 적어도 일주일에 한 번은 손자녀를 본다고 응답하였다.

(3) 수동형

수동형(passive) 조부모는 한 달에 한 번 정도 손자녀를 만나며 손자녀의 삶에 어느 정도 관여하지만 함께 하는 활동은 적다. 이들은 권위 및 훈육의 부모역할을 하지 않으며, 재정적 지원을 제공하지 않고, 손자녀가 직업을 찾는 데 도움을 주지 않는다. 수동형 조부모 중 다수는 자신을 손자녀의 친구로 정의하였으며, 절반 정도는 손자녀에게 자신의 기술을 전수할 기회를 가졌고 손자녀의 장래 문제에 상당한 역할을 수행한다고 응답하였다. 수동형에는 손자녀의 수가 많고 멀리 사는 조부모가 많았다.

(4) 권위지향형

권위지향형(authority-oriented) 조부모는 자신을 손자녀의 권위자, 그리고 '지혜의 목소리(voice of wisdom)'라고 생각하고 손자녀에게 조언을 아끼지 않는 유형이다. 이들은 수동형 조부모와 유사한 수준으로 손자녀와 상호작용하고, 영향력 있는 형과 지지형보다는 덜 하지만 손자녀에게 도구적인 도움을 제공하고 조력자 역할도 한다. 권위지향적 조부모 중 절반은 손자녀가 목표를 달성하도록 도움을 주고 손자녀의 미래에 관하여 상의한다고 응답하였다. 연령이 낮은 조부모일수록 권위지향형일 가능성이 더 높았다.

(5) 거리두기형

거리두기형(detached)은 손자녀의 삶에 가장 적게 관여하는 조부모들이다. 이들은 손자녀에게 조언을 제공하는 경우가 채 절반이 되지 않았으며 손자녀의 문제나 미래에 대해 이야기하거나 손자녀의 친구가 되어 준다는 비율은

10%도 되지 않았다. 손자녀와 한 달에 한 번 이상 대면접촉하는 비율이 절반도 되지 않았고 손자녀와 활동을 같이 하는 경우도 적었으며 친밀한 관계를 유지하는 경우도 가장 적었다. 이들 중 절반은 손자녀에게 재정적 지원을 하고 손자녀들이 일자리를 찾는 데 도움을 준다고 응답하였지만 손자녀를 잘 알고 있지는 않았다.

이 다섯 가지 조부모 유형 중 영향력 있는 형과 지지형 조부모는 대체로 교육수준이 높고, 손자녀 수가 적고, 손자녀와 가까이 살고 있는 반면, 수동형과 거리두기형 조부모는 손자녀와 멀리 살고, 손자녀 수가 많고, 손자녀 부모의 지지가 부족하며, 부계 조부모인 경향이 있었다. 반면, 권위지향형 조부모들은 정규직 일자리가 있으며, 손녀를 둔 경우가 많았고 더 젊고, 모계이며, 손자녀 부모세대의 지지가 많았다. 하지만 사는 거리는 상관이 없었다.

3. 조부모 연구 이론

최근 조부모 관련 연구가 증가하고 있다. 조부모를 기술하고 설명하는 연구들은 매우 학제적이고 다양한 이론적인 틀을 사용하며 개인과 가족 수준에서 분석과 설명이 이루어진다는 특징이 있다. 조부모를 비롯해 가족현상을 다루는 이론들은 학문분야에 상관없이 공통된 가정에 기초하고 있다(Allen et al., 2019). 첫 번째는 발달적 가정으로 시간의 역할을 강조한다는 것이다. 모든 가족구성원은 시간이 지남에 따라 발달하며 가족의 역할은 전 생애에 걸쳐 예측 가능하다. 가족이론에서 나타나는 두 번째 공통 가정은 다양성이다.

규범적이거나 보편적인 가족 구조는 없으며 가족은 다양하고 복잡하다. 세 번째 가정은 체계에 대한 가정으로 가족은 전체가 부분의 합보다 더 큰 사회체계라는 것이다. 단순히 가족구성원만 조사해서는 가족에 대해 알 수 없다. 네 번째는 과정 가정으로 본질적으로 가족은 무엇을 하든 상호작용을 통해 끊임없이 의미를 창조하고 재창조하는 과정에 있다는 것이다. 대부분의 조부모 연구들은 이론에 일관성이 없거나 여러 이론을 포괄적으로 다루고 있으므로 근거가 되는 이론을 밝히기는 쉽지 않지만 대체로 다음 6가지 이론들을 포함하고 있다(Allen et al., 2019 재구성).

1) 가족생태학적 이론

가족생태학적 이론(Family ecological theory)은 Bronfenbrenner(1979)의 심리학적 관점과 Bubolz와 Sontag(1993)의 인간생태학에 대한 가족학적 관점에 근거하고 있다. 생태학적 이론은 점점 더 확장되는 여러 계층, 즉 미시체계, 중간체계, 외체계, 거시체계 그리고 시간체계에 걸친 환경과 개인의 상호작용을 강조한다. 환경에는 가족, 친구, 사회경제적 지위, 지역사회, 교육제도, 정부, 문화적 이데올로기, 가치, 신념 등과 개인과 가족이 시간이 지남에 따라 어떻게 변화하는지가 포함된다. 가족생태학적 관점을 기반으로 한 조부모 연구는 조부모역할과 관련된 체계와 과정 모두를 이해하는 데 도움을 준다.

가족생태학적 이론을 적용한 Wright 등(2012)은 자폐 스펙트럼 장애가 있는 손자녀와 조부모간 의사소통 기술을 교육하고 효과를 분석하였다. 이 연구에서는 손자녀 및 조부모의 효과적 교육에는 미시체계인 가족, 그리고 교육 및 커뮤니티 네트워크와 같은 다양한 외체계와 관련되어 있음을 제시하고 있다.

또한 조손가족 조부모를 대상으로 한 이희섭(2004)의 연구결과, 조부모의 응집성에는 조부모의 가족적 특성뿐만 아니라 친구 및 이웃의 유무, 의료 혜택, 후원 및 결연 서비스 지원 유무, 그리고 정부와 지역사회복지관의 양육비 보조 등 다양한 생태체계가 영향을 주는 것으로 나타났다.

2) 가족체계이론

가족체계이론(Family system theory)은 von Bertalanffy(1973)의 일반체계이론의 원리를 사용하여 가족체계의 구성원이 어떻게 상호 연결되어 있는지 설명한다. 이 이론에 따르면 가족구성원은 개인인 동시에 더 큰 체계의 일부이며, 개인의 변화는 가족체계의 다른 부분의 변화를 유발한다. 또한 가족체계 내의 패턴은 세대를 거쳐 전달된다.

연구에 의하면 유아기 손자녀와 조부모 간의 관계(Barnett et al., 2010), 청소년 손자녀와 조부모와의 관계(지연경 외, 2014), 그리고 초기 성인기 손자녀와 조부모와의 관계(Michałek-Kwiecień, 2022)는 모두 조부모와 손자녀의 부모 간 관계의 영향을 받는 것으로 나타났다. 즉, 조부모가 손자녀의 부모와 관계가 친밀할수록 조부모-손자녀관계의 질이 더 우수한 것으로 나타났다. 이러한 연구들은 가족의 한 하위체계의 상호작용이 다른 하위체계에 영향을 미친다는 가족체계이론의 주장을 잘 보여주고 있다.

3) 생애이론

생애이론(Life course theory)은 개인과 가족, 사회가 시간이 지남에 따라 다양한 사회적 맥락에서 어떻게 변화하는지를 다룬다(Elder et al., 2003). 시간에 따라 세대 간 관계는 사회적 맥락에서 발달하고 가족구성원은 서로 영향을 주고받는다. 개인의 삶의 궤적은 서로 맞물려 있어서 손자가 태어나면 딸이 엄마가 되고 엄마는 할머니가 된다. 더불어 생애이론 관점은 조부모-손자녀 관계가 시간에 따라 바뀔 수 있으며, 동시에 이러한 관계에 손자녀와 조부모의 성별이 다른 역할을 할 수 있음을 제안한다.

생애이론을 적용하여 조부모관계의 혈통이 조부모로서의 궤적에 어떠한 영향을 미치는가를 조사한 Somary와 Strieker(1998)에 따르면, 조부모들은 자신의 아들보다 딸이 자녀를 출산할 때 더 기뻐하는데 이는 조부모가 친손주보다 외손주와 더 친밀한 관계를 맺을 수 있고 더 많은 역할을 할 수 있다고 느끼기 때문이다. 더불어 생애이론 관점에서 저소득층 조손가족 조부모를 조사한 한경혜 등(2009)에 따르면 저소득층 조손가족의 조부모들은 젊은 시절부터 저소득, 저학력, 열악한 주거 및 지역사회환경, 신체 및 심리적 자원의 부족 등으로 인해 다차원적인 소외를 경험하였고 사회의 주류적 흐름에 동참하지 못한 것으로 나타났다. 조부모세대가 경험한 이러한 사회적 배제는 자녀세대(손자녀의 부모)에게 이어져, 손자녀의 부모세대는 경제적 불안정과 가족의 불안정이 중첩되는 삶을 경험할 가능성이 높았다. 이런 이유로 손자녀의 부모들은 자기 자녀의 양육책임을 자신들의 부모에게 전가하게 되고, 이는 조손가족이 형성되는 결과로 이어졌다.

4) 사회교환이론

사회교환이론(Social exchange theory)에서는 개인 간의 상호작용을 자원의 교환으로 간주한다. 이 이론에 의하면 개인은 다른 사람과 관계를 맺을 때 얻을 수 있는 이익과 비용을 서로 비교하여 관계를 맺을지 여부를 결정한다(Lawler, 2001). 이익은 사회적 관계에서 맺는 개인의 기쁨, 만족, 충족 등을 말하며 비용은 투자비용, 직접비용, 기회비용 등을 의미한다(조성연 외, 2022). 사회교환이론은 조부모 관련 문헌에서 자주 사용되지 않지만, 조부모가 손자녀에게 어떤 유형의 보살핌을 제공할지 결정하는 방식을 조사함으로써 조부모 연구에 적용하고 있다.

가용자원과 수요의 균형 관점에서 조부모역할을 조사한 Luo 등(2012)에 따르면 자신들에게 미성년 자녀가 있는 경우 조부모는 손자녀를 돌볼 가능성이 적었다. 이는 가용자원의 부족을 나타낸다. 반면, 이혼이나 별거 상태가 아닌, 즉 혼인상태를 유지하고 있는 조부모는 손자녀를 양육할 가능성이 더 높았는데, 이는 혼인이 조부모에게 자원이 될 수 있음을 시사한다. 또한 김미혜 등(2011)의 연구에서는 근로나 소득활동을 중단 또는 단축한 경우나 손자녀 양육에 대한 대가가 없는 경우 조부모와 손자녀의 부모 간 갈등이 발생할 가능성이 높은 것으로 나타났다. 이러한 결과는 손자녀 양육에 대한 정당한 교환이 이루어지지 않는 데서 유발된 조부모의 불만족이 갈등의 요인으로 작용하기 때문이다. 사회교환이론은 조부모-손자녀관계를 돌봄의 맥락에서 연구함으로써 조부모가 자기 자원을 고갈시키지 않고 손자녀와 관계를 맺고자 할 때 어떻게 비용-이익 분석을 수행해야 하는지 방법을 제시해 줄 수 있다.

5) 가족 스트레스 및 회복탄력성이론

가족 스트레스 및 회복탄력성이론(Family stress and resilience theory)은 개인에게 스트레스가 많은 생활사건이 발생하면 그 가족들도 필연적으로 이 사건의 영향을 받지만 중요한 것은 개인과 가족이 그 스트레스에 반응하는 방식이라고 제안한다. 이 이론은 위기가 발생한 이후 가족 적응을 이해하기 위해 사회학자 Hill(1949)이 개발한 ABCX 모델에 기초하고 있다. ABCX 모델에서는 사건 자체가 위기를 생성하는 것이 아니라 사건이 가족의 자원 및 가족의 사건에 대한 정의와 상호작용하여 위기를 만들어 낸다고 본다. 이후 제시된 Double ABCX 모델(McCubbin & Patterson, 1983)은 여러 스트레스 요인이 동시에 발생할 수 있으며 이 요인들이 잠재적으로 스트레스를 악화시키고 가용 자원을 감소시킬 수 있음을 제안한다.

한 예로, 손자녀를 양육하는 조모를 대상으로 한 종단연구(Musil et al., 2011)에서는 손자녀의 일차적 양육 책임을 지게 된 위기, 이용 가능한 사회적 자원, 일차 양육자가 되는 것의 의미, 손자녀 일차 양육이 조부모의 장기적 건강에 미치는 영향 등을 조사하였다. 연구결과 손자녀를 일차적으로 양육하는 많은 조모들은 손자녀 양육으로 인해 높은 스트레스와 우울 증상, 높은 가족 내 긴장, 낮은 신체적 건강을 비롯해 다양한 지표상에서 전반적으로 낮은 수준의 기능을 유지하고 있었다.

6) 페미니즘이론과 교차성이론

페미니즘이론(feminist theory)은 전 세계에 만연해 있는 가부장적 권력의 속성을 개념화하고 소외된 사람들의 삶을 억압하는 환경을 변화시키고자 하는 이론이자 연구방법이며 실천방안이다. 페미니즘은 특히 사회가 특정 개인이나 집단, 즉 권력, 젠더, 인종, 계급, 성적 취향, 정체성 등에 차별적인 사회적 지위를 부여하는 것을 당연시하는 데 우려하고 있다. 예를 들어 과거에도 그리고 오늘날에도 여전히 양육과 감정노동에 대한 여성의 경험은 평가절하되고 무급이며 눈에 띄지도 않는다. 이러한 관점으로 조모를 보면 조모에게는 소외, 억압, 사회 변화에 대한 염려 등이 내재되어 있음을 알 수 있다.

최근 조부모 관련 연구에서 자리 잡기 시작한 또 다른 관점은 흑인 페미니

스트 사고에 뿌리를 두고 있는 교차성이론이다. 교차성이론(intersectionality theory)은 일반적으로 페미니즘 관점과 동의어로 간주된다. 교차성이론은 Crenshaw(1989)가 제시한 개념으로, Crenshaw는 미국 노동시장에서 흑인 여성들이 직면한 차별은 백인 여성과는 다른 양상을 보인다고 주장하였다(정순둘 외, 2021 재인용). 즉, 흑인 여성이 직면한 상황은 한 가지 요인만으로 설명될 수 없으며 인종, 나이, 계급, 젠더, 민족 등과 같은 다층적 차별 요소들이 교차하는 지점에서 분석할 필요가 있다고 하였다. Dolbin-MacNab과 Few-Demo(2018)의 조손가정 연구를 교차성이론의 한 예로 들 수 있는데 조손가정은 시간과 에너지의 부족 외에도 다양한 어려움, 즉 낮은 사회경제적 지위, 여성, 장애 등의 조합을 지니고 있을 가능성이 높았다.

4. 조부모-손자녀관계에 영향을 미치는 요인

1) 연령

조부모와 손자녀 간 관계 유형은 손자녀의 연령에 따라 변화한다. 손자녀가 아기일 때 조부모는 직접적인 양육을 제공하지만, 손자녀가 좀 더 자라면 놀이 친구가 되고 정서적 지원을 제공하는 역할을 할 수 있다. 손자녀가 10대, 특히 사춘기에 접어들면 조부모와 손자녀 간 관계는 예전만큼 만족스럽지 않지만 손자녀가 대학에 입학할 때쯤이면 조부모-손자녀관계가 다시 좋아지기도 한다(Crosnoe & Elder, 2002). 조부모의 나이도 중요한 역할을 한다. 나이가 많아질수록 조부모는 시간적으로 여유가 있지만 건강이 좋지 않아 손자녀와의 활동이 감소하고 손자녀 돌봄이 어려워질 수 있다. 즉, 손자녀의 나이와 조부모의 나이는 서로 상호작용한다.

2) 성별

성별도 조부모-손자녀관계에 영향을 준다. 일반적으로 모계, 즉 외조부모가 부계인 친조부모보다 손자녀와 더 가깝고, 할머니가 할아버지보다 손자녀와 더 가깝다. 손녀가 손자보다 조부모와 더 가까운 관계를 유지하며, 조부는 손녀보다 손자와 더 친밀한 관계를 맺는 경향이 있다. 또한 부계 조부모와는 경제적 지원관계가 애정적 결속을 높이는 주요한 요인인 반면, 모계 조부모와는 경제적 지원뿐 아니라 도구적 및 정서적 지원도 주요한 요인으로 작용하였다(최슬기, 최세은, 2012).

읽을거리

친할머니보다 외할머니가 살갑게 느껴지는 이유, 그게 외갓집서 왔네

다들 외할머니를 친할머니보다 어쩐지 더 살갑게 느낀다고 한다. 외할머니가 손주 양육에 더 기여해서 그럴 수 있지만, 그 이유를 생물학적 관점으로 해석할 수 있다. 여성의 난자에 있는 미토콘드리아 수는 30만여 개다. 남성 정자 꼬리 등에 있는 미토콘드리아 150여 개에 비하면 2000배 많다. 그나마 정자에 있던 150여 개도 정자와 난자가 만나 수정하는 도중 난자 때문에 참여가 제지되어 수정란에 있는 미토콘드리아는 모두 난자에 있던 것이 된다. 우리 몸속에 있는 미토콘드리아는 모두 이것에서 분화했다. 즉 아버지한테 받은 것은 하나도 없는 셈이다. 이를 모계유전이라고 하는데, 결국 우리가 가진 미토콘드리아는 외갓집에서 왔다. 생리학적으로 외할머니는 딸이 누구와 결혼해 아이를 낳건 손주들은 내 미토콘드리아를 갖고 있다고 확신할 수 있다. 그러니 외할머니가 손주들을 더 살갑게 대하는 건 아닐까.

여성의 성염색체는 XX, 남성은 XY이니, 남성의 Y염색체는 아버지한테 받은 것이다. 아버지는 할아버지한테 받았다. 성염색체 관점에서 보면, 친할아버지와 손자관계가 끈끈하다고 볼 수 있다. 모든 관계를 생물학적으로 설명할 수는 없다. 유전적으로 전혀 연관이 없는 입양아가 조부모의 사랑을 듬뿍 받는 경우도 많다. 우리 모두는 누군가의 손자 또는 손녀이기 때문이지 싶다.

출처: 조선일보(2022.09.07). 생리학박사 나흥식의 몸 이야기.

3) 가족구조

조부모-손자녀관계는 가족구조에 따라서도 달라질 수 있다. 손자녀의 부모가 이혼을 하면 손자녀와 조부모관계에도 많은 변화가 생긴다. 이혼 후 며느리나 사위가 손자녀를 양육하는 경우 조부모는 손자녀와 접촉이 감소하지만, 아들이나 딸이 손자녀를 양육하면 조부모는 손자녀의 양육을 지원하기 위해 이전보다 더 자주 관여한다. 이혼 시 자녀를 어머니가 양육을 하는 경우가 더 많기 때문에 외조부모는 손자녀와 더 많은 시간을 보내는 반면 친조부모의 역할은 감소한다.

4) 지리적 거리

조부모-손자녀관계에 영향을 미치는 핵심 요소 중 하나는 조부모와 손자녀 사이의 지리적 거리이다. 친밀감을 키우는 가장 좋은 방법은 자주 만나는 것이기 때문이다. 손자녀와 조부모가 지리적으로 가까운 곳에 살면 자주 접촉할 가능성이 높고 이는 관계의 질을 향상시킨다. 조부모와 손자녀의 간 지리적 거리를 예측하는 것은 무엇인가? 성인 자녀와 부모에 대한 연구에서 Compton과 Pollak(2014)은 가장 일관된 거리 예측 변수가 교육이라고 하였다. 즉, 교육을 많이 받은 자녀일수록 부모와 멀리 떨어져 사는 경향이 있었다. 한편, 대면 상호작용을 대체할 수는 없지만 최근 통신기술의 발달로 많은 조부모들은 화상통화나 SNS를 통해 멀리 사는 손자녀와 접촉할 수 있다.

5) 가족 상호작용

가족관계는 다양한 방식으로 조부모-손자녀관계에 영향을 미칠 수 있다. 특히 부모는 조부모와 손자녀 사이에서 문지기 역할을 할 수 있다. 부모가 조부모와 사이가 좋을 때는 조부모가 손자녀와 접촉하는 것을 권장하지만 사이가 좋지 않을 때는 조부모가 손자녀를 만나지 못하게 할 수도 있다(Mueller & Elder, 2003). 또한 세대 간 결속을 강조하고 가족원들의 의무를 강조하는 가족은 개성과 독립성을 중시하는 가족보다 조부모-손자녀 간 유대가 강하다. 이런 가족에서는 아이들이 어릴 때부터 노인에 대한 공경을 실천하고, 부모는 조부모에게 부양의 의무를 다하며, 조부모는 손자녀를 돌보고 재정적으로나 정서적으로 지원한다.

6) 가치관

손자녀는 처음에는 부모나 조부모 등 가족의 영향을 받아 가치관을 형성하기 시작하지만 성장하면서 점차 자신만의 가치관을 개발한다. 가족은 가치관이 유사할 때 결속될 가능성이 높지만, 가족원들이 동일한 가치관을 갖는 것은 사실상 불가능하다. 특히 젊은 세대가 노인세대를 관용이 부족하고 위선에 빠져 있다고 여긴다면 세대 간 결속은 어렵다. 따라서 조부모는 자신의 가치와 기준을 버릴 필요는 없지만 젊은 세대의 말을 경청할 필요가 있다.

더불어 조부모는 손자녀에게 설교하는 내용을 자신이 실제로 실천하고 있는지 돌아볼 필요가 있다.

5. 좋은 조부모되기

대부분의 조부모들은 손자녀와 좋은 관계를 유지하려 노력한다. 하지만 세상은 너무 빨리 변하고 세대 간 격차는 점점 더 커진다. 따라서 손자녀와 친밀감을 확립하기 위해 조부모는 시대의 흐름에 발맞춰 변해야 하며 새로운 기술을 배워야 한다. 여기서는 현대사회에서 좋은 조부모가 되기 위한 몇 가지 방안을 제시하고자 한다(Adcox, 2021 재구성).

첫째, 조부모도 시대와 함께 변해야 한다. 조부모는 세상을 살며 터득한 지혜의 보고로 손자녀는 조부모로부터 가족 역사, 전통, 가치관, 세상을 살아가는 지혜를 배울 수 있다. 하지만 옛것이 모두 좋은 것은 아니다. 조부모가 좋은 방식이라고 생각하고 있는 것 중에는 더 좋은 방식으로 대체된 것들도 많다.

손자녀는 자신의 부모에게서 바뀐 사회적 기준으로 교육을 받는다. 오늘날의 부모는 자녀가 권위 있는 사람들 앞에서도 당당히 자신의 의견을 말하기를 원하며, 자녀의 독립심을 키워주기 위해 노력한다. 손자녀들은 조부모의 지시라고 해서 그대로 따르지 않으며, 지시가 합당한지 먼저 평가한다. 따라서 조부모도 이러한 시대적 경향을 인지하고 그에 맞추어 변해야 손자녀와 친해질 수 있다.

둘째, 손자녀와 함께하는 시간의 양이 아니라 시간의 질이 중요하다는 점을 명심해야 한다. 저출산으로 인해 오늘날 조부모들은 손자녀가 많지 않다. 때문에 조부모들은 손자녀의 입학, 졸업, 휴가, 기념일을 포함해 모든 가족행사에 참여하고 싶어한다. 가족행사에 자주 참여하면 손자녀와 친해질 기회가 더 많기는 하지만 손자녀의 가족은 자신들만의 오붓한 시간을 보내고 싶어할 수도 있고, 다른 조부모(예, 친조부모 또는 외조부모)와 함께 기념일을 보내기를 원할 수도 있다. 따라서 조부모는 모든 기념일에 참여하기보다는 몇 개의 기념일을 골라 손자녀와 즐거운 시간을 보내는 것이 바람직하다. 참여 횟수보다 질이 중요하다.

셋째, 새로운 양육방식을 배워야 한다. 조부모가 자녀를 양육할 때와 지금은 엄청나게 변했다. 현재의 부모들은 자녀의 안전과 건강을 위해 과거와 다른 새로운 양육방식을 채택한다. 예를 들어, 아기의 질식을 막기 위해 엎드려 재우지 않고, 푹신한 침대를 피하며, 베이비파우더 사용을 자제한다. 또한 아기의 소화기관 발달상태, 알레르기 위험, 영양가 등을 고려하여 먹거리도 세심히 선택한다. 따라서 조부모가 손자녀를 양육하기 위해서는 새로운 지침이나 양육기술을 배워야 한다. 조부모는 손자녀가 태어나기 전 조부모 수업에 등록하여 새로운 정보를 습득하는 것이 좋다.

넷째, 차이를 존중해야 한다. 조부모는 자녀나 손자녀와 갈등이 있을 때 "나는 안 그랬는데", "내가 널 그렇게 키우지 않았는데" 등의 말을 하고 싶을 때가 있을 것이다. 이런 기분이 들 때는 일단 참고 곰곰이 생각해 보아야 한다. 어른인 본인도 생각이 계속 바뀌고, 갑작스럽게 새로운 결정을 내리기도 하며 예전에 배웠던 지식을 무시하기도 하지 않는가? 다른 사람들이 나와 다를 수 있음을 인정해야 한다. 자녀나 손자녀가 자신과 다른 종교를 선택하거나, 다른 정치적 견해를 가지고 있거나, 다른 양육 철학을 가지고 있더라도 이를 기분 나쁘게 받아들이지 말고 존중해 줄 필요가 있다.

다섯째, 충고보다는 지지가 필요하다. 가족에서 조부모의 역할은 자녀가 가족문화를 만드는 데 지원자 역할을 하는 것이다. 특히 자녀가 손자녀를 잘 양육하기 위해 부모로서 최선을 다하며 노력하고 있을 때는 이를 지지해 줄 필요가 있다. 섣부른 조언이나 경솔한 말은 상처를 줄 수 있다. 또한 손자녀의 학업성적이나 발달 수준을 다른 사람과 비교하지 말아야 한다. 가장 오래 살았다고 가장 잘 아는 것은 아니라는 점을 명심해야 한다.

여섯째, 때로는 거절해야 한다. 버릇없는 손자녀의 배후에 조부모가 있는 경우가 더러 있다. 조부모는 손자녀가 해 달라는 대로 다 해주는 것이 손자녀를 위한 것이라고 생각한다. 하지만 자신의 부모가 허락하지 않는 것을 요구하는 손자녀에게는 거절도 필요하다. 달콤한 간식을 더 달라거나 약속된 시간 이상으로 게임을 하겠다고 할 때, 위험한 놀이를 하려고 할 때는 "안 돼"라고 분명히 말해야 한다. 또한 손자녀를 위해 고가의 선물을 준비하려고 할 때는 손자녀의 부모와 상의해야 한다.

참고문헌

경북여성정책개발원(2015). 조부모의 손자녀 세대에 대한 역할수행 강화프로그램: 잘 나가는 할매할배, 손자녀와 통하다. 경상북도.

김미영(2023). 손자녀 양육 조부모의 스트레스에 관한 국내 연구 동향. 충북대학교 대학원 석사학위 논문.

김미혜, 성기옥, 팽경희, 최희진, 최소영(2011). 손자녀 양육 조부모와 자녀와의 갈등에 영향을 미치는 요인. **한국노년학, 31**(4), 905-923.

김우근, 김대현, 서영성, 홍승완, 이민진, 장성희(2019). 한국 성인에서 손자녀 육아와 우울증 간의 연관성. *Korean Journal of Family Practice, 9*(6), 560-567.

김현정, 민주홍(2020). 조부모를 통한 돌봄 경험이 청년의 노인에 대한 태도에 미치는 영향: 조부모와의 관계의 질을 중심으로. **한국노년학, 40**(5), 935–951.

보건복지부, 육아정책연구소(2022). 201년도 보육실태조사 보고서.

서울시 여성가족재단(2016). 조부모 맞춤형 교육자료. '세 살 성평등 세상을 바꾼다'

신유미(2015). 손자녀 돌봄여부가 조부모의 우울수준에 미치는 영향-건강 및 소득의 조절효과를 중심으로-. 서울대학교 대학원 석사학위 논문.

유영주, 김순옥, 김경신(2022). **가족관계학**(4판). 파주: 교문사.

이영숙, 박경란(2010). **현대가족관계학.** 서울: 도서출판 신정

이윤진, 권미경, 김승진(2015). **조부모 영유아 손자녀 양육실태와 지원방안 연구.** 서울: 육아정책연구소.

이희섭(2004). 조손가족 조부모의 가족기능에 영향을 미치는 요인에 관한 연구. 한림대학교 석사학위논문.

정옥분, 정순화(2020). **결혼과 가족.** 서울: 학지사.

정순둘, 장명선, 이은진, 송보가, 김재민(2021). 일할 수밖에 없는 여성노인의 다중차별 경험에 관한 연구. **이화젠더법학, 13**(2), 171–216.

정현숙(2019). **가족관계.** 서울: 신정.

조선일보(2022.09.07). 생리학박사 나흥식의 몸 이야기. 친할머니보다 외할머니 살갑게 느껴지는 이유, 그게 외갓집서 왔네.

조성연, 백경숙, 옥경희, 전효정, 전연진(2022). **가족관계론**(2판). 파주: 양서원.

지연경, 하유미, 윤기봉(2014). 3세대 가족의 조부모와의 관계 및 어머니의 양육태도가 청소년의 가정생활 및 학업스트레스에 미치는 영향. **청소년학연구, 21**(12), 1–24.

최경덕, 권현진, 최인선, 이윤경(2022). 손자녀 양육과 고령자의 건강, 인지기능 및 삶의 만족도에 관한 연구. 서울: 한국보건사회연구원.

최복경(2015). 양육유형이 아동의 문제행동에 미치는 영향에 관한 연구: 부모육아, 조부모육아, 편모육아 비교분석을 중심으로. 중앙대학교 석사학위논문.

최슬기, 최새은(2012). 세대간 애정적 결속에 있어서 부계와 모계의 비교 연구. **조사연구, 13**(1), 89–112.

한경혜, 주지현, 정다겸(2009). 생애과정 관점에서 본 저소득층 조손가족 조부모의 사회적 배제 경험과 적응. **한국가족복지학, 26**, 87–121.

Allen K. R., Henderson, A. C., & Murray, M. M. (2019). Theoretical approaches to grandparenting. In B. Hayslip, Jr. & C. A. Fruhauf (Eds). *Grandparenting: Influences on the dynamics of family relationships* (pp. 3-16) New York, NY: Springer.

Akhtar, P., Malik, J. A., & Begeer, S. (2017). The grandparents' influence: Parenting styles and social competence among children of joint families. *Journal of Child and Family Studies, 26*(2), 603-611.

Barnett, M. A., Scaramella, L. V., Neppl, T. K., Ontai, L., & Conger, R. D. (2010). Intergenerational quality, gender, and grandparent involvement. *Family Relations, 59,* 28-44.

Bravo My Life (2021.08.04). 조부모 손에 자란 아이, 성공 확률 높은 이유?

Bronfenbrenner, U. (1979). *The ecology of human development: Experiments by nature and design.* Cambridge, MA: Harvard University Press.

Bubolz, M. M., & Sontag, M. S. (1993). Human ecology theory. In P. Boss, W. Schumm, & S. Steinmetz (Eds.), *Sourcebook of family theories and methods: A contextual approach*(pp. 419-448). New York, NY: Plenum.

Compton, J., & Pollak, R. A. (2014). Family proximity, childcare, and women's labor force attachment. *Journal of Urban Economics, 79*(4), 72-90.

Crosnoe, R., & Elder, G. H. (2002). Successful adaptation in the later years: A life course approach to aging. *Social Psychology Quarterly, 65,* 309-328.

Dolbin-MacNab, M. L., & Few-Demo, A. L. (2018). Grandfamilies in the United States: An intersectional analysis. In V. Timonen (Eds.) *Grandparenting practices around the world* (pp. 189-208). Bristol: Policy Press.

Elder, G. H., Jr., Johnson, M. K., & Crosnoe, R. (2003). The emergence and development of life course theory. In J. T. Mortimer & M. J. Shanahan (Eds.), *Handbook of the life course* (pp. 3-19). New York, NY: Springer.

Goode, W. J. (1960). A theory of role strain. *American Sociological Review, 25,* 483-496.

Hill, R. (1949). *Families under stress: Adjustment to the crises of war separation and reunion.* New York, NY: Harper and Bros.

Lawler, E. J. (2001). An affect theory of social exchange. *American Journal of Sociology, 107,* 321-352.

Luo, Y., LaPierre, T. A., Hughes, M. E., & Waite, L. J. (2012). Grandparents providing care to grandchildren: A population-based study of continuity and change. *Journal of Family Issues, 33,* 1143-1167.

McCubbin, H. I., & Patterson, J. M. (1983). The family stress process: The Double ABCX model of adjustment and adaptation. *Marriage and Family Review, 6*(1-2), 7-37.

Michałek-Kwiecień, J. (2022). Grandparent-grandchild relationships and the psychological and health outcomes of early adult grandchildren: An integrative review. Journal of Intergenerational Relationships online, 1-17.

Mueller, M. M., & Elder, G. H. (2003). Family contingencies across the generations: Grandparent-grandchild relationships in holistic perspective. *Journal of Marriage and Family, 65*(2), 404-417.

Mueller, M. M., Wilhelm, B., & Elder, G. H., Jr. (2002). Variations in grandparenting. *Research on Aging, 24*(3), 360-388.

Musil, C., Gordon, N., Warner, C., Zauszniewski, J., Standing, T., & Wykle, M. (2011). Grandmothers and caregiving to grandchildren: Continuity, change, and outcomes over 24 months. *The Gerontologist, 51,* 86-100.

Neugarten, B. L., & Weinstein, K. K. (1964). The changing American grandparent. *Journal of Marriage & the Family, 26*(2), 199-204.

Sadruddin, A. F., Ponguta, L. A., Zonderman, A. L., Wiley, K. S., Grimshaw, A., & Panter-Brick, C. (2019). How do grandparents influence child health and development? A systematic review. *Social Science & Medicine, 239,* 112476.

Sieber, S. D. (1974). Toward a theory of role accumulation. *American Sociological Review, 39*(4), 567-578

Somary, K., & Strieker, G. (1998). Becoming a grandparent: A Longitudinal study of expect-ations and early experiences as a function of sex and lineage. *The Gerontologist, 38*(1), 53-56.

von Bertalanffy, L. (1973). *General system theory: Foundations, development, applications.* New York, NY: George Braziller.

Wright, S. D., D'Astous, V., Wright, C. A., & Diener, M. L. (2012). Grandparents of grand-children with autism spectrum disorders (ASD): Strengthening relationships through technology activities. *The International Journal of Aging and Human Development, 75,* 169-184.

[사이트]

통계청(2023). 2022년 하반기 지역별 고용조사 맞벌이 가구 및 1인 가구 취업 현황.
https://kostat.go.kr/ansk

Adcox, S. (2021). 6 ways to be a better grandparent.
https://www.verywellfamily.com/6-kinds-of-grandparents-4126329

agelessonline (2022). The five stages of grandparenting
https://www.agelessonline.net/the-five-stages-of-grandparenting

CHAPTER

10

친인척관계

1. 친인척관계의 개념
2. 현대사회의 친인척관계
3. 양가의 가족관계

CHAPTER

10 친인척관계

결혼을 통해 성인 남녀는 자신이 태어나서 성장해 온 가족인 원가족을 떠나 새로운 가족을 이루며 살아가고, 그 과정에서 다른 가족과의 관계가 확장됨으로써 새로운 친인척관계가 형성된다. 전통사회에서 중요시된 친인척관계는 산업화, 도시화 및 핵가족화가 가속되면서 현대사회에서는 그 중요성과 영향력이 약화되는 추세이다. 그럼에도 불구하고 부부는 결혼 이후에도 원가족과 여러 가지 상호작용을 주고받고, 배우자의 부모는 부부관계에 영향을 미칠 수 있기에 친인척관계는 부부의 결혼생활에 영향을 미치는 요인으로 작용한다는 점에서 중요한 의미를 지닌다. 따라서 본 장에서는 친인척관계의 개념, 현대사회의 친인척관계 기능 및 인식 변화 등에 대해 살펴봄으로써 친인척관계에 대한 전반적인 이해를 도모하고자 한다. 또한, 건강한 가족관계를 맺기 위하여 이에 영향을 미치는 주요한 친인척관계인 고부 및 장서관계에서 발생하는 갈등의 원인과 해결방안에 대해 살펴보고자 한다.

1. 친인척관계의 개념

가족은 고립된 상태로 존재하는 것이 아닌 혈연과 결혼을 기초로 그 범위를 넓혀간다. 즉, 가족의 중심인 부부는 그들 부모의 가족들과도 지속적으로 상호 접촉을 할 수 있고, 부부의 자녀 역시 혼인을 함으로써 이들의 가족관계는 더욱 확대된다. 이러한 경로를 통해 형성된 관계를 친족(kinship)이라고 한다.

친인척(親姻戚)이란 혈연 및 혼인을 통하여 이루어진 '친족'을 통틀어 일컫는 말로 친족(親族)은 배우자, 혈족, 인척 등 혈연관계 또는 혼인으로 맺어진 사람 중에서 일정한 범위 내에 있는 사람을 의미한다. 이렇듯 친인척관계는 남녀가 결혼을 함으로써 상대방의 '배우자'가 되고, 상대 배우자 친족과의 사이에는 '인척'이라는 친족관계가 형성되며, 부부가 자녀를 출산하면서 수직으로는 친자관계, 종횡으로는 형제자매관계라는 '혈연' 등(문혁준, 양성은, 김상림 외, 2020)이 성립되면서 맺어지게 된다. 이러한 친인척관계는 시간의 흐름에 따라 반복되고 확장되는 경향이 있기에 친인척관계가 계속 확장될 경우 한계를 파악할 수 없다.

그러나 대부분의 국가에서는 배우자와 함께 인척과 혈연관계 중 일정한 범위를 규정하여 해당 범위 내에 포함된 사람들을 친족이라 하며, 일정한 범위를 벗어난 사람들은 비록 가까운 관계를 유지한다고 하더라도 친족으로 간주하지 않는다. 이러한 친족에 대한 범위는 각 나라마다 사회적, 법률적으로 규정한 한계에 의해 다양하게 정해진다. 한국 사회에서의 친족의 범위는 [그림 10-1]과 같이 ① 8촌 이내의 부계 · 모계 혈족, ② 4촌 이내의 인척, ③ 배우자로 규정하고 있다(민법 제777조). 혈족, 인척, 배우자에 대해 살펴보면 다음과 같다(이병태, 2023).

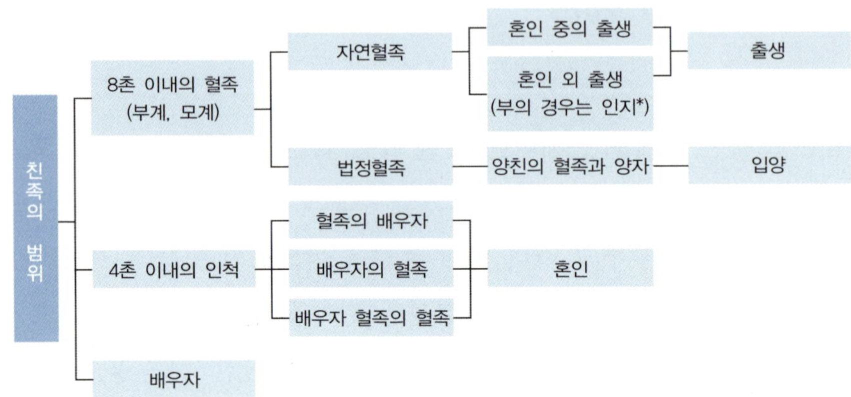

*인지(認知): 혼인 외에 출생한 자녀에 대하여 친아버지나 친어머니가 자기 자식임을 확인하는 일

▲ 그림 10-1 친인척관계의 범위

출처: 이기숙 외(2009). 결혼의 기술 2판.

1) 혈족

혈족(血族)이란 혈연으로 이어져 있는 자로 자신과 혈통을 공유한 사람들을 일컫는다. 부모와 자식 간의 관계를 1촌으로 놓고 촌수를 따져 8촌 이내일 경우 혈족에 포함된다. 예를 들어 부모와 자식을 1촌을 기준으로 촌수를 계산하면, 나에게 동생이 있을 경우 나와 부모님이 1촌이고 동생 역시 부모님이 1촌이기에 형제자매는 2촌이 된다(그림 10-2 참조).

한편, 혈족은 자연혈족(自然血族)과 법정혈족(法定血族)으로 구분되는데, 자연혈족은 상호 간에 사실상 혈연관계가 있는 사람으로 부모와 자녀, 형제·자매, 숙질(叔姪) 등이 포함된다. 이러한 자연혈족관계는 출생에 의해 발생되며, 혼인 외 출생자의 경우 모와의 관계에서는 출생에 의하여 발생하나 부에 대한 관계에서는 인지(認知)가 있어야만 혈족관계가 생길 수 있다. 자연혈족관계는 사망에 의해서만 소멸되지만, 사망한 사람으로 인하여 생존자와의 혈연관계는 영향을 미치지 않는다.

반면, 법정혈족(또는 인위혈족, 준혈족)은 자연혈족과 달리 혈연관계는 없으나 입양과 같이 법의 의제(擬制)에 의하여 의해 승인받아 자연혈족과 같은 관계를 인정한 것을 의미한다. 즉, 양자와 양부모 및 그 혈족, 인척 사이의 친계와 촌수는 입양한 때로부터 혼인 중의 출생자와 동일한 것으로 보기에(민법 제772조) 양자로 들어가면 양부모와 법정혈족이 되며, 동생의 아들을 양자로 삼을 경우 삼등친(三等親)이라는 혈연이 있기는 하지만 친자관계라는 법정혈연관계가 맺어진다.

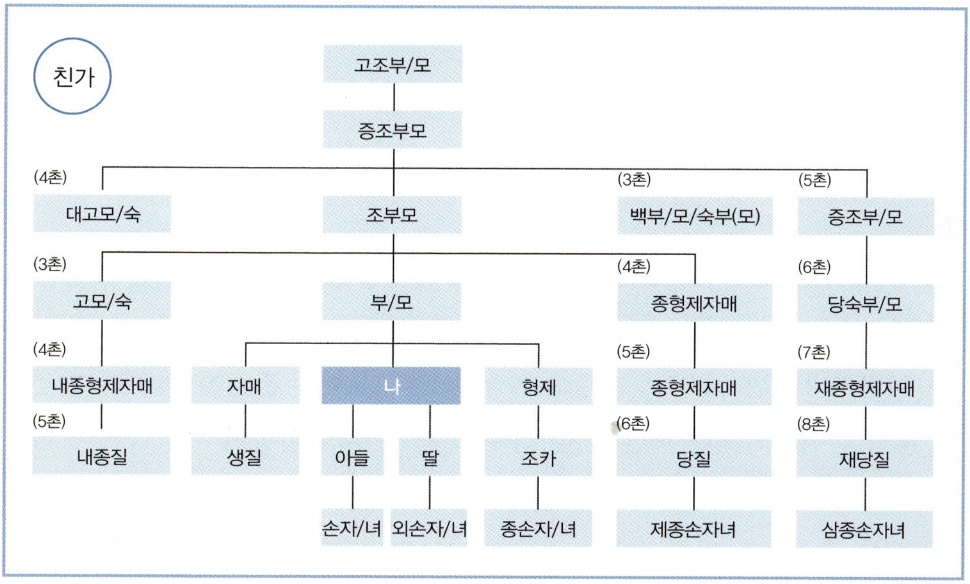

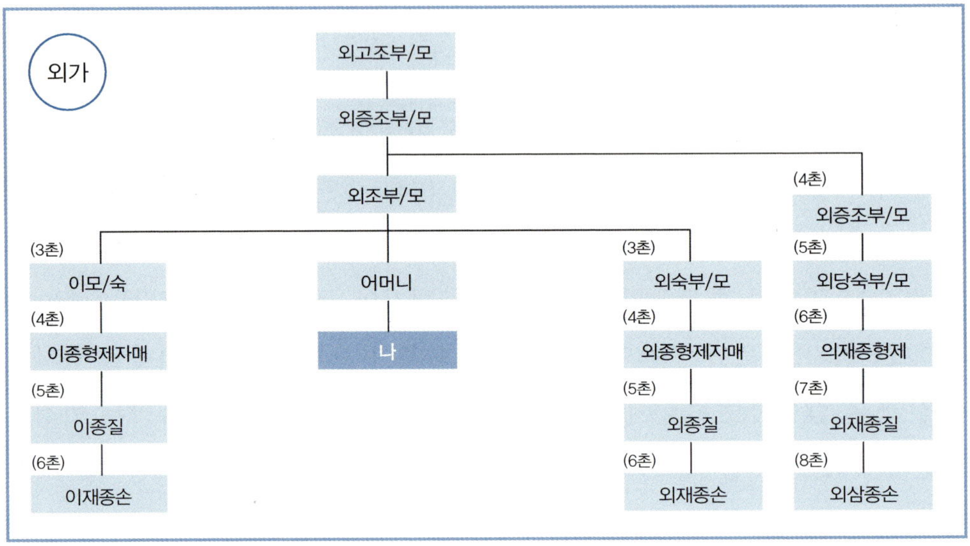

▲ 그림 10-2 친인척관계 도표

출처: 문혁준, 양성은, 김상림 외(2020). 결혼과 가족.

2) 인척

인척(姻戚)은 혼인에 의하여 맺어진 친척으로 인척의 계원(係員)은 혈족의 배우자, 배우자의 혈족, 배우자의 혈족의 배우자이며(민법 제769조), 그 범위는 4촌 이내이다(민법 제777조 제2항). 이러한 인척관계는 혼인에 의하여 발생되며, 혼인이 취소되거나 이혼을 할 경우 또는 부부의 일방이 사망하거나 생존 배우자가 재혼을 할 경우에도 소멸된다(민법 제775조). [그림 10-3]과 같이 부부관계를 중심으로 인척관계의 예를 살펴보면, 형제자매의 배우자로는 형수, 올케, 매형, 형부, 제수, 매부, 제부 등, 배우자 형제자매의 배우자로는 처남댁, 동서 등이 있다. 이와 더불어 나를 기준으로는 이모부, 고모부, 외숙모, 큰어머니, 작은어머니 등도 인척관계에 포함된다.

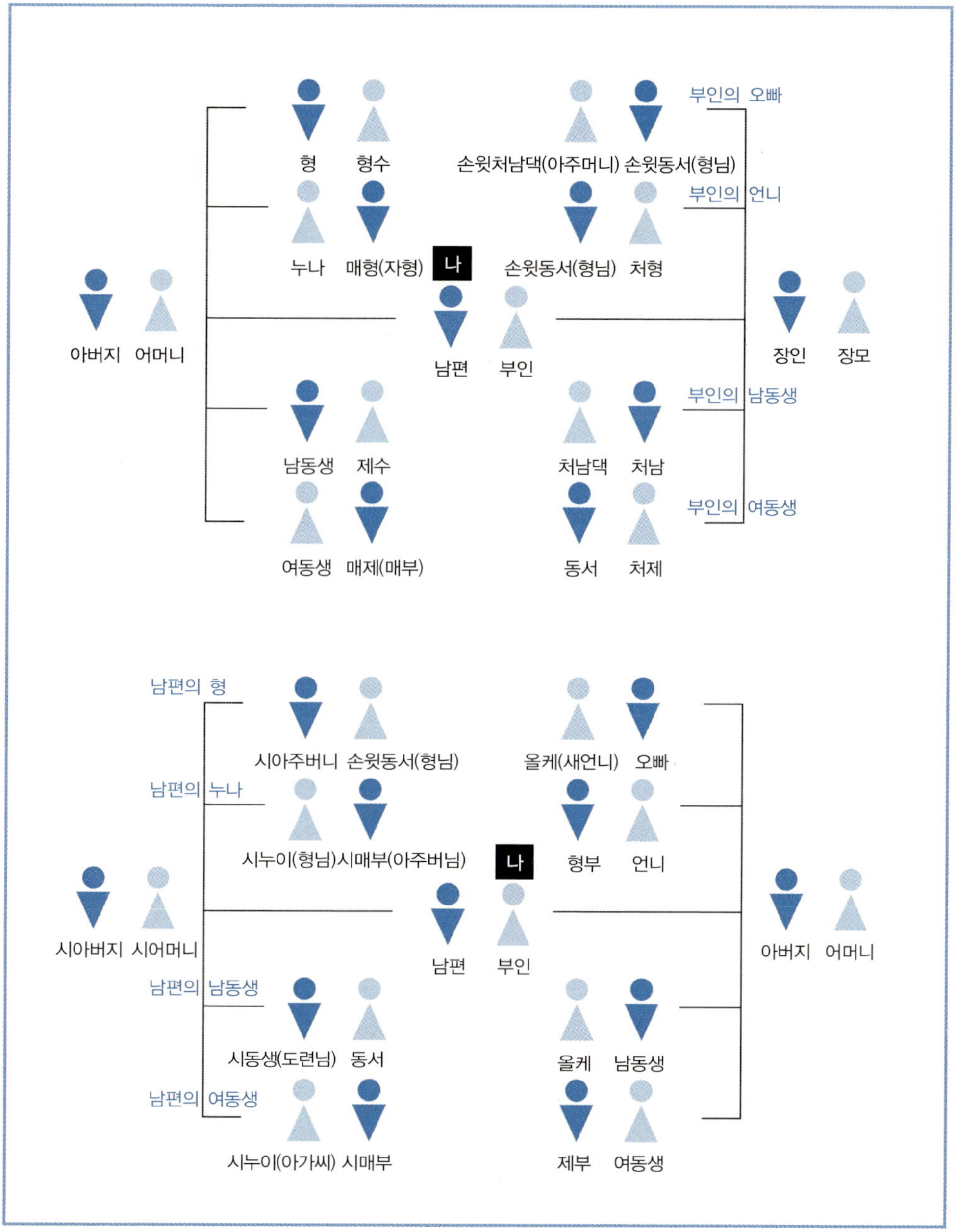

▲ 그림 10–3 친인척관계의 호칭

출처: 청소년활동포탈 다잇다(www.daitda.or.kr)

3) 배우자

배우자(配偶者)는 혼인으로 결합된 남녀가 서로를 지칭하는 말이다. 배우자 역시 민법상 친족에 속하나 촌수는 무촌관계이다. 혼인신고에 의해 배우자의 신분은 성립되므로 사실상의 혼인관계에 있는 내연(內緣)의 부부관계와 같이 혼인신고를 하지 않은 경우에는 법률상 배우자로 인정을 받을 수 없다. 배우자관계는 당사자 일방의 사망, 혼인의 무효 및 취소, 이혼 등과 같은 혼인의 해소에 의해 소멸된다.

읽을거리

국민 10명 중 7명 "정서적 친족 범위는 4촌까지"…민법은 8촌 이내까지로 괴리 커

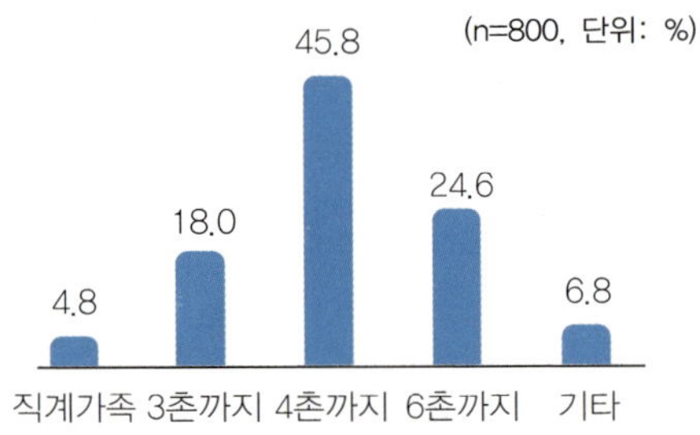

2010년 친족범위 조사

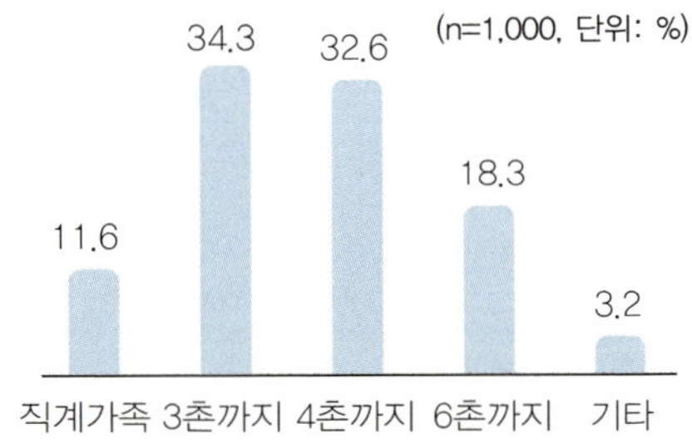

2021년 친족범위 조사

우리나라 국민 10명 중 약 7명은 정서적 친족의 범위를 4촌 이내로 인식하고 있는 것으로 나타났다. 반면 민법·세법 등 현행 법령이 규정하는 친족 범위는 8촌 이내까지여서 이러한 국민 인식과 괴리가 있다는 주장이 나왔다.

전국경제인연합회가 리서치 전문기관에 의뢰해 전국 성인 남녀 1,000명을 대상으로 '친족 범위에 대한 국민 인식' 조사를 진행한 결과, 친족의 범위가 3촌까지라고 응답한 비율이 가장 높았다.

조사결과 친족을 누구까지로 생각하는지에 대해 △직계가족 포함 3촌까지(34.3%), △직계가족 포함 4촌까지(32.6%), △4촌 포함한 6촌까지(18.3%), △직계가족까지(11.6%) 순으로 나타났다. 2010년 조사와 비교했을 때 직계가족이라는 응답이 4.8%에서 11.6%로 2.4배 증가했고, 3촌까지라는 응답도 18%에서 34.3%로 2배가량 증가했다. 반면, 4촌까지라는 응답은 45.8%에서 32.6%로 13.2%포인트(p) 감소했고, 6촌까지라는 응답 또한 24.6%에서 18.3%로 6.3%p 감소했다.

4촌과 6촌을 친족으로 느끼는 국민의 비율이 줄어들고 있어 향후 직계가족 중심의 핵가족화 현상이 가속화될 것으로 보인다.

출처: 이투데이(2021.09.14). 국민 10명 중 7명 "정서적 친족 범위는 4촌까지"…민법은 8촌 이내까지로 괴리 커.

2. 현대사회의 친인척관계

산업화와 도시화는 전통적인 3세대 확대가족을 벗어나 핵가족화를 촉진시킴으로써 친인척관계의 변화에도 영향을 미쳤다. 이러한 변화의 주요 특징으로는 혈연의식의 약화, 친족의 유대관계 및 중요성 감소, 탈권위주의 등이 있다(김자영, 강승묵, 2011). 특히 1990년 개정된 가족법(1991년 1월 1일 시행)은 전통적인 부계중심의 가족관에서 탈피하여 부계와 모계혈족이 동등한 비중을 갖는 양계화 현상을 불러일으켰다. 현대사회의 친인척관계 및 기능의 변화와 이에 따른 가족의 형태 및 인식에 대해 살펴보면 다음과 같다.

1) 가족법 개정을 통한 친인척관계의 변화

사회가 변화함에 따라 구성원의 의식과 행위는 달라지며 이는 법제도에도 영향을 미칠 수 있다. 즉, 산업화와 도시화와 같은 급격한 사회 변화를 통해 친족에 관한 사회구성원들의 의식에는 변화가 생겨났고, 이러한 변화는 법 개정을 통하여 새로운 친족구조의 개편을 유발하였다(김자영, 강승묵, 2011).

1990년 가족법이 개정되기 전까지는 호주인 남성을 중심으로 8촌 이내의 부계혈족, 4촌 이내의 모계혈족, 배우자의 부모(장인, 장모), 배우자만이 법적으로 인정되는 친족이었다. 이는 모계보다 부계를 중시하는 전통적 가부장제를 기반으로 하며, 남녀 간 차별을 포함한다고 볼 수 있다(문혁준, 양성은, 김상림 외, 2020). 그러나 1990년 제3차 가족법 개정을 통하여 친족의 범위를 남녀 평등하게 부계와 모계 모두 8촌 이내의 혈족, 4촌 이내의 인척, 배우자로 정하였다. 이러한 가족법 개정을 통해 오늘날의 친인척관계는 양계적(bilineal) 형태를 취한다고 볼 수 있다.

변화된 법 제도는 개인의 의식 및 생활양식의 변화에도 영향을 줄 수 있다. 예를 들어 대학생을 대상으로 가족법 개정을 통한 친족에 대한 의식 변화를 연구한 김자영과 강승묵(2011)에 따르면, 가족법 개정을 통하여 부계혈족과 모계혈족을 똑같이 생각한다는 응답은 시간의 흐름에 따라 크게 증가된 반면, 상대적으로 부계혈족이 더 중요하다는 응답은 대폭 감소하였다. 이러한 연구결과는 과거 전통사회에서는 친족관계가 부계중심적이었다면, 가족법 개정을 통하여 부계와 모계혈족을 차별하지 않는 양계화 현상이 증가된 것이다.

그러나 지금까지 부계혈통을 중심으로 한 가계 계승의 관념은 여전히 잔존하고 있다. 그 예로 조상 봉제사 등의 의례적 관계는 부계혈통을 중심으로 유지되고 있으며(여성한국 사회연구회, 1995), 자녀의 성(性)과 본(本) 역시 부계 혈통을 근간으로 규정하는 것이다. 부성 우선주의 원칙, 즉 자녀는 부의 성과 본을 따르게 되어 있으며, 부모가 혼인신고 시 모의 성과 본을 따르기로 협의한 경우만 자녀는 모의 성과 본을 따를 수 있다(민법 제781조 1항). 이는 부부가 혼인신고서를 제출할 때, '자녀의 성 · 본을 모의 성 · 본으로 하는 협의를 했는가?'라는 조항에 '예'라고 기재하지 않을 경우 엄마 성을 물려주기 위해 아빠 성을 따른 뒤 법원에 성 · 본 변경허가를 청구하거나, 서류상 이혼한 뒤 다시 혼인신고를 하면서 해당 조항에 동의하는 등 상당히 복잡한 절차를 거쳐야 함을 의미한다(한겨레, 2022.05.10).

2021년 여성가족부에서 실시한 다양한 가족에 대한 국민인식조사에 따르면, '자녀 출생신고' 시 부모가 협의하여 성과 본을 정할 수 있도록 하자는 제도개선안에 응답자의 74.6%가 찬성하였으며, 반대는 25.4%로 나타났다(여성가족부, 2021). 이러한 결과는 다시 한번 가족법 개정이 요구됨을 의미한다. 따라서 오늘날의 한국 사회는 다소 제한적 형태의 양계제를 취한다고 볼 수 있다.

2) 친인척관계 기능의 변화

친인척관계는 혈연과 혼인을 기반으로 한 소속감을 심어주고 상호협조적 관계를 통해 유대관계를 갖게 해준다. 이러한 친인척관계의 유대와 관련하여 Bengtson과 Robert(1991)는 세대 간 유대관계를 회합적(association), 애정적(affectual), 기능적(functional), 규범적(normative), 구조적(structural) 유대와 같이 다섯 가지로 나누어 설명하였다. 회합적 유대는 상호왕래나 방문 등 접촉활동과 상호간의 도움과 같이 외형적으로 드러난 활동을, 애정적 유대는 세대

간 정서적 측면을 의미하며, 기능적 유대는 재정적, 신체적 자원의 도움 정도나 상호교환 정도를, 규범적 유대는 가족에 대한 책임과 의무수행 정도를, 구조적 유대는 가족원 수, 가족유형 그리고 지리적 근접성 등을 의미한다(안혜숙, 2005).

친인척 간의 유대와 관련하여 안혜숙(2005)은 사교적 유대(친척 간 왕래와 전화연락, 여행이나 쇼핑을 함께 하기 등), 가사 협조적 유대(경제적 원조, 병간호, 대소사 집안일의 도움 등), 의례적 유대(명절, 상 · 제례, 생신, 혼인 시 왕래 등), 정서적 유대(친척 간 배려와 이해, 존중감, 친밀함의 정도 등 정서적 측면)로 나누어 한국의 친인척 유대관계의 수준을 살펴보았다. 그 결과 의례적 유대관계는 강화되어 있는 반면, 사교적 유대는 가장 낮게 나타나 오늘날 친인척 간의 유대관계는 의례적 활동을 중심으로 한 공적 관계에 집중되어 있다고 볼 수 있다. 이러한 연구결과는 친척 간에 원거리에서 살고 있는 현대 산업사회의 가족에게 있어 어른 생신이나 혼 · 상 · 제례 등 의례적 활동은 친인척관계를 악화시키지는 않지만, 친척 간 결속력 강화에는 한계가 있음을 보여준다(안혜숙, 2005).

현대사회에서 친족제도는 과거에 비해 축소되긴 하였으나 조상의례, 정서적 연대감 제공, 상부상조 기능 등을 수행하고(홍성대, 2007), 특히 오늘날 친인척관계는 형태적이기보다는 관계적이며, 권위적이고 의무적이기보다 선택적이고 상호교환적인 관계로 변화하는 경향을 보이고 있다(김혜경, 2007; 안혜숙, 2005; 이광자, 1988). 국 · 내외 연구에 따르면, 친인척관계는 일종의 사회적 지지체계의 기능을 발휘하여 육체적, 정신적으로 보다 건강하고 어려운 상황에 더 잘 대처할 수 있게 한다(정재기, 2007). 대학생을 대상으로 친인척과의 관계에 대해 연구한 Budescu와 Silverman(2016)은 친인척과의 높은 수준의 긍정적인 관계를 보고한 대학생은 학업적 효능감과 낮은 수준의 심리적 고통을 보였으며, 친인척의 지원과 이들의 자아존중감 사이에는 유의미한 관련성이 있다고 보고하였다. 또한, 맞벌이 부부와 노인 인구가 증가하고 있는 오늘날 친인척과의 교류는 자녀양육과 노인의 소외나 고립 문제를 해결하는 데 도움이 될 수 있기에(옥선화, 정민자, 1992; 전귀연 외, 2021) 친인척관계는 개인과 가족의 복지 향상에 기여할 수 있다.

한편, 도시가족의 친인척관계의 기능은 부계와 모계에서 다른 양상을 보이기도 한다. 과거에 비해 모계의 영향이 커져 시가와는 의무적이고 형식적인 관계를 갖는 반면, 처가(친정)와는 자발적이고 친밀한 관계를 갖는 경향이 있다(전세송 외, 2011). 예를 들어 처가의 인척들이 가까운 거리에 모여 살며 일상생활에서 다양한 도움을 주고받는 경우 의례적이고 형식적인 기능이 아닌 정서적, 복지적 기능을 더욱 많이 수행하는 것을 접할 수 있다(전귀연 외, 2021). 실제로 한국의 친족관계의 양계화 경향에 대해 살펴본 연구에 따르면, 친정과의 관계는 주로 정서적 관계나 일상생활 속에서의 유대, 일손의 도움을 주고받는 관계 등을 통해 유지되고 있는 반면, 가족의례나 경제적 도움은 부계 친족을 중심으로 이루어지는 것으로 나타나 친인척 간 상호작용의 기능에 있어 부계와 모계친족을 차별하지 않는 서구의 대칭적 양계제와는 다소 구별되는 양상을 보인다(한경혜, 윤성은, 2004). 이와 같은 현상은 우리 사회가 가족의 구조적 측면에서는 부계적 연속성이 존속하고 있으나 실생활에는 사회적 환경의 변화에 적응하기 위한 전략으로 양계적 친족 관계를 형성하고 유지하는 것으로 평가할 수 있다(정현숙, 유계숙, 2001). 이렇듯 오늘날 친인척관계는 각자 처해진 상황에 맞추어 상호작용하고 상호 지지적인 사회적 관계망을 맺으며 변화해 나아가고 있다.

생각해 보기 Think about

친인척 간 서로 도와줄 수 있는 일

- 고민이 있을 때 관심을 갖고 물어주며 상담해 준다.
- 집에 일손이 필요하면 도와준다.
- 경제적 곤란 시 서로 도움을 준다.
- 자녀, 살림에 관한 정보를 제공해 준다.
- 함께 쇼핑이나 외식을 한다.
- 사회생활에 적응할 수 있도록 적절한 충고를 해준다.
- 필요할 때 자녀를 돌보아준다.
- 집안의 중요한 결정사항을 상의한다.

출처: 이기숙 외(2009). 결혼의 기술 2판.

1) 이외에 서로 도움을 주고받을 수 있는 일은 무엇이 있을까요?

2) 친인척 간 서로 도움을 주고받을 수 있는 일들 중에서 내가 할 수 있는 일들은 무엇이 있을까요?

3) 가족의 형태 및 인식 변화

가족의 형태가 다양해지고 가족이라고 생각하는 범위 역시 변화되고 있다. 2005년부터 5년마다 실시하고 있는 여성가족부의 가족실태조사를 바탕으로 변화하는 가족의 구성과 가족의 범위에 대한 인식을 살펴보면 다음과 같다.

먼저, 2015년과 2020년 세대 및 가족 형태는 〈표 10-1〉에 제시되어 있다. 2020년 기준 1세대 가구 22.8%, 2세대 가구 43.2%, 3세대 이상 가구는 3.2%, 1인 가구 30.4%, 비혈연 가구 0.5%로 나타났으며, 2세대 가구에서 '부부와 미혼자녀'로 구성된 가족은 전체 가구의 31.7%로 가장 높은 비중을 차지하였다.

2015년과 비교하여 살펴보면, 1인 가구는 21.3%에서 2020년 30.4%로 9.1% 증가하였으며, 자녀가 없이 부부만으로 구성된 가족은 역시 2015년 15.9%에서 2020년 22.1%로 6.2% 증가하였다. 반면, 부부와 미혼자녀 가족은 2015년 대비 12.5% 감소하였다. 이러한 결과를 토대로 우리 사회의 향후 가족형태는 2세대와 3세대 가구는 점차 줄어드는 반면, 1인 가구 및 1세대 가구는 증가될 것으로 예상된다.

▼ 표 10-1 세대 및 가족형태 비교(2015, 2020) (단위: %)

세대별	2015년		2020년	
	가구 구성별	비율	가구 구성별	비율
1세대 가구	부부	15.9	부부	22.1
	가구주+미혼형제자매	0.6	기타	0.7
	기타	0.1		
	소계	16.6	소계	22.8
2세대 가구	부부+미혼자녀	16.6	부부+미혼자녀	31.7
	부부+양친	44.2	부모+자녀부부	0.1
	부부+한부모	0.1	부+자녀부부	0.1
		0.4	모+자녀부부	0.4
	부+미혼자녀	2.0	부+자녀	1.8
	모+미혼자녀	7.4	모+자녀	7.9
	조부모+미혼손자녀	0.3	조부모+손자녀	0.2
	한조부모+미혼손자녀	0.5	조부 또는 조모+손자녀	0.3
	부부+미혼자녀 _부부미혼형제자매	0.2	기타	0.7
	기타	1.4		
	소계	56.4	소계	43.2
3세대 가구	부부+미혼자녀+양친	0.8	부모+자녀부부+손자녀	0.3
	부부+미혼자녀+부	0.4	부+자녀부부+손자녀	0.1
	부부+미혼자녀+모	2.7	모+자녀부부+손자녀	1.4

3세대 가구	기타	1.7	부모+부+손자녀	0.2
			부친+부+손자녀	0.0
			모친+부+손자녀	0.3
			부모+모+손자녀	0.2
			부친+모+손자녀	0.0
			모친+모+손자녀	0.3
			기타	0.4
	소계	5.7	소계	3.2
4세대 이상 가구		0.0	4세대 이상 가구	0.0
1인 가구		21.3	1인 가구	30.4
비혈연 가구		–	비혈연 가구	0.5

주: 2015년 가족실태조사까지 가족의 개념과 범주는 본인, 혈연 등의 관계를 중심으로 하여 함께 살고 있는 가족에 비혈연 동거인은 제외됨
출처: 김영란 외(2021). 2020년 가족실태조사 분석 연구.

한편, 자신이 가족이라고 생각하는 모든 사람에 대해 응답한 '주관적 가족의 범위'의 결과를 살펴보면 〈표 10-2〉와 같다. 2005년과 비교하였을 때, 전반적으로 모든 항목에서 응답자의 선택 비율이 낮아 가족의 범위를 상대적으로 좁게 인식하고 있는 것으로 유추할 수 있다.

2020년 기준을 기준으로 살펴보면, 부모(87.4%), 자녀(85.4%), 배우자(사실혼/비혼동거 포함, 83.5%), 형제자매(76.1%)가 높은 비율을 차지하였으며, 그 뒤를 이어 배우자의 부모(55.8%), 배우자의 형제자매(42.1%), 친조부모(41.6%), 형제자매의 배우자(35.7%), 며느리(34.5%), 친손자녀(34.0%), 외조부모(32.2%), 사위(30.5%), 외손자녀(29.6%), 배우자의 형제자매의 배우자(27.2%), 조카(23.2%), 이모(23.1%), 고모(22.7%), 아버지의 형제 및 배우자(22.5%), 외삼촌(21.3%)의 순으로 나타났다. 이러한 결과는 2015년 조사결과와도 유사한 패턴으로, 여전히 가족은 부모와 자녀, 배우자, 형제자매 등 좁은 범위의 혈연 및 혼인관계를 중심으로, 가부장적, 남성중심적 가족관계의 순위에 따라 확장됨을 확인할

수 있다(김영란 외, 2021).

특히 〈표 10-3〉과 같이 연령대별로 주관적 가족의 범위에 대한 인식을 살펴보면, 연령이 증가할수록 부모, 형제자매의 비율은 감소하는 반면, 배우자, 자녀, 배우자 부모, 사위, 며느리, 손자녀 등의 응답 비율은 증가하여 혼인을 통해 형성되는 관계를 가족으로 인식하고 중요하게 여기는 것으로 보인다.

▼ 표 10-2 주관적 가족의 범위(2005-2020) (단위: %)

구분	2005	2010	2015	2020
배우자	98.4	81.6	82.1	83.5
자녀	98.7	86.2	83.8	85.4
부모	92.8	77.5	86.3	87.4
배우자의 부모	79.2	50.5	56.9	55.8
형제자매	81.2	63.3	76.0	76.1
배우자의 형제자매	54.0	29.6	43.2	42.1
형제자매의 배우자 (형제, 제수, 올케 등)	46.4	25.3	38.6	35.7
배우자의 형제자매의 배우자 (동서, 처남댁)	37.5	20.4	29.2	27.2
친조부모 (친할아버지, 친할머니)	63.8	23.4	42.8	41.6
외조부모 (외할아버지, 외할머니)	47.6	20.5	33.2	32.2
아버지의 형제 및 배우자 (큰아버지, 큰어머니, 작은아버지, 작은어머니)	36.7 35.5	15.6	25.3	22.5
고모	34.2	16.8	25.9	22.7
이모	30.5	15.6	26.5	23.1
외삼촌	29.2	14.5	24.3	21.3
조카(친조카, 배우자의 조카)	31.6	16.3	26.5	23.2
사위	50.1	24.2	30.4	30.5
며느리	58.3	26.3	34.5	34.5
친손자녀	58.9	26.5	33.3	34.0

외손자녀	47.7	24.5	29.0	29.6
함께 살고 있는 비혈연자	5.5	1.1	3.3	3.5

주1) 복수응답

2) 2005년 조사에는 1차조사에서는 큰아아버지, 큰어머니, 작은 아버지, 작은 어머니를 분리하여 조사하였으나, 2010년부터는 아버지의 형제 및 그 배우자로 합하여 조사함

출처: 장혜경 외(2005). 가족실태조사; 조희금 외(2010). 2010년 제2차 가족실태조사; KOSIS(kosis.kr) 재구성

▼ 표 10-3 연령대별 주관적 가족의 범위(2020) (단위: %)

분	20대	30대	40대	50대	60대	70대 이상
배우자	68.9	87.6	90.1	91.4	91.8	90.7
자녀	66.9	85.2	91.0	94.7	96.0	97.5
부모	97.6	89.7	85.3	85.9	81.0	78.1
배우자의 부모	42.2	61.5	63.6	63.3	59.5	56.0
형제자매	88.8	79.0	74.3	73.7	66.2	67.6
배우자의 형제자매	32.1	47.9	49.6	47.0	42.4	41.5
형제자매의 배우자	28.7	38.7	42.5	41.4	34.9	33.5
배우자의 형제자매의 배우자	20.2	29.3	33.7	31.0	26.6	25.8
친조부모	43.9	39.6	39.9	43.3	39.2	38.9
외조부모	36.2	32.0	32.5	31.9	27.5	25.7
아버지의 형제 및 배우자	24.7	19.2	20.6	23.5	22.2	23.5
고모	26.1	18.6	20.3	22.9	22.2	21.7
이모	28.5	19.3	20.9	22.6	20.7	20.5
외삼촌	25.4	17.9	19.7	21.0	19.4	19.3
조카(친조카, 배우자의 조카)	23.4	22.3	25.0	24.1	23.4	22.1
사위	21.8	19.8	23.0	34.8	46.1	50.5
며느리	23.1	21.5	24.5	39.1	54.2	62.2
친손자녀	23.6	20.1	23.6	37.4	53.8	63.4
외손자녀	21.2	17.9	22.2	32.9	45.6	51.3
함께 살고 있는 비혈연자	4.8	3.1	3.4	3.9	2.8	2.2

주: 복수응답

출처: KOSIS(kosis.kr)

생각해 보기 Think about

우리 가족

'우리 가족'이라고 생각할 때 포함되는 사람을 모두 골라 주십시오.

① 배우자(사실혼, 비혼 동거 포함)	② 자녀
③ 부모	④ 배우자의 부모
⑤ 형제자매	⑥ 배우자의 형제자매
⑦ 형제자매의 배우자(형수, 제수, 올케 등)	⑧ 배우자 형제자매의 배우자(동서, 처남댁 등)
⑨ 친조부모(친할아버지, 친할머니)	⑩ 외조부모(외할아버지, 외할머니)
⑪ 아버지의 형제와 그 배우자	⑫ 고모
⑬ 이모	⑭ 외삼촌
⑮ 조카(친조카, 배우자의 조카)	⑯ 사위
⑰ 며느리	⑱ 친손자녀
⑲ 외손자녀	⑳ 함께 살고 있는 비혈연자
㉑ 기타( )	

출처: 김영란 외(2021). 2020년 가족실태조사 분석 연구.

1) 선택한 사람이 우리 가족이라고 생각한 이유는 무엇입니까?

2) 선택하지 않은 사람이 우리 가족이라고 아니라고 생각한 이유는 무엇입니까?

3. 양가의 가족관계

시어머니와 며느리, 장모와 사위는 결혼한 부부가 상호작용을 하는 대표적인 인척이다. 인척관계는 혈연관계가 아닌 두 사람이 각 배우자를 매개로 하여 인위적인 관계를 맺는 것이기에 가족 내에서 상대적으로 갈등이 일어나기 쉽다. 이들 간의 관계에서 갈등은 당사자뿐만 아니라 가족 전체에 부정적인 영향을 줄 수 있으므로 행복한 가족생활을 영위하기 위해서는 이들 간에 발생할 수 있는 갈등에 대해 알고 이를 원만하게 해결하여 우호적인 관계를 유지하는 것이 중요하다고 볼 수 있다. 이에 본 장에서는 고부 및 장서관계의 갈등 원인과 해결방안을 중심으로 양가의 가족관계를 살펴보고자 한다.

1) 고부관계

(1) 고부갈등의 원인

전통사회의 고부갈등은 '시어머니 우위형' 고부갈등으로 부계중심적 가족구조 안에서 장유유서의 가족 원리에 따라 발생하였다. 즉, 막강한 권력을 갖게 된 시어머니에 비해 며느리는 가족 내 가장 낮은 위치에 놓이게 되고, 이에 따라 일방적인 시집살이를 함으로써 고부갈등이 생겨난 것이다(구자경, 1999). 반면, 남녀평등과 민주적 의사소통이 이루어지는 현대사회에서는 가족의 상황과 여건에 따라 고부관계가 다양한 양상을 보인다. 현대사회의 고부갈등은 갈등 원인에 따라 권력구조적 갈등, 역할구조적 갈등, 애정구조적 갈등, 생활구조적 갈등 등 4가지 유형으로 분류된다. 각 유형에 따른 고부갈등을 살펴보면 다음과 같다(문지영, 2016; 문혁준, 양성은, 김상림 외, 2020; 전귀연 외, 2021; 최규련, 2007).

① 권력구조적 갈등

권력구조적 갈등은 시어머니가 며느리에게 자신의 권한을 행사하려고 하지만, 며느리는 자신의 지위와 권리를 찾으려 하기에 생기는 갈등이다. 즉,

고부간에는 가사, 제사를 비롯하여 집안행사, 손자녀 양육 등과 같은 주부권에서 시어머니는 본인이 주도권을 갖고 며느리가 종속자의 역할을 갖기를 원하지만, 며느리가 이러한 문제에 대해 자신의 주권을 주장할 때 갈등이 발생할 수 있다. 그러나 현대사회로 오면서 시어머니의 권한은 쇠퇴하고 며느리의 주부권 행사 비율이 높아짐에 따라 보다 협력적인 관계로 전환되고, 시어머니와 며느리는 각각 경제적 독립권을 가지는 경우가 증가하고 있어 이러한 갈등은 감소하는 추세이다. 그러나 시어머니와 동거할 경우 양측 모두 주부권을 가지게 되어 고부간의 갈등이 사라지기 어려울 수 있으며, 과거와 달리 며느리도 본인의 의사를 표현하는 민주주의적 의사소통이 증가하여 권력구조로 인한 갈등이 표출될 확률도 증가할 수 있다. 또한, 경우에 따라 세력관계의 역전현상이 일어나 시어머니가 '며느리살이'를 하는 상황 속에서 시어머니가 어려움을 호소하는 신(新) 고부갈등이 생겨나기도 한다.

② 역할구조적 갈등

역할구조적 갈등은 고부 사이의 역할에 대한 상호기대와 수행의 불일치로 발생하는 갈등이다. 전통사회에서 며느리의 일차적인 의무는 시부모 부양과 자손(특히 아들) 출산이었으나 오늘날 며느리는 아내의 역할이나 어머니로서 자녀 양육에 몰두하지만 며느리로서 시부모 부양의 역할은 경시하는 경향이 있다. 즉, 시어머니는 며느리에게 전통적인 여성의 아내, 며느리, 어머니의 역할을 강조하는 반면, 며느리가 이러한 역할을 소홀히 하거나 현대사회의 새로운 여성상을 추구할 때, 시어머니는 자신이 무시당한다고 생각하게 되어 고부갈등으로 이어질 수 있다. 그러나 오늘날 며느리의 취업으로 인하여 시어머니가 손자녀 양육을 하고 가사노동의 협력자로서 역할을 수행함으로써 고부간의 협력적인 관계가 더 강화될 수도 있다.

③ 애정구조적 갈등

애정구조적 갈등은 밀착된 모자관계로 인하여 며느리를 향한 아들의 애정에 대해 시어머니가 질투를 느껴 생기는 갈등이다. 이는 전통 부계사회에서뿐만 아니라 현대사회에서도 고부갈등의 원인이 된다. 특히 심한 시집살이를 한 시어머니, 젊은 시절 남편과의 관계가 소원하여 자녀 양육에 매진하거나 일찍 남편을 잃고 아들에게 심적으로 크게 의지해 온 시어머니, 경제적 어려움 속에도 헌신적인 뒷바라지로 아들을 성공시킨 시어머니 등과 같이 밀착된 모자관계가 형성된 경우 갈등이 심화될 수 있다. 오늘날 핵가족을 지향하는 며느리는 부부중심의 애정결합을 중요하게 여겨 시어머니와는 상반된 태도를 보일 수 있다. 즉, 시어머니는 아들의 며느리에 대한 애정을 질투하여 며느리를 경쟁자로 인식하는 반면, 며느리는 남편의 애정을 독점하려는 경향이 생겨 고부간 갈등이 심화될 수 있다.

④ 생활구조적 갈등

생활구조적 갈등은 고부간의 성격차이, 세대차이, 생활환경 및 가치관의 차이로 인해 유발된다. 시어머니는 친족중심의 가족주의, 시댁 우선, 남성 우위의 사고방식, 어른 공경과 효를 강조하는 가치관을 지니는 반면, 며느리는 개인주의, 부부중심, 양성평등의 사고방식을 지니므로 가정생활에서 충돌이 발생할 수 있다. 구체적인 역할수행에 있어서 대부분의 시어머니는 가사와 집안의 대소사, 자녀 양육 등을 경험주의적, 전통적 방법으로 처리하려 하지만, 며느리 세대는 현대문명을 활용한 편리한 방법과 정보를 통해 논리적으로 접근하고자 한다. 예를 들어, 현대적인 사고방식을 가진 며느리는 명절 음식은 무조건 직접 만들어야 한다거나 손빨래를 선호하는 시어머니와 충돌이 발생할 것이다. 이렇듯 시어머니와 며느리는 각기 다른 시대에 태어나 생활했으므로 가치관에 상당한 차이가 있을 수 있으며, 시어머니가 자신의 경험을 표준화하여 며느리에게 기대하게 될 경우 고부갈등은 더욱 심화될 수 있다.

읽을거리

SNS에서 벌어지는 '新 세대갈등'

한 포털사이트에 'SNS 시집살이'라는 제목의 글이 화제가 됐습니다. 내용은 이렇습니다. 30대 주부인 이 모 씨는 시어머니가 SNS 친구 신청해 온 것을 발견했습니다. 아무래도 신경이 쓰여 망설여졌지만, 거절하는 것도 예의가 아닌 것 같아 이 씨는 신청을 승낙했습니다. 하지만 사진을 올릴 때마다 시어머니의 지적이 이어졌습니다. 남편과 함께 찍은 프로필 사진을 본 시어머니는 '잘 나온 사진이 아니니 바꾸라'며 연락을 했습니다. 남편이 차린 밥상 사진에는 '우리 아들이 고생한다'며 댓글을 남겼습니다. 아이들 사진을 게시하면, '옷이 낡았다', '머리가 엉망이다'라며 전화가 걸려왔습니다.

SNS의 사용연령이 높아지면서, '신(新) 세대갈등' 내지는 '신(新) 고부갈등'이 늘고 있습니다. 주부들이 활동하는 한 인터넷 카페에서는 "시어머니와의 갈등으로 SNS를 비공개했다", "시부모님이 인스턴트메시지를 보내지 않는다고 섭섭해하신다"는 등 고충을 토로하는 글을 쉽게 찾아볼 수 있습니다. 며느리들 사이에서는 이른바 '시어머니 대피법'과 관련된 글이 공유되기도 합니다.

또한, 시어머니와의 갈등을 피하고자 사적인 내용이 있는 기존 SNS를 탈퇴하거나, 공개용 계정을 따로 만드는 '자발적 SNS 난민'이 급증하고 있습니다. 소통의 공간으로 불리는 SNS에서 특정인과의 소통을 피하기 위해 단절을 택하는 아이러니한 상황이 벌어지고 있는 겁니다.

출처: SBS 뉴스(2017.06.24). [리포트+] '친구 신청'한 시어머니…SNS 난민에 '新 세대갈등'까지.

(2) 고부갈등의 해결방안

고부관계는 결혼에 의해 맺어진 관계로 부모-자녀처럼 혈연도 아니며 배우자처럼 공통적인 경험이나 친밀감에 기초하여 선택한 관계도 아니기에 서로 친밀해지는 데에는 시간이 걸린다. 따라서 이들 사이에 발생하는 갈등은 당연할 수 있다. 고부간의 갈등은 시어머니와 며느리의 삶의 질을 저하시킬 뿐만 아니라 부부관계에 부정적인 영향을 미치고 모자관계 또는 조부모-손자녀관계를 단절시키는 등(문혁준, 양성은, 김상림 외, 2020; 전귀연 외, 2021) 전반적인 가족관계의 문제로 확대될 수 있다.

읽을거리

고부관계 증진 프로그램

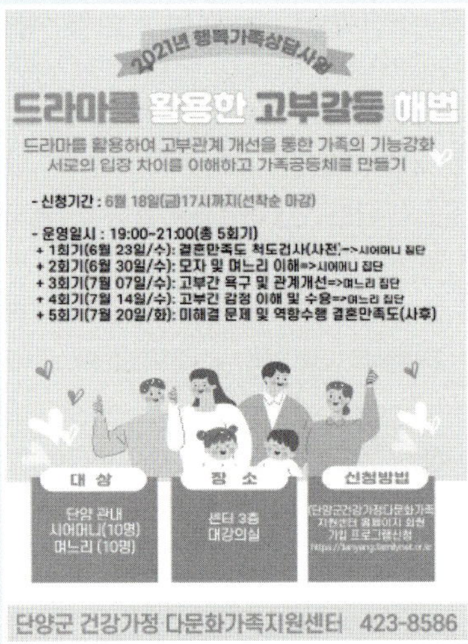

출처: 단양군 가족센터(danyang.familynet.or.kr)
거제시 가족센터(geoje.familynet.or.kr)

한편, 고부관계에서 갈등이 발생할 경우 갈등의 당사자인 시어머니는 아들을 통해, 며느리는 남편을 통해 자신의 입장을 전달하거나 문제를 해결해 주기를 원하는 경우가 있다. 이러한 과정에서 남성은 효과적인 중재자 역할을 수행하기보다 중재를 시도하는 과정에서 양측의 오해를 증폭시키는 경우가 많아 고부간의 갈등을 해결하는 것은 매우 어려운 문제라고 볼 수 있다(전귀연 외, 2021; 정현숙, 유계숙, 2001). 고부간의 갈등을 해결하고 관계를 증진시키기 위한 방안은 다음과 같다(문혁준, 양성은, 김상림 외, 2020; 전귀연 외, 2021; 정현숙, 유계숙, 2001).

첫째, 모든 가족원들은 고부관계 역시 인간관계의 하나이기에 갈등은 발생할 수 있음을 인정하고 고부지간이 모녀지간과 같아지기를 바라는 환상 대신 현실적 수준의 기대를 할 필요가 있다.

둘째, 시어머니는 아들 가족을 하나의 독립체로 받아들여 자녀의 부부관계를 간섭하지 말고 인정해 주어야 한다. 또한, 며느리는 시어머니 역시 노인이기에 주장, 정서적 의존성, 반복적 얘기, 고집 등 노인의 특성과 요구를 이해하고 시어머니에게 적절한 역할 수행의 기회를 마련해 주어야 한다.

셋째, 고부간 갈등이 발생할 경우 시어머니와 며느리는 이를 피하기보다 서로 적극적인 대화를 통해 갈등을 적절히 표출하고 문제의 원인을 찾아 해결하도록 노력할 필요가 있다. 또한, 갈등 발생 시 아들(남편)은 중립적인 입장에서 고부가 서로 편견이나 오해 없이 상대의 입장을 이해하도록 중재하는 역할을 수행할 필요가 있다.

넷째, 시어머니와 며느리가 함께 지역사회에서 실시하고 있는 고부관계 증진 프로그램에 참여하는 것은 효과적인 의사소통 기술을 습득하고 고부간의 갈등을 일으키는 역기능적 요소를 제거시키는 데 도움이 될 것이다.

다섯째, 노부모와 자녀세대 양측이 각자의 독립된 생활에 대한 책임과 권한을 갖고 상호 협조하는 관계를 유지하여야 한다. 이를 위해서는 양측 모두 경제적 독립이 우선되어야 하며, 특히 노인세대에게는 경제적 독립과 노후소득을 보장해 주는 제도적 지원이 필요하다. 또한, 건강한 고부관계를 위해서는 현대사회의 가치관이나 세대차이에 대한 이해 역시 요구되기에 지역사회에서는 노인정이나 노인대학의 활성화를 통해 효율적인 교육 프로그램을 제공할 필요가 있다.

생각해 보기 Think about

고부갈등

시어머니	• 며느리에게 가사 주도권 및 경제권, 자녀양육권을 양도하고 협조한다. • 며느리를 딸처럼 여기고 상호 존중하는 태도, 인격체로 받아들임으로써 애정과 믿음을 갖는다. • 노인대학, 경로당, 평생교육 프로그램에 참여하여 변해가는 시대를 경험하고 이에 적응하려는 자세를 가진다. • 노인이 될수록 가족에 의존할 수밖에 없음을 인식하고 가족과 화목하려는 성숙한 노인이 되도록 자신을 계발한다.
며느리	• 시어머니에 대한 무조건적인 부정적인 선입관을 갖지 않도록 한다. • 웃어른에 대한 예우를 하며 집안의 중요한 행사는 의견을 존중하고 실행하며, 일상생활에 조언을 구한다. • 세대차이란 필연적으로 있을 수밖에 없음을 인정한다. • 기념일에는 선물이나 용돈을 드려 친밀한 관계를 유지하고 생활의 재미를 드린다. • 분거 시에는 전화 · 방문 등을 소홀히 하지 않도록 한다. • 손자녀와 좋은 관계를 유지할 수 있도록 환경을 제공한다.
아들(남편)	• 고부관계에 있어 자신은 방관자가 아닌 조정자 역할임을 유념하고 이를 요령 있게 수행한다. • 전체 가족구성원의 역동성을 파악한다. • 아내와 어머니의 특성, 과거의 배경 등을 이해시켜 서로 오해의 소지가 없도록 한다. • 모임이나 여행 등을 통해 가족 전체가 모일 기회를 마련하여 공동체 의식을 갖도록 한다.

출처: 문혁준, 양성은, 김상림 외(2020). 결혼과 가족; 문혁준, 양성은, 김혜금 외(2020). 가족관계; 옥선화 외(2006). 결혼과 가족 재구성.

고부갈등을 해소하기 위한 시어머니, 며느리, 아들(남편)의 노력은 위와 같은 방법들이 있습니다. 이외에 서로 어떠한 노력을 할 수 있을까요? 구체적인 방법에 대해 이야기해 봅시다.

1) 시어머니 측

2) 며느리 측

3) 남편(아들) 측

2) 장서관계

한국 전통사회는 부계적 친족관계를 중심으로 공동체를 이루며 살았으나 산업화와 도시화를 거치며 그 양상은 변화되었다. 아내의 입장에서 시가는 명절, 제사, 경조사 등 의무적이고 형식적인 의례적 활동을 함께하고 경제적, 도구적 도움을 제공하는 곳인 반면, 친정은 시가에 비해 자발적이고 친밀한 사교적 활동을 함께하고 호혜적 관계를 유지하여 일상생활에서 다양한 도움을 주고받을 수 있는 곳이다(원정은, 2016). 즉, 현재 우리 사회는 사회적 지원망으로 아내의 친족과 교류가 활발해짐으로써 부계중심에서 탈피한 양계화가 가속화되고 있어(한경혜, 윤성은, 2004) 장모와 사위 관계도 과거보다 더 긴밀한 영향력을 주고받게 될 것이다(Reczek et al., 2010). 그러나 장서관계는 고부 관계와 마찬가지로 결혼을 통해 이루어지는 친족관계이기에 갈등은 발생되기 마련이다. 이에 장서관계에서 갈등이 발생하는 원인에 대하여 살펴보면 다음과 같다(원정은, 2016; 전세송, 2013).

(1) 장서갈등의 원인

첫째, 장모와 사위 간의 가치관 차이가 장서갈등의 원인이 될 수 있다. 장모는 아들처럼 사위가 자신을 배려해 주길 바라면서도 딸의 부부관계에 문제가 발생할 경우 딸의 편에 서는데 이러한 태도는 장모와 사위 간의 관계에 있어서 갈등을 유발할 수 있다. 또한, 사위의 경우에도 여성의 의식 변화 속도를 따라가지 못하거나 처가와 본가를 동등하게 보지 않고 본가를 더 중요시하는 등 가부장적 사고를 가지고 있다면 이는 장서 간의 갈등의 요소가 될 수 있다.

둘째, 여성의 교육 수준과 경제활동 참여율의 증가에도 주목해 볼 필요가 있다. 한국 여성의 높은 교육열은 적극적인 사회경제활동으로 이어졌으며, 이는 사회 전반에 걸쳐 영향을 미치게 되었다(김승권, 2011). 특히 기혼여성의 사회 진출이 늘어나면서 과거 아내의 몫으로 여겼던 가사 및 양육 등을 친정어머니로부터 원조받는 여성들이 증가하였다. 이렇듯 처가와의 빈번한 교류로 장모와 사위가 부딪힐 수 있는 소지가 증가하여 갈등을 겪을 기회가 많아진다고 볼 수 있다(오혜정, 박경란, 2011).

셋째, 딸을 독립시키지 않는 장모와 독립하지 않는 딸은 장서갈등의 원인이 될 수 있다. 가족에게 출가외인이라고 여겨진 기혼여성에 대한 전통적 사고가 약해지면서 부모는 딸과 더 많은 애정을 나누고 정서적으로 의존하게 되었다. 핵가족 사회에서 친밀감을 드러내는 모녀관계에서는 결혼 후에도 엄마가 딸의 일거수일투족을 조정하려 할 수 있으며(전귀연 외, 2021), 이는 사위에 대한 영향력 행사로 이어질 수 있다. 딸에 대한 어머니의 애착은 딸을 귀하게 여기고 무조건적으로 딸을 위하는 태도로 이어질 수 있으며, 이 경우 딸은 친정어머니와 분리되지 못하고 결혼 전과 동일하게 의존하는 행동을 보임으로써 장모 사위 간의 갈등을 부추기는 원인이 될 수 있다. 즉, 장모에게 지나치게 의존적인 아내와 딸의 부부생활에 지나치게 간섭하는 장모 사이에서 사위가 적절하게 적응하지 못하면 장서갈등이 생겨날 수 있다(유연지 외, 2008). 이와 더불어 장모와 아내의 관계가 지나치게 밀착된 경우에도 가족의 경계선이 불명확해짐으로써 장서갈등이 발생할 수 있다.

읽을거리

백년손님은 옛말, '처(妻)월드'에 숨막혀요

장모와 사위 간 갈등이 가족 문제 한복판에 섰다. 여성의 사회적 참여가 늘어나고 경제력이 상승하면서 아내와의 유대관계가 깊은 처가, 특히 장모로부터 육아·가사일 등의 지원을 받게 되는 사례가 늘어나고 있다. 양육보조자로서 육아 지원은 물론 집안 대소사에 대한 간섭이 늘어나면서 사위의 속앓이가 깊어지는 것이다. 가족 문제의 고질적인 원인으로 꼽혔던 고부갈등이 '장서갈등'으로 옮겨가는 분위기다.

통계청 발표에 따르면 맞벌이 부부 중 시부모로부터 생활지원(육아, 청소, 식사준비 등 포함)을 받는 비율은 2006년 14%에서 2016년 7.9%로 감소했다. 반면에 같은 기간 처가로부터 도움을 받는다고 답한 부부는 17%에서 19%로 증가했다. 처가와는 점점 가까워지고 시댁과는 점점 거리가 생기는 셈이다.

장서갈등이 결국 이혼으로 이어지는 사례도 느는 것으로 파악된다. 재혼전문 결혼정보회사 온리유가 2018년 이혼을 경험한 남녀 512명을 대상으로 조사한 결과, 이혼을 결심하게 된 계기로 여성은 성격차이(34.4%), 경제적문제(29.3%), 외도(19.1%), 폭력·폭행(7.4%) 등에 이어 다섯번째로 고부갈등(2.3%) 등을 꼽았다. 반면 남성은 성격차이(56.6%), 외도(11.3%) 등에 이어 장서갈등(10.9%)을 꼽았다. 장서갈등이 고부갈등보다 더 주요한 이혼 사유가 된 것이다.

장서갈등은 특히 젊은 부부들 사이에서 심각한 문제로 부상하고 있다. 맞벌이 부부가 대부분인 20~30대 젊은 부부들에게 가정경제나 가사, 자녀계획까지 장모가 간섭하는 일이 잦아지면서다. 장모 입장에선 귀하게 키운 딸이 결혼 후 '부당한 대접을 받고 힘든 결혼생활을 한다'는 생각에 사위를 대하는 태도가 부정적으로 바뀌거나 부족한 면을 지적하게 되는 것이다. 이 같은 현실을 반영해 시집살이를 가리키는 '시월드'에 빗댄 '처월드'라는 신조어가 유행하기도 한다.

출처: 아시아경제(2020.02.07). 백년손님은 옛말, '妻월드'에 숨막혀요.

(2) 장서갈등의 해결방안

과거와 달리 처가와의 물리적, 정서적 거리가 더 가까워짐에 따라 장모와 사위는 더욱 긴밀한 영향력을 주고받는 관계가 되어 갈등은 증가될 수밖에 없다. 배우자 부모와의 관계의 질은 부부 당사자들의 행복에 상당한 영향을 미치고(이현, 2010), 특히 장서갈등은 사위의 결혼만족도에 영향을 주므로(배대길, 2016) 장서관계는 당사자 간의 문제를 넘어 부부의 결혼생활에도 영향을 줄 수 있는 중요한 관계라고 볼 수 있다. 장모와 사위의 관계는 기존의 부모자녀관계가 아닌 새롭게 형성된 관계이기에 장서갈등이 발생할 경우 이러한 갈등은 매우 자연스러운 현상임을 인식하고 이를 슬기롭게 대처할 필요가 있다. 장서관계를 증진하기 위한 구체적인 방안에 대해 살펴보면 다음과 같다(전귀연 외, 2021).

첫째, 장모의 의식 변화가 요구된다. 장모는 성인이 된 딸을 존중하고 결혼을 통해 독립된 가정을 이룰 경우, 이를 인정해 주고 사위와 딸의 결정권을 존중해 줄 필요가 있다. 장모는 자녀의 가정에 지나친 간섭이나 사위의 행동에 사사건건 참견하는 행동을 삼가야 한다.

둘째, 딸은 원가족과의 경계를 명확히 하는 것이 필요하다. 원가족과의 분명한 경계는 가족구성원 간 서로 지지적이고 서로를 잘 돌볼 뿐만 아니라 상호 간의 자율성을 존중할 수 있게 한다(Minuchin, 1984). 반면, 부모와 결혼한 자녀의 경계가 지나치게 밀착, 응집되어 있을 경우 고부갈등, 장서갈등과 같은 배우자 가족 갈등을 유발시킨다(원정은, 2016). 따라서 집안 대소사나 여러 가지 결정을 해야 할 경우 딸은 자신의 부모가 아닌 남편과 상의하고 그 결정을 우선하는 태도를 보일 필요가 있다. 이와 더불어 경제적, 도구적 지원 문제를 무조건적으로 의존하기보다 독립적으로 하려는 자세를 갖출 필요가 있다.

셋째, 갈등이 발생할 경우 서로를 비난하거나 관계를 단절하기보다 충분한 대화를 통해 자신의 입장에 대한 이해와 공감을 이끌어 냄으로써 관계의 질 향상을 위해 노력할 필요가 있다. 앞서 살펴본 고부갈등 해결방안에서 남편의 중재자 역할이 중요하듯 장서갈등이 발생할 경우 이번에는 아내가 중립적인 입장에서 장모와 사위가 편견과 오해 없이 서로의 입장을 이해할 수 있도록 중재하는 역할을 성실히 수행해야 한다.

넷째, 인간관계에서 갈등은 항상 존재하기 마련이며, 장서 간의 갈등 역시 인간관계에서 발생하는 갈등 중 하나이다. 따라서 자녀의 결혼을 통해 형성되는 새로운 인척관계에서 발생하는 갈등 역시 새로운 가족을 맞이하는 적응의 과정으로 받아들이는 태도가 필요하다. 이러한 태도를 바탕으로 장모와 사위는 서로 상대방의 입장을 생각하는 마음을 갖고 더 나은 관계를 형성하기 위하여 서로 노력해야 한다.

다섯째, 사회적 지원 장치가 요구된다. 과거에 비해 딸과 친정부모관계가 더욱 밀접해짐에 따라 남편 역시 처가 친족과의 상호작용이 증가하면서 장서갈등은 새로운 형태의 가족문제로 주목받게 되었다. 이에 따라 지역사회에서는 장서관계 증진을 위한 프로그램 및 상담, 비슷한 갈등을 겪고 있는 자조집단 형성, 의식 변화를 위한 교육 등을 지속적으로 제공함으로써 최근 사회적 문제로 대두된 장서갈등을 해소하고 이들의 관계를 증진시킬 수 있도록 도움을 주어야 한다.

참고문헌

구자경(1999). 시어머니와 며느리가 지각하는 고부갈등. 이화여자대학교 교육대학원 석사학위논문.

김승권(2011). 미래 한국가족의 전망과 정책과제. **보건복지포럼, 175**, 5-22.

김영란, 주재선, 정가원, 배호중, 선보영, 최진희, 김수진, 이진숙(2021). 2020년 가족실태조사 분석 연구. 여성가족부.

김자영, 강승묵(2011). 가족법 개정과 대학생의 친족 및 姓과 本에 대한 의식변화에 관한 연구. **법학연구, 34**, 169-192.

김혜경(2007). 여성의 노동사를 통해 본 일과 가족의 접합: 60 년대 산업화 이후 친족관계의 변화를 중심으로. **페미니즘 연구, 7**(2), 37-82.

문지영(2016). 며느리의 지각된 고부갈등과 자아탄력성 및 주관적 웰빙 간의 관계. 삼육대학교 대학원 석사학위논문.

문혁준, 양성은, 김상림, 손서희, 윤수정, 천희영(2020). **결혼과 가족.** 서울: 창지사.

문혁준, 양성은, 김혜금, 천희영, 권영인, 조한숙(2020). **가족관계.** 서울: 창지사.

배대길(2016). 남편이 지각한 장모와의 갈등이 결혼만족도에 미치는 영향: 아내의 의사소통유형을 매개로. 신라대학교 일반대학원 석사학위논문.

아시아경제(2020.02.07). 백년손님은 옛말, '妻월드'에 숨막혀요.

안혜숙(2005). 도시 기혼남녀의 전통적 효 규범의식과 친척유대간의 관계에 관한 연구. **대한가정학회지, 43**(5), 183-198.

여성가족부(2021). 가족다양성에 대한 국민인식조사.

여성한국사회연구회(1995). 한국가족문화의 오늘과 내일. 서울: 사회문화연구소.

오혜정, 박경란(2011). 장모-사위 관계에서 사위가 지각하는 스트레스, 대처방법과 관계의 질. **한국생활과학회지, 20**(6), 1093-1107.

옥선화, 정민자(1992). **결혼과 가족.** 서울: 하우.

옥선화, 정민자, 고선주(2006). **결혼과 가족.** 서울: 하우.

원정은(2016). 장모-사위 갈등에 관련된 제변인 연구. 성신여자대학교 일반대학원 박사학위논문.

유연지, 조현주, 권정혜(2008). 부부의 원가족 특성과 고부 · 옹서 갈등이 결혼만족도에 미치는 영향. **한국심리학회지: 여성, 13**(4), 433-451.

이광자(1989). 우리나라 친족관계의 지속과 변화에 관한 연구. 연세대학교 대학원 박사학위논문.

이기숙, 김득성, 공미애, 김은경, 전영주, 손태홍, 오경희(2009). **결혼의 기술** (2판). 서울: 신정.

이병태(2023). **법률용어사전.** 서울: 법문북스.

이투데이(2021.09.14). 국민 10명 중 7명 "정서적 친족 범위는 4촌까지"…민법은 8촌 이내까지로 괴리 커.

이현(2010). 고부갈등이 결혼만족도에 미치는 영향: 자존감과 비난의 매개를 중심으로. 고려대학교 대학원 석사학위논문.

장혜경, 김혜영, 홍승아, 은기수, 이명진, 김영란, 주재선, 송치선(2005). **가족실태조사.** 여성가족부.

전귀연, 이지민, 이순복, 임지영, 박혜란, 배문조, 임주영, 정유진, 김은지, 신현정(2021). **결혼준비교육.** 서울: 신정.

전세송(2013). 장모의 개인적 관계적 변인이 장모-사위 관계 만족도에 미치는 영향. 경북대학교 대학원 박사학위논문.

전세송, 김수경, 전귀연(2011). 장모-사위 간 관계 변인이 사위의 관계 만족도 및 부정적 지각에 미치는 영향. **대한가정학회지, 49**(7), 123-133.

정재기(2007). 한국의 가족 및 친족간의 접촉빈도와 사회적 지원의 양상: 국제간 비교의 맥락에서. **한국인구학, 30**(3), 157-178.

정현숙, 유계숙(2001). **가족관계.** 서울: 신정.

조희금, 송혜림, 박정윤, 권태희, 김경화, 김주현, 김혜영, 윤소영, 윤진숙, 이진숙, 정민자(2010). 2010년 제2차 가족실태조사. 여성가족부.

최규련(2007). **가족관계론.** 고양: 공동체.

한겨레(2022.05.10.). 아빠 성 따르는 '부성 주의' 폐지한다더니…1년 만에 뒤집혔다.

한경혜, 윤성은(2004). 한국가족 친족관계의 양계화 경향: 세대관계를 중심으로. **한국인구학, 27**(2), 177-203.

홍성대(2007). 한국 친족체계 변화에 관한 연구: 공계친족체계에서 부계친족체계로의 변화과정을 중심으로. 고려대학교 대학원 박사학위논문.

Bengtson, V. L., & Roberts, R. E. (1991). Intergenerational solidarity in aging families: An example of formal theory construction. *Journal of Marriage and the Family,* 856-870.

Budescu, M., & Silverman, L. R. (2016). Kinship support and academic efficacy among college students: A cross-sectional examination. *Journal of Child and Family Studies, 25*(6), 1789-1801.

Minuchin, S. (1984). *Family Kaleidoscope.* Cambridge: Harvard University Press.

Reczek, C., Liu, H. & Umberson, D. (2010). Just the Two of Us? How Parents Influence Adult Children's Marital Quality. *Journal of Marriage and Family, 72*(5), 1205-1219.

SBS 뉴스(2017.06.24). [리포트+] '친구 신청'한 시어머니…SNS 난민에 '新 세대갈등'까지.

[사이트]

거제시 가족센터. https://geoje.familynet.or.kr/center

단양군 가족센터. https://danyang.familynet.or.kr/center

청소년활동포탈 다잇다. http://www.daitda.or.kr

KOSIS. https://kosis.kr

CHAPTER

11

현대사회와 가족문제

1. 가족가치관의 갈등
2. 이혼
3. 가정폭력

CHAPTER

11 현대사회와 가족문제

최근 한국 가족은 현대사회의 산업화, 도시화, 정보화의 영향으로 급격한 변화를 경험하고 있다. 결혼 및 출산율의 감소, 가족구성의 변화, 다양한 가족형태의 증가 등과 같은 외형적인 변화와 전통적인 가치관과 가족관 등의 내면적인 변화의 속도와 변화 양상에서의 차이로 인해 다양한 가족문제와 구성원들 간의 갈등을 경험하고 있다. 오늘날 가족이 직면하고 있는 갈등과 문제들은 현대사회가 안고 있는 변화와 문제를 대변하는 것이며 단순히 그 가족만의 문제로 끝나는 것이 아니라 더 큰 사회문제를 야기할 가능성이 크므로 이에 대처하는 방안이 모색되어야 한다. 본 장에서는 한국 가족이 직면하고 있는 문제 중 가족가치관의 갈등, 이혼, 가족폭력에 대해서 살펴보고자 한다.

1. 가족가치관의 갈등

가족가치관은 가족이나 가족을 포함하는 삶의 방식에 대한 포괄적인 태도나 관점을 조직화한 관념체계(유계숙 외, 2018)를 의미한다. 가족이 사회의 다양한 영역과 상호작용하는 기초적인 사회제도라는 점을 고려할 때 가족가치관은 사회의 여러 영역에 대한 가치관과 인식 형성에 중요한 영향을 미치게 된다. 현재 한국의 가족가치관은 유교적인 측면을 강조하는 전통적인 가치관과 새로 유입된 서구의 다양한 가치관이 혼재함에 따라 가족구성원들의 성별이나 세대 간의 갈등을 유발하고 유대감을 약화시키는 요인이 되고 있다. 본 절에서는 최근 변화가 두드러지게 나타나는 가족가치관 갈등으로 결혼관, 자녀관, 부모부양관에 대해서 살펴보고자 한다.

1) 결혼관

결혼관은 결혼과 배우자를 어떻게 선택할지에 대한 개인의 태도 및 가치관을 의미한다. 미혼남녀의 결혼관은 그들의 결혼 의향과 실제 결혼을 선택하는데 중요한 역할을 하며 이는 혼인율에 직접 혹은 간접적으로 영향을 미친다.

전통사회에서 결혼은 가계를 계승하고 사회를 유지하는 수단으로 남녀가 성인이 되면 따라야 하는 통과의례였다. 결혼은 집안과 집안의 결합으로 여겨졌으며 개인의 의향이나 선택은 그리 중요하게 다루어지지 않았다. 그러나 최근에는 미혼남녀들에게 있어 결혼은 사회적 규범이나 가족문화와는 별개로 자신이 선택할 문제로 받아들여지고 있다. 결혼을 위해 자신의 일을 포기하거나 희생하기보다는 자아실현이나 자신의 가치를 높이는 데 더 집중하므로 결혼에 대해 부정적으로 보는 경향이 높아지고 있다.

미혼남녀(19~49세)의 결혼 필요성에 대한 태도 조사에서 '해도 좋고 하지 않아도 좋다'라는 응답이 51.7%(남자 46.3%, 여자 59.9%)로 가장 많았으며, '하는 편이 좋다'는 30.6%(남자 36.2%, 여자 22.0%), '하지 않는 게 낫다'라는 응답은 7.9%(남자 5.8%, 여자 11.0%), '반드시 해야 한다'는 6.0%(남자 7.7%, 여자 3.4%)로 나타나 결혼이 '필수'가 아니라 '선택' 사항으로 인식하고 있음을 보여준다(통계청, 2022). 성별에 따라서는 남성에 비해 여성들이 결혼에 대해 더 부정적으로 인식하고 있는 것으로 나타났으며, 연령에 따라서는 연령이 낮을수록 결혼에 대해 더 부정적인 태도를 가지는 것으로 나타났다.

최근 미혼남녀의 결혼에 대한 부정적인 태도와 결혼 의향의 감소는 초혼연령의 상승과 혼인율 감소 현상을 초래하고 있다. 청년 취업의 어려움과 노동 시장의 불안정으로 인한 경제적인 어려움, 자녀 양육과 일 · 가정 양립의 어려움, 결혼 비용의 부담, 건강한 대인관계 형성과 유지의 어려움 등으로 인해 미혼남녀들은 결혼 시기를 늦추거나 비혼으로 남는 선택을 하게 된다. 이러한 결혼 지연과 비혼의 증가는 자연스럽게 저출산현상으로 이어지므로 미혼남녀의 결혼에 대한 태도와 가치관은 개인의 문제일 뿐만 아니라 사회적인 문제로 다루어지는 것이 필요하다.

2) 자녀관

결혼에 대한 가치관이 '필수'에서 '선택'으로 변화하고 있는 것과 유사하게 자녀출산에 대한 가치관도 변하고 있다. 전통사회에서 결혼은 가족과 가족, 가문과 가문의 결합이라는 인식이 지배적이었으며 결혼을 하면 자녀를 출산하는 것이 당연시되었다. 특히 가문의 대를 이을 남아를 출산하는 것은 결혼의 중요한 목표로 간주되어 왔다. 현대사회에서 자녀의 의미는 전통사회와 다소 차이가 있지만 여전히 대부분의 결혼한 부부들은 자녀를 갖기를 희망하고 있다. 그러나 자녀출산과 양육에 대한 태도에서는 많은 변화가 나타나고 있다.

과거와는 달리 자녀를 출산하여 가계를 계승하고 노후에 자녀에게 의존하겠다는 의식은 많이 약화되고 있다. 젊은 세대들은 자녀를 통한 자기실현보다는 부모 자신의 직업과 일을 통한 자기실현과 성취에 더 큰 가치를 두게 되면서 자녀출산은 선택의 문제로 변화되고 있다.

2022년 자녀 · 육아 인식조사에서 전체 응답자의 70% 이상(매우 그렇다 36%, 그런 편이다 34%)이 자녀가 있어야 한다고 응답하였으나 연령대에 따라 다소 차이가 있는 것으로 나타났다(이동한, 2022). 40대 이상의 응답자는 75% 이상 자녀가 있어야 한다고 응답하였으나 30대 이하에서는 50%(18~29세 44%, 30대 46%)에도 미치지 않는 것으로 나타났다. 미혼 응답자와 현재 자녀가 없는 응답자는 절반 이상이 반드시 자녀가 있어야 할 필요가 없다고 답해서 자녀관에 대한 가치관의 변화가 두드러짐을 알 수 있다.

자녀의 출산이 필수가 아니라 선택의 문제로 변화하면서 희망하는 자녀 수도 현저하게 감소한 것으로 나타났다. 2023년 한국 사회의 합계출산율(가임 여성 한 명이 평생 낳을 것으로 예상되는 아이의 숫자)은 0.78명으로 사상 최저치를 기록하였으며, OECD 국가 중에서도 가장 낮다. 이처럼 낮은 출산율은 인구감소와 고령화를 초래하는 심각한 사회문제 중의 하나이다. 저출산의 해결방안으로 보육시설을 확충하고 출산장려금, 출산 휴가, 육아 휴직 등의 다양한 출산장려 정책을 시행하고 있으나 크게 효과를 보지 못하는 상황이다. 최근에는 자녀의 출산문제에 대한 의견 불일치로 결혼을 포기하거나 결혼 후에도 임신과 출산에 대한 의견차이로 인해 이혼을 고려하는 부부들이 증가하고 있어 자녀출산 문제는 가족 간의 갈등을 야기하는 하나의 요인이 되고 있다.

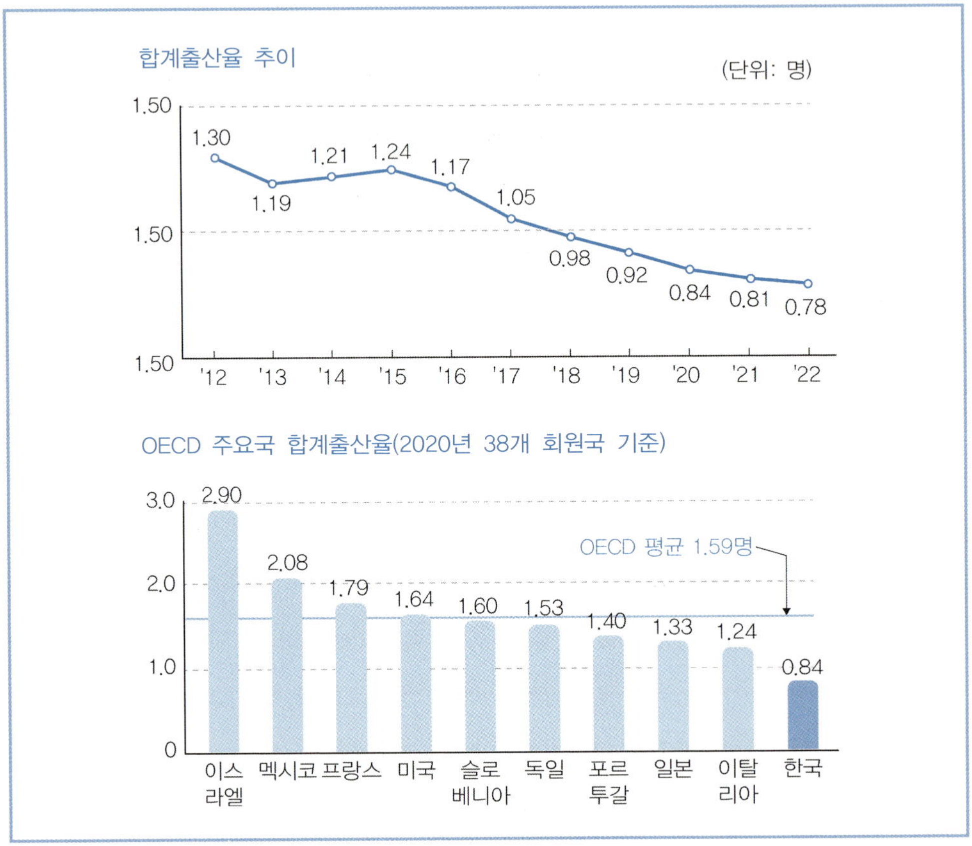

▲ 그림 11-1 합계출산율 추이 및 OECD 주요국 합계출산율

출처: 매일일보(2023.02.22). 연간합계출산율 0.7명대 추락 '인구절벽 가속화' 사망도 역대 최고.

3) 부모부양관

가족구성원들 간의 갈등을 유발하는 또 다른 가족가치관은 부모부양에 관한 부분이다. 전통사회에서 '효'는 가정과 사회의 근본을 이루는 규범으로 특히 가족 내에서는 세대 간의 위계질서를 유지하는 중요한 요소였다. 전통적인 효 사상에 따르면, 장남이 노부모와 함께 살면서 노부모를 정서적으로, 물질적으로 봉양하는 것이 가장 이상적인 부양방식으로 여겨져 왔다. 그러나 산업화와 도시화 과정에서 가족구조와 이념의 변화로 '효' 규범의 가치가 퇴색되고, 기혼여성 취업률의 증가로 가정 내에서 전통적인 방식의 부모부양이 어려워지고 있다.

또한 맞벌이 부부의 증가로 경제권을 갖게 된 여성들이 가족 내에서 가지는 권한이 커지고 이에 따라 가장 먼저 권리를 주장한 부분이 가족부양과 관련된 것이다. 여성들은 전통적으로 불편한 가족관계로 여겨지는 고부관계나 시댁과의 관계에서 벗어나기를 바라고 있으며 따라서 노부모의 부양 문제는 더 이상 가족 내의 문제만으로 다루어지기에는 어려움이 있다.

2020년 통계청의 사회조사결과에 의하면, 가족 내에서 부모부양이 이루어져야 한다는 비율이 22%로 2012년의 33.2%보다 11.2% 감소한 반면, 가족 · 정부 · 사회가 함께 나누어야 한다는 비율은 61.6%로 2012년보다 12.9% 증가한 것으로 나타났다. 최근 가정과 기관에서 증가하고 있는 노인 학대 문제는 급변하는 한국 사회에서의 부모부양의 갈등 상황을 보여주는 것이라 할 수 있다.

2. 이혼

이혼은 결혼한 부부가 당사자들이 모두 생존하는 동안에 협의 또는 재판상의 절차를 거쳐 법률상으로 혼인관계를 해소하는 것을 의미한다. 이혼은 가족의 해체와 일탈이라는 부정적인 관점에서 볼 수도 있으나 다른 한편으로는 불행한 결혼생활이나 파괴적인 가족관계를 해결하기 위한 최후의 선택이라는 대안적인 관점으로 볼 수도 있다. 최근에는 과거보다 이혼에 대한 긍정적인 측면이 강조되고는 있으나 이혼이 자녀나 배우자 사망 다음으로 스트레스가 높은 사건이고 이혼으로 인해 다양한 가족문제들이 야기될 수 있다는 점에서 관심을 기울여야 할 필요가 있다. 본 절에서는 이혼의 전반적인 현황과 사유를 살펴보고 이혼의 영향에 대해 살펴보고자 한다.

1) 이혼의 전반적인 현황

우리나라의 이혼 건수는 2003년을 정점으로 감소추세를 보이고 있으며, 특히 2020년 코로나-19 발생 이후 크게 줄었다. 통계자료에 따르면, 2020년 이혼 건수는 10만 7천 건으로 전년 대비 3.9%(4천건) 감소한 데 이어 2022년 이혼 건수는 9만 3천 건으로 전년대비 8.3% 감소한 것으로 나타났다. 이와 같이 이혼이 줄어드는 현상은 인구감소로 인해 전체적인 결혼건수가 줄어 이혼건수도 감소한 것으로 볼 수 있다. 또한 2007년 도입된 이혼숙려기간 제도로 인해 이혼 전 상담을 하거나 이혼에 대해 고민하는 시간을 가지게 된 것이 이혼 감소의 요인으로 작용할 수 있었던 것으로 보인다.

▼ 표 11-1 이혼건수, 조이혼율 및 유배우 이혼율(2012-2022)

구분	2012	2013	2014	2015	2016	2017	2018	2019	2020	2021	2022
이혼건수(천 건)	114.3	115.3	115.5	109.2	107.3	106.0	108.7	110.8	106.5	101.7	93.2
증감(천 건)	0.0	1.0	0.2	-6.4	-1.8	-1.3	2.7	2.1	-4.3	-4.8	-8.4
증감률(%)	0.0	0.9	0.2	-5.5	-1.7	-1.2	2.5	2.0	-3.9	-4.5	-8.3
조이혼율[1]	2.3	2.3	2.3	2.1	2.1	2.1	2.1	2.2	2.1	2.0	1.8
유배우 이혼율[2]	4.7	4.8	4.8	4.5	4.4	4.4	4.5	4.5	4.2	4.0	3.7

주1) 인구 1천 명당 건
주2) 15세 이상 유배우 인구 1천 명당 건수
출처: 통계청(2023). 2022 혼인 · 이혼 통계.

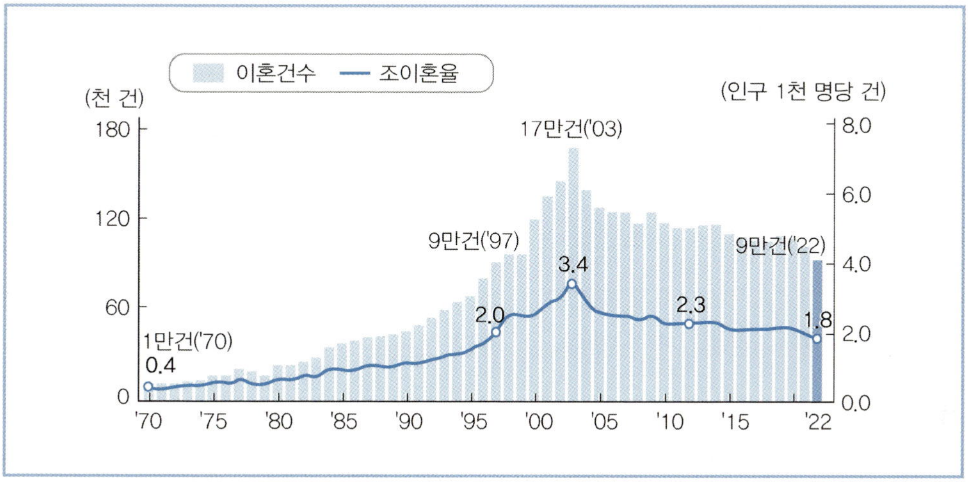

▲ 그림 11-2 이혼건수 및 조이혼율 추이(1970–2022)

출처: 통계청(2023). 2022 혼인 · 이혼 통계.

최근 만혼의 경향으로 평균 이혼연령과 재혼연령이 늦추어지고 있다. 2023년 통계청의 자료에 의하면, 2022년 평균 이혼연령은 남자는 49.9세, 여자는 46.6세로 전년에 비해서는 남녀 각각 0.2세, 0.1세 낮아졌지만, 10년 전과 비교했을 때는 각각 4.0세, 4.6세 상승하였다.

혼인지속기간별 이혼을 살펴보면, 이혼 부부의 평균 혼인 지속기간은 17.0년으로 전년대비 0.3년 감소하였으나, 10년 전 대비 3.3년 증가했다. 혼인지속기간별 이혼 구성비는 0~4년(18.6%), 5~9년(18.0%), 30년 이상(16.8%) 순으로 나타났으며, 혼인지속기간 24년 미만의 이혼은 감소하고 있는 추세인 반면, 혼인지속기간 25년 이상의 이혼은 지속적으로 늘어나고 있는 추세이다. 특히 혼인지속기간 30년 이상의 황혼기 이혼은 지난 10년에 비해 2배 이상 증가했다(통계청, 2023).

이러한 현상은 이혼에 대한 사회적 인식이 과거보다 관대해지고, 평균수명이 늘어나 자녀들의 독립 이후에도 살아갈 날이 많아지면서 형식적인 부부관계를 유지하기보다는 개인의 행복을 더 중시하는 삶을 살기 위해 이혼을 선택하는 부부가 많아졌기 때문이다. 또한 여성의 지위와 경제력이 향상되고 법제도도 기존의 가부장적인 면에서 상대적으로 여성의 지위를 인정해주고 보장해주는 방향으로 변화되고 있어 이혼을 선택하는 경우가 늘어나고 있다.

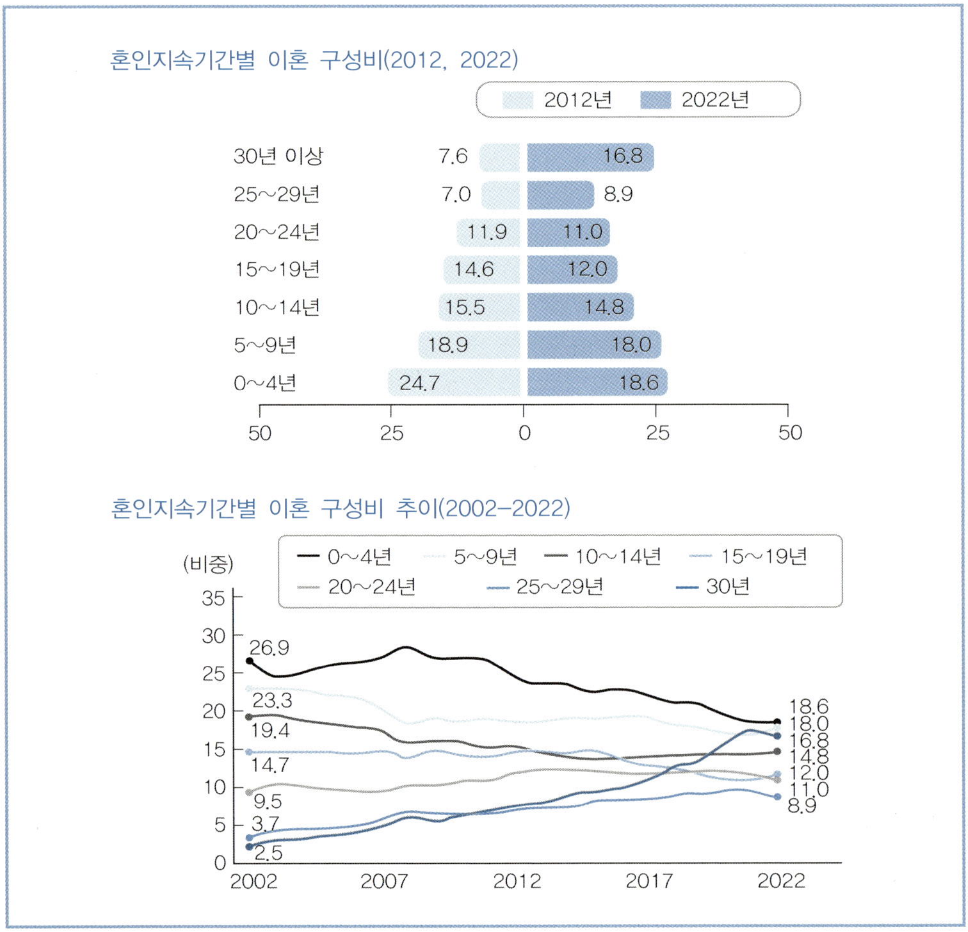

▲ 그림 11-3 혼인지속기간별 이혼 구성비와 이혼 구성비 추이

출처: 통계청(2023). 2022 혼인 · 이혼 통계.

황혼기 이혼과 더불어 외국인과의 이혼에도 사회적 관심이 높아지고 있다. 최근 국내 결혼건수는 매년 줄어들고 있으나 외국인과의 결혼은 급증하고 있다. 2022년 통계청에 의하면, 외국인과의 혼인은 1만 7천 건으로 전년대비 27.2% 증가하였으며 전체 혼인 중 8.7%를 차지하는 것으로 나타났다. 2022년 외국인과의 이혼은 6천 건으로 전년대비 5.9% 감소하였으나 전체 이혼 중 외국인과의 이혼 비중이 2012년 9.5%에서 점차 감소하다 코로나-19를 기점으로 다시 상승하고 있는 추세이다.

▼ **표 11-2 외국인과의 이혼(2012-2022)** (단위: 천 건, %, %p)

구분	2012	2013	2014	2015	2016	2017	2018	2019	2020	2021	2022	전년 대비 증감	전년 대비 증감률
총 이혼건수	114.3	115.3	115.5	109.2	107.3	106.0	108.7	110.8	106.5	101.7	93.2	-8.4	-8.3
외국인과의 이혼	10.9	10.5	9.8	8.2	7.7	7.1	7.1	6.9	6.2	6.2	5.8	-0.4	-5.9
한국남자+외국여자	7.9	7.6	7.0	5.7	5.6	5.2	5.2	4.9	4.4	4.3	4.0	-0.4	-8.2
한국여자+외국남자	3.0	2.9	2.8	2.5	2.1	1.9	2.0	2.0	1.8	1.9	1.8	-0.0	-0.5
외국인과의 이혼 비중	9.5	9.1	8.4	7.5	7.1	6.7	6.6	6.2	5.8	6.1	6.2	0.1	-

출처: 통계청(2023). 2022 혼인 · 이혼 통계.

2) 이혼의 방식과 사유

(1) 이혼의 방식

이혼의 방식에는 협의이혼과 재판이혼이 있다. 협의이혼은 두 사람 간에 합의만 이루어지면 그 사유에 상관없이 이혼이 가능하며, 관할 법원에서 부부가 협의이혼의사를 확인받아 신고하는 것으로 이혼의 효력이 발생하게 된다. 협의이혼의사 확인을 신청한 부부는 가정법원이 제공하는 이혼에 관한 안내를 받아야 하며, 가정법원은 필요한 경우 당사자에게 전문적인 지식과 경험을 갖춘 전문상담인의 상담을 받을 것을 권고할 수 있다. 가정법원의 이혼 안내를 받은 날부터 다음의 기간이 경과한 후에 이혼의사를 확인받을 수 있다.

① 미성년인 자녀(임신 중인 자를 포함)가 있는 경우에는 3개월
② 성년 도달 전 1개월 후 3개월 이내 사이의 미성년인 자녀가 있는 경우에는 성년이 된 날
③ 성년 도달 전 1개월 이내의 미성년인 자녀가 있는 경우에는 1개월
④ 자녀가 없거나 성년인 자녀만 있는 경우에는 1개월

이 숙려기간이 지나고 부부가 다시 법원에 가서 협의이혼의사 확인을 받고 이혼허가서를 받아 3개월 안에 이혼신고를 하는 것으로 이혼이 성립된다. 그러나 가정폭력 등의 사유가 있어 당사자에게 참을 수 없는 고통이 예상되는 경우나 이혼을 해야 하는 급박한 사정이 있을 경우에는 상황을 고려하여 기간을 단축시키거나 면제해 주게 된다. 이 경우에는 상담위원의 상담을 통하여 사유서를 제출할 수 있다. 사유서 제출 후 7일 이내에 확인기일의 재지정 연락이 없으면 최초에 지정한 확인기일이 유지되며, 이에 대해서는 이의를 제기할 수 없다.

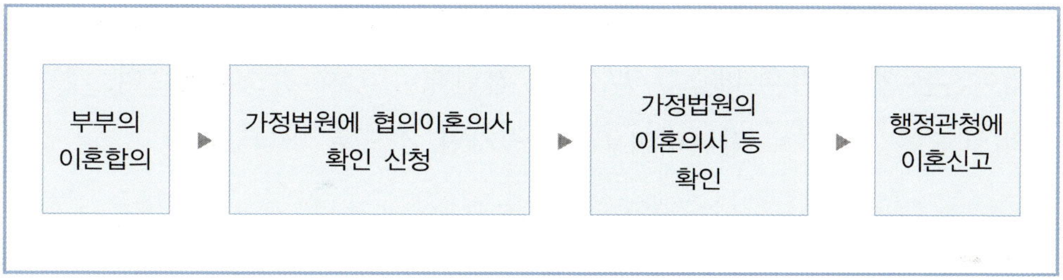

▲ 그림 11-4 협의이혼 절차

반면, 재판이혼은 부부 사이에 합의가 이루어지지 않을 경우 부부 일방의 청구에 의해 법원의 재판으로 이혼이 이루어지는 것을 의미한다. 재판이혼은 법률이 정해 놓은 일정한 사유가 생겨 부부 중 일방은 이혼하려고 하는데 다른 일방이 이혼에 합의하지 않는 경우, 가정법원의 조정을 거쳐 이혼소송을 청구하여 법정에서의 판결에 의해 이혼이 성립된다. 재판이혼은 일정한 민법상의 이혼 사유가 있을 때에 한하여 허락되며, 민법 제840조에 명시되어 있는 민법상의 이혼 사유는 다음과 같다.

① 배우자에게 부정(不貞)한 행위가 있었을 때
② 배우자가 악의(惡意)로 다른 일방을 유기(遺棄)한 때
③ 배우자 또는 그 직계존속(시부모, 장인, 장모 등)으로부터 심히 부당한 대우를 받았을 때
④ 자기의 직계존속이 배우자로부터 심히 부당한 대우를 받았을 때
⑤ 배우자의 생사가 3년 이상 분명하지 않을 때
⑥ 그 밖에 혼인을 계속하기 어려운 중대한 사유가 있을 때

2023년 통계청 자료에 의하면, 2022년의 협의이혼은 7만 2천 건, 재판이혼

은 2만 1천 건으로 전년대비 각각 8.9%, 6.2% 감소한 것으로 나타났다. 또한 협의이혼은 전체 이혼 비중의 77.3%로 전년대비 0.5% 감소하였으며, 재판이혼의 비중은 22.6%로 전년대비 0.5% 증가한 것으로 나타났다.

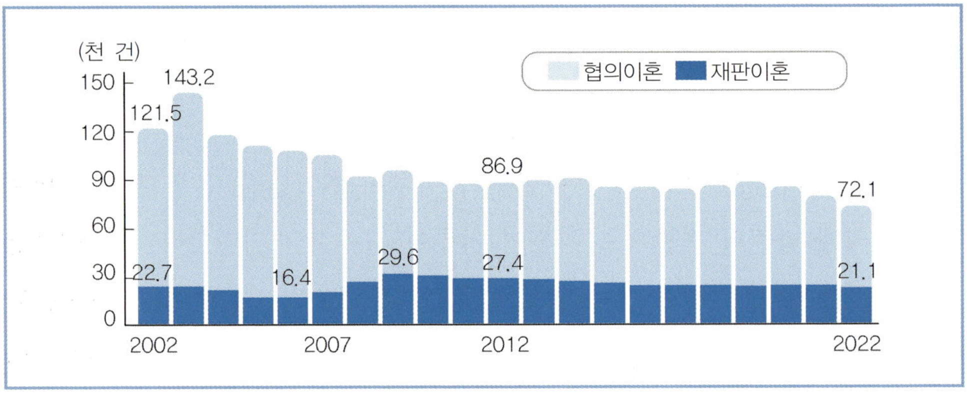

▲ 그림 11-5 이혼 종류별 이혼건수 추이(2002-2022)
출처: 통계청(2023). 2022 혼인 · 이혼 통계.

(2) 이혼의 사유

우리나라 부부들의 주요 이혼 사유는 가족 간의 불화, 경제문제, 배우자의 부정, 성격차이, 정신적 · 육체적 학대, 건강문제 등이다. 2020년 자료에 의하면, 이혼 사유 중 절대적으로 많은 사유는 성격차이(43.1%)이며, 다음으로 경제문제(10.1%), 배우자 부정(7.1%), 가족 간 불화(7.1%), 정신적 · 육체적 학대(3.6%) 순으로 나타났으며, 기타 이유도 20.0%나 되는 것으로 나타났다.

이혼 사유는 시대별, 연령별로 다소 차이가 있는 것으로 나타났다(통계청, 2020). 시대별로 살펴보면, 1970년대는 생사불명으로 이혼한 경우가 많았으며, 1980~1990년대는 가정폭력, 2000년대는 부당대우와 경제문제가 많았다. 2010년 이후에는 성격 차, 삶의 질 문제로 이혼을 하는 것으로 나타났다. 연령대별로는 20~30대 부부의 경우에는 성격차이, 경제문제, 외도 · 부정이 중요한 이혼 사유인 반면, 40~50대 부부의 경우에는 외도 · 부정, 경제적 이유, 성격차이 순으로 이혼하는 것으로 나타났다.

이혼 사유별 평균 결혼기간을 살펴보면, 성격이나 가치관의 경우 6.2년, 경제, 금전적 갈등의 경우 5.9년, 가족갈등은 3.7년인 것으로 나타났다.

▼ 표 11-3 노년 이혼 사유

구분	여성 이혼 사유 순위별	남성 이혼 사유 순위별
60대	장기별거, 경제갈등, 알코올중독	장기별거, 성격차이, 배우자의 이혼 강요
	남편의 폭력 등 부당대우	아내의 가출
	남편의 가출	아내의 폭력 등 부당대우
70대	남편의 폭력 등 부당대우	장기별거, 성격차이, 경제갈등
	장기별거, 성격차이, 경제갈등	아내의 가출
	남편의 가출	아내의 외도
80대 이상	장기별거, 배우자의 이혼강요, 경제갈등	장기별거, 성격차이, 경제갈등
	남편의 폭력 등 부당대우	아내의 가출
	남편의 가출	아내의 폭력 등 부당대우

출처: 한국법률상담소(lawhome.or.kr)

3) 이혼의 문제점

최근 이혼은 부부관계에서 일어나는 여러 가지 문제를 해결하고 불행한 결혼생활을 해소한다는 점에서 긍정적이 측면이 부각되기는 하지만 부부에게나 자녀에게 상당한 스트레스가 되는 사건임에는 틀림이 없다. 본 절에서는 이혼이 가족에게 미치는 영향을 부부에게 미치는 영향과 자녀에게 미치는 영향을 구분하여 살펴보고자 한다.

(1) 부부에게 미치는 영향

이혼이 자발적으로 이루어졌다 하더라도 이혼을 결정하기까지의 시간과 이혼 과정, 이혼 후의 단계에서 부부는 상당히 고통스러운 시간을 경험하게 된다. 이혼으로 인해 부부가 경험하는 어려움으로는 신체적 · 정신적 건강상의 문제, 대인관계 및 사회적 문제, 경제적 문제, 역할상의 문제 등이 있다.

① 신체적 · 정신적 건강상의 문제

이혼 과정 동안의 긴장과 갈등으로 인해 부부는 신체적인 건강의 악화와 심리적 부적응을 경험하게 될 가능성이 크다. 이혼한 사람들은 기혼자나 독신자, 사별한 사람들에 비해 우울, 불안, 알코올중독, 약물중독, 반사회적 행동, 질병 감염률, 자살 발생률이 더 높은 것으로 나타났다. 이혼한 사람들이 정서적 안정을 회복하는 시기는 평균적으로 2년 이상으로 보고되고 있다.

② 대인관계 및 사회적 문제

이혼 후에 경험하는 문제 가운데 심각한 것은 사회적 관계망의 단절이나 축소이다. 이혼한 사람들은 가족이나 주위의 가까운 사람에게조차 자신의 경험을 이해받지 못하며, 지지하고 공감해 주는 사람이 드물다는 것이다. 이들의 이혼을 이해하고 공감하더라도 이혼한 친구를 부담스러워 하기도 한다. 또한 이혼에 대한 사회적 시선이 과거보다는 긍정적으로 변화되었지만 이혼 당사자나 그들의 자녀들은 여전히 부정적인 편견과 불이익을 경험하게 된다. 이러한 이유로 이혼 후에는 친밀한 대인관계를 기피하여 사회관계망이 약해지기 쉬우며, 이는 이혼 후의 적응을 더욱 어렵게 한다.

③ 경제적 문제

이혼 후에 경험하는 경제적 어려움은 남녀 모두에게 나타나지만 여성들의 경우 상황이 더욱 심각하다. 특히 이혼 전에 경제활동을 하지 않은 여성들이 자녀 양육을 맡게 되는 경우에는 생계의 어려움에 처하는 경우가 많다. 남성의 경우에도 이혼 시 재산분할과 양육비 지급으로 인한 재산 감소, 불규칙한 생활로 인해 수반되는 지출과다로 인해 경제적 어려움을 느끼게 된다.

④ 역할상의 문제

결혼생활 동안 상호보완적 역할을 수행하던 부부들은 이혼 후 자녀양육과 가사관리, 재정관리, 시간관리 등의 여러 가지 현실적 문제를 혼자 처리해야 하는 부담감과 역할혼재로 어려움을 겪게 된다.

(2) 자녀에게 미치는 영향

2023년 자료에 의하면, 2022년 미성년 자녀가 있는 부부의 이혼은 전체 이혼의 41.7%(3만 9천 건)이다(통계청, 2023). 미성년 자녀가 없는 부부의 이혼은 증가하고 있는 반면, 미성년 자녀가 있는 부부의 이혼은 점차 감소하는 추세이다. 부모의 이혼은 자녀들의 심리적 균형을 깨드리고 사회적인 문제를 유발한다. 특히 최근에는 부모가 이혼을 하면서 부모 양측 모두 양육권을 포기하여 상당수의 아동이 보육원에 위탁되고 있는 상황이다. 부모의 이혼은 자녀의 성장과 발달에 매우 부정적인 영향을 미칠 뿐 아니라 자녀들의 결혼생활과 심리적 건강에도 중요한 영향을 미치는 것으로 나타났다.

① 심리 · 정서적 문제

자녀의 연령에 따라 부모의 이혼이 미치는 영향에 차이가 있으나 일반적으로 부모의 이혼은 자녀에게 부정적인 영향을 미치는 것으로 보고되고 있다. 부모의 이혼 후 자녀들은 다양한 심리적 갈등과 스트레스를 경험하므로 자녀의 발달 단계에 따라 적절하게 개입하는 것이 필요하다. 이를 적절히 다루어 주지 못했을 경우, 자녀의 건강한 발달을 저해하는 심각한 사회문제로 진전될 수 있다. 또한 부모의 이혼을 경험한 자녀는 성인이 되어서 우울이나 불안 등의 다양한 심리적 어려움을 경험하는 것으로 나타났다.

② 행동적 · 사회적 문제

부모의 이혼으로 인해 자녀들은 부모가 자신을 버리고 가버릴지도 모른다는 불안감과 상실감을 경험하는 경우가 많다. 이러한 정서적 상처와 거절당했다는 배반감, 역할모델과 상호협력의 부족, 부모자녀관계에서 오는 거리감 등으로 인해 부모의 이혼 후 자녀들은 여러 가지 행동문제에 연루될 가능성이 크다.

③ 경제적 문제

부모의 이혼으로 인한 경제적 어려움은 자녀에게도 영향을 미치게 된다. 이혼한 가족의 줄어든 수입은 자녀의 학업성취, 심리적 적응, 자아개념 등과 정적인 상관관계가 있는 것으로 나타났다. 이혼 후 경제적 어려움으로 인한 부모의 장시간 노동은 가족생활의 불균형을 가져오며 자녀들은 용돈 부족과 가계에 보탬이 되어야 한다는 강박감을 느끼게 되기도 한다.

4) 이혼가족을 위한 대책

이혼은 하나의 과정으로 이혼의 진행 단계에 따라 이혼 예방대책, 이혼 과정상의 대책, 이혼 후의 대책으로 나누어 체계적으로 실시되어야 한다. 이혼 예방 대책은 이혼 후의 대책보다 더 중요하다.

(1) 이혼 예방대책

이혼 예방대책은 단기적인 대책과 장기적인 대책으로 접근하는 것이 필요하다. 단기적인 대책으로는 결혼을 앞둔 예비부부들을 대상으로 한 결혼준비교육이나 일반 부부들을 대상으로 한 부부관계 개선 프로그램들을 실시하여 건강하고 원만한 가족생활을 영위할 수 있도록 교육하는 것이 이혼 예방에 큰 도움이 된다. 부부관계의 해결책으로 이혼을 선택하는 경우 발생할 수 있는 다양한 문제들에 대해 예측하고 대처할 수 있도록 교육하는 것도 필요할 것이다.

장기적인 대책으로는 청소년들과 미혼 남녀를 대상으로 가족생활에 관한 교양교육을 통해 올바른 결혼관을 확립하고 이상적인 부부상에 관한 모델을 제시하며, 결혼생활에서 야기되는 어려움과 문제점을 예측하고 대처할 수 있도록 하는 것이 필요하다. 문제가 있는 가정을 대상으로는 개인상담, 부부상담, 가족상담 및 치료 프로그램을 통해 부부가 직면하고 있는 문제를 해결하고 이혼을 예방하기 위한 개입이 필요하다.

(2) 이혼 과정상의 대책

이혼 과정상의 대책으로는 크게 조정과 중재, 법률적 조력, 자녀에 대한 배려 등이 있다. 이혼을 고려하고 있거나 결심한 부부에게 부부관계를 회복시킬 수 있는 기회를 제공하고 이혼 결정에 대해 신중을 기하도록 하는 것이 필요하다. 이혼숙려제도는 일정 기간 동안의 상담을 통해 이혼에 대한 충분한 정보를 제공함으로써 이혼 결정에 대해 다시 한번 재고하도록 하여 충동적이고 경솔한 이혼을 방지하기 위한 제도이다. 또한 이혼 과정에서 재산분할, 위자료, 양육권 및 양육비, 면접교섭권 등에 대해 남녀가 공평하고 평화적으로 이루어질 수 있도록 조력해야 한다. 이 과정에서 자녀의 의견도 고려되어야 한다.

부모의 이혼은 어떠한 상황에서든 자녀에게 신체적, 정서적으로 어려움을 초래하게 되므로 이혼 과정에서 자녀에 대한 배려를 하도록 조력하는 것이 필요하다. 이혼을 결정하는 과정에서 부모들은 자녀가 이해할 수 있도록 상황에 대해 설명하여 부모의 이혼에 대해 마음의 준비를 할 수 있도록 해야 한다. 부모의 이혼에 대한 반응은 자녀들의 연령에 따라 차이가 나므로 부모들은 이를 고려해서 자녀의 충격을 줄일 수 있도록 노력해야 한다.

(3) 이혼 후의 대책

이혼 후 남녀가 자신의 생활에 완전히 적응하는 데에는 평균 2~5년간의 시간이 소요된다. 이 시기에 경험하게 되는 역할이나 심리적 혼란, 법적인 문제, 경제적인 문제는 개인이 혼자 해결하기 어려우므로 사회단체나 정부차원에서의 지원이 필요하다.

이혼 후의 대책은 이혼 당사자에 대한 지원과 자녀에 대한 지원으로 구분하여 고려하는 것이 필요하다. 이혼 당사자들을 위해서는 이혼 후의 심리적 적응 및 성장을 위한 상담 및 치료 프로그램을 개발하고 체계적으로 실시하는 것이 필요하며, 지지집단과 같은 관계망의 형성을 통해 개인의 인적 자원을 강화시켜 주는 것도 효과적인 개입이라 볼 수 있다. 자녀 양육비 및 교육비, 의료비 보조, 주거문제에 대한 지원 등 경제적 지원도 강화되어야 하며 이혼에 대한 사회적 편견 해소 방안을 마련하는 노력이 필요하다. 자녀를 위한 대책으로는 부모의 이혼으로 인한 직접적인 심리적 위기와 스트레스뿐만 아니라 이혼을 겪는 부모의 스트레스로 인한 정서적 애착 손상과 갈등을 극복하기 위한 적극적인 개입이 필요하다.

3. 가정폭력

가정은 다른 집단과는 달리 구성원들 간의 이익이나 경쟁을 초월한 사회의 기본적인 집단이며 이러한 가정 내에서 구성원들은 성장과 발전을 위한 무한한 지지와 지원을 기대하게 된다. 그러나 정서적 안식처로서 안전하고 행복해야 할 가정에서 가정폭력은 빈번히 발생하고 있으며 이러한 가족구성원들 간의 폭력은 최근까지도 개별 가족의 사적인 문제로 이해되어 왔다. 가정폭력은 가족이라는 친밀한 관계에서 발생되기 때문에 다른 관계에서 발생하는 폭력보다 신체적, 정신적으로 더 고통스러울 수 있다. 또한 가정폭력이 세대를 거쳐 전수되고 재생산될 가능성이 크다는 점에서 그 심각성이 크며 사회에 미치는 영향이 매우 크다고 할 수 있다. 본 절에서는 가족폭력의 개념과 유형, 발생 원인에 대해 살펴보고 대상에 따른 가정폭력에 대해 살펴보고자 한다.

1) 가정폭력의 개념 및 유형

가정폭력은 가정구성원 사이의 신체적, 정신적 또는 재산상의 피해를 수반하는 폭력행위를 말한다(가정폭력범죄의 처벌 등에 관한 특례법, 1997). 가정폭력의 당사자로서의 '가정구성원'은 배우자(사실상 혼인관계에 있는 사람 포함) 또는 배우자였던 사람, 자기 또는 배우자와 직계존비속 관계(사실상의 양친자 관계 포함)에 있거나 있었던 사람, 계부모와 자녀의 관계 또는 적모(嫡母)와 서자(庶子)의 관계에 있거나 있었던 자, 동거하는 친족으로 규정하고 있다.

가정폭력은 행복하고 건강한 삶이 영위되어야 하는 가정에서 이루어진다는 점에서 폭력 피해자에게 더 심각한 신체적, 정신적 손상과 후유증을 남기게 된다. 또한 가정폭력에 노출된 자녀들이 폭력을 학습하여 또 다른 폭력을 낳은 악순환과 재생산이 이루어지며, 가정폭력이 세대를 이어 전수되어 결혼과 가족관계가 해체될 가능성이 크다는 점에서 더욱 중요한 사회문제가 되고 있다.

가정폭력은 폭력의 행위 유형에 따라 신체적 학대, 정서적 학대, 경제적 학대, 성적학대, 방임 등으로 구분할 수 있으며, 이러한 학대는 중복적으로 발생하는 경우가 대부분이다. 폭력행위에 따른 가족폭력 유형은 다음과 같다.

① 신체적 학대

우발적인 사고가 아닌 상황에서 물리적인 힘이나 도구를 이용하여 신체적 손상을 입도록 하는 모든 행위를 말한다. 신체적 폭력은 일반적으로 경미한 수준의 폭력(물건 집어던지기, 밀치기, 뺨 때리기 등)과 심한 폭력(발로 차거나 주먹으로 때리기, 흉기로 위협하기, 감금이나 고문 행위 등)으로 구분된다.

② 정서적 학대

정신적 또는 정서적으로 고통을 주는 것으로 비난하거나 무시하는 언행, 협박하거나 위협적인 언행, 외부로부터 고립시키는 것, 소중하게 여기는 사물이나 가재도구, 재산 등에 손상을 입히는 행위, 피해자의 의사결정을 침해하는 행위 등이 있다.

③ 경제적 학대

가해자가 모든 경제권을 소유하여 생활비를 지급하지 않거나 통제하는 행위, 일을 못하게 하거나 배우자의 동의 없이 재산을 임의로 처분하는 행위 등이 포함된다.

④ 성적 학대

상대방의 동의 없이 성적인 접촉을 통하여 피해자에게 고통을 주는 것이다. 상대방이 원치 않음에도 성관계를 강요하거나 원치 않는 형태의 성관계를 강요하는 행위, 폭행 후 강제로 성관계하기 등이 있다. 부부 간의 성적 학대인 부부강간과 성인 가족과 아동 사이 혹은 형제자매 사이에서 일어나는 친족 성학대 등이 포함된다.

⑤ 방임과 유기

방임은 가족부양, 보호감독, 의복, 음식, 위생 등 가족원의 건강과 정상적인 가족생활을 영위하는 데 요구되는 것들을 제공하지 않거나 무관심하여 방치하는 것을 말한다. 극단적인 경우 가족원을 가정의 보호와 영향권 밖으로 내다 버리는 유기가 발생한다.

2) 가정폭력의 발생원인

가정 내의 폭력 발생에 영향을 미치는 요인들은 다양하며, 이러한 요인들은 가족이 처한 사회적, 문화적, 경제적, 생태학적 환경에 따라 각각 다르게 작용할 수 있으므로 가족폭력의 정확한 원인을 규명하기는 어렵다. 일반적으로 가족폭력은 개인내적이론, 사회심리적이론, 가족체계이론, 여성주의이론에서 살펴볼 수 있다(박성석 외, 2009).

(1) 개인내적이론

개인내적이론은 폭력에 개입한 개인의 특성에 관심을 두고 가정폭력을 설명하려는 관점이다. 정신병리이론(psychopathology)은 개인의 비정상적이고 정신병리학적 측면을 가정폭력의 원인으로 설명한다. 알코올 또는 약물 남용이론(alcohol or drug abuse theory)은 술이나 약물 남용으로 통제력을 상실하고 폭력이 발생된다고 본다. 이 이론은 왜 가족이 폭력의 대상이 되는지와 가정폭력의 가해자들이 모두 정신병리적으로 문제가 있거나 알코올이나 약물중독자라고 말할 수 없다는 점에서 가정폭력의 원인을 설명하는 데 한계점을 가지고 있다.

(2) 사회심리적이론

사회심리적이론은 폭력의 원인을 사회적 환경과의 상호작용에서 찾으려는 이론으로 가정폭력을 설명할 때 많이 적용된다. 대표적인 이론으로는 사회학습이론, 좌절-공격이론, 교환이론, 갈등이론 등이 있다.

사회학습이론에서 가정폭력은 인간의 다른 사회적 행동들과 마찬가지로 자극과 강화, 모델링을 통해 학습된 행동이라고 본다. 폭력가정에서 성장한 자녀들은 그들의 부모나 중요한 사람들을 통해 폭력을 배우고, 폭력이 문제해결에 효과적임을 배울 때 학습의 효과는 커지고 가정폭력의 세대 간 전이가 이루어진다.

좌절-공격이론에서는 인간의 목표가 좌절될 때 욕구불만의 결과로 폭력이 발생한다고 본다. 자신이 추구하는 중요한 목표가 좌절될 때 그 목표를 좌절시킨 대상보다는 자신에게 보다 안전한 대상인 가족구성원에게 공격적이 되고 폭력을 행사하게 된다. 가족은 구조적 · 기능적인 측면에서 좌절과 욕구불만을 경험할 수 있는 상황이 많으며, 이러한 상황에서 가정폭력이 유발될 수 있다. 그러나 좌절과 욕구불만을 가진 모든 사람이 공격적인 행동을 하는 것은 아니며, 어떠한 상황에서 좌절이 공격적 행동을 일으키는가에 대한 설명을 하지 않은 점이 이 이론의 한계이다.

교환이론에 의하면 사람들은 공평의 원리에 의해 인간관계를 맺으려는 경향이 있다. 사람들은 다른 사람에게 투자한 노력이나 에너지에 상응하는 만큼의 대가를 받으려고 하는 경향이 있으며, 이러한 공평한 교환이 이루어지지 않으면 분노가 일어나고 폭력이 발생하게 된다. 교환이론의 관점에 의하면, 가족에 대한 부양책임을 다했다고 생각하는 남편은 배우자의 보상이 자신의 기대에 미치지 않을 때 배우자 구타나 학대 등을 통해 대가를 치르게 함으로써 폭력을 정당화한다.

(3) 가족체계이론

가족체계이론에서 가족은 구성원 간의 단순한 합이 아니라 복잡한 상호작용을 하는 체계들로 구성되어 있다고 본다. 따라서 가족체계이론에서 가정폭력은 개인의 병리현상이나 학습의 결과가 아니라 체계의 산물이다. 가족체계이론에 의하면, 가정폭력은 가족 내의 하위체계(부부체계, 부모자녀체계, 형제자매체계 등)가 주변의 환경이나 다른 체계와 조화를 이루지 못하여 발생하는 갈등 상황이다. 가족체계이론에서는 가족폭력이 발생하고 유지되는 과정에 관심을 가지면서 가족체계가 어떻게 운영되는지에 따라 가정폭력의 정도가 강화 혹은 감소될 수 있다고 본다.

(4) 여성주의이론

여성주의이론에서 가정폭력은 개인적인 성향이나 학습에 의해서 뿐만 아니라 폭력을 허용하는 사회문화적 규범과 가부장적 이데올로기에 근거한 성차별적인 사회구조에서 기인되는 것으로 본다. 이 관점에서 폭력은 여성의 자율성을 제한하고 통제하기 위한 수단이며, 부부관계에서 남성의 권력을 확보하기 위한 수단임을 강조한다. 여성주의 관점에서는 남성중심적 성차별적인 사회문화구조를 바꾸지 않는 한 여성의 억압 형태를 나타내는 가정폭력을 근본적으로 해결할 수 없다는 입장이다.

3) 가정폭력의 실태 및 원인

원래 가정폭력은 결혼이나 부부 사이의 폭행을 의미했으나 최근에는 그 대상에 따라 배우자에 대한 폭력(배우자학대), 아동에 대한 학대폭력(아동학대), 노인에 대한 폭력(노인학대)으로 구분하여 볼 수 있다.

▼ 표 11-4 연도별 학대 유형 건수 (단위: 건, %)

구분	2018년	2019년	2020년	2021년	2022년
신체적 학대	3,046	3,138	3,917	4,390	4,431
	37.3	38.1	40.0	41.3	42.0
정서적 학대	3,508	3,465	4,188	4,627	4,561
	42.9	42.1	42.7	43.6	43.3
성적 학대	228	218	231	260	259
	2.8	2.6	2.4	2.4	2.5
경제적 학대	381	426	431	406	397
	4.7	5.2	4.4	3.8	3.8
방임	718	741	760	691	689
	8.8	9.0	7.8	6.5	6.5

자기방임	240	200	223	204	169
	2.9	2.4	2.3	1.9	1.6
유기	55	41	53	46	36
	0.7	0.5	0.5	0.4	0.3
계	8,176	8,229	9,803	10,624	10,542
	100	100	100	100	100

출처: 보건복지부(2023). 2022 노인학대 현황보고서.

(1) 배우자학대

배우자학대는 자신의 배우자를 통제하기 위해 의도적으로 신체적, 심리적, 성적으로 가해하는 행위로 남편에 의한 아내학대와 아내에 의한 남편학대로 구분될 수 있다.

여성가족부가 2004년부터 3년마다 실시하는 가족폭력에 대한 인식, 피해 실태, 발생 유형 조사인 '2022년 가정폭력 실태조사'에 의하면, 만 19세 이상의 남녀 9,000명을 대상으로 한 조사에서 지난 1년 동안 신체적 · 성적 · 경제적 · 정서적 폭력 중 하나라도 경험한 비율은 7.6%(여성 9.4%, 남성 5.8%)로 2019년 조사결과(전체 8.8%, 여성 10.9%, 남성 6.6%)보다 다소 감소한 것으로 나타났다(대한민국 정책브리핑, 2023).

조사대상 중 여성은 정서적 폭력 6.6%, 성적 폭력 3.7%, 신체적 폭력 1.3%, 경제적 폭력 0.7% 순으로 피해 경험(중복 응답 포함)이 있는 것으로 나타났고, 남성은 정서적 폭력 4.7%, 신체적 폭력 1.0%, 성적 폭력 0.8%, 경제적 폭력 0.2% 순으로 피해 경험(중복 응답 포함)이 있는 것으로 나타나 남녀 모두 정서적 폭력이 가장 많은 것으로 나타났다. 가정폭력의 피해가 처음 발생한 시기는 여성과 남성 모두 '결혼 · 동거 후 5년 이후'가 여성 37.4%, 남성 57.3%로 가장 많았으며, 다음은 '결혼 · 동거 후 1년 이상 5년 미만'이 여성 36.0%, 남성 24.7%로 나타났다.

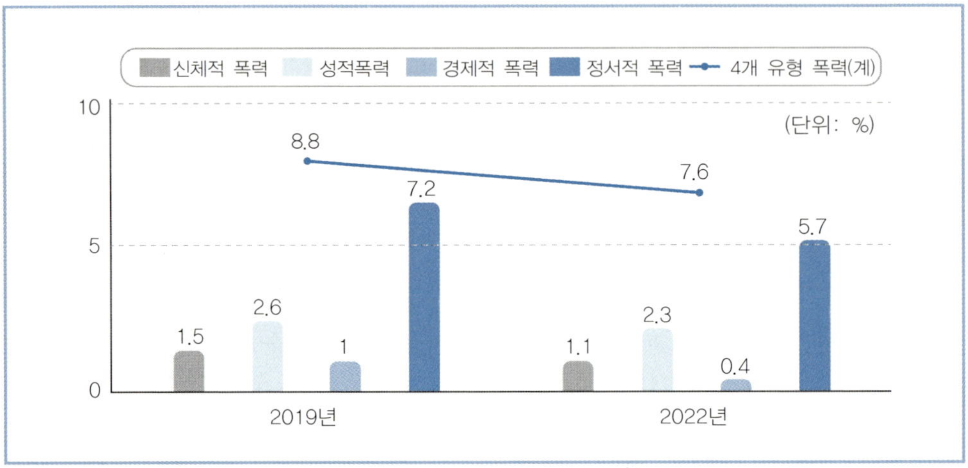

▲ 그림 11-6 지난 1년간 배우자에 의한 폭력 피해 경험 추이

출처: 대한민국 정책브리핑(2023). 2022년 가정폭력 실태조사.

부부폭력의 원인으로는 가해자의 성격적 결함, 알코올중독, 정신질환, 어린 시절의 폭력 경험 등 개인적 요인과 부부 상호작용에 있어 성격, 생활양식, 가치관의 차이로 인한 부부 불화, 경제적 갈등, 의처증이나 의부증이 원인이 되며, 사회적 요인으로는 사회 전반에 만연한 폭력에 대한 허용적인 의식과 가부장적 사회제도, 실직 등의 사회적 스트레스 등이 부부간의 폭력에 영향을 미치는 중요한 원인이다.

(2) 아동학대

아동학대는 보호자를 포함한 성인이 아동의 건강 또는 복지를 해치거나 정상적인 발달을 저해할 수 있는 신체적 · 정신적 · 성적 폭력 또는 가혹행위를 하는 것과 아동의 보호자가 아동을 유기하거나 방임하는 것을 의미한다(아동복지법 제3조 제7호). 이는 “아동의 복지나 아동의 잠정적 발달을 위협하는 보다 넓은 범위의 행동”으로 확대하여, 신체적 학대뿐만 아니라 정서적 학대나 방임, 아동의 발달을 저해하는 행위나 환경, 더 나아가 아동의 권리보호에 이르는 매우 포괄적인 경우를 규정하고 있다.

2021년 아동학대 주요 통계에 의하면, 아동학대 사례 유형은 중복학대가 42.6%로 가장 많았으며, 정서학대 32.8%, 신체학대 15.4%, 방임 7.4%, 성적학대 1.7% 순으로 나타났다. 학대피해아동의 가족 유형은 친부모가정 63.4%로 가장 많았으며 모자가정 12.3%, 부자가정 9.9%, 재혼가정 5.3% 순으로 나타났다. 학대행위자와 피해아동과의 관계는 부모에 의한 발생 건수가 83.7%로 가장 높았고, 대리양육자 9.6%, 친인척 4.0% 순으로 나타났다. 부모에 의해 발생한 사례 중에는 친부에 의해 발생한 사례가 45.1%, 친모는 35.6%로 높은 비율을 차지했다. 대리양육자 중에서는 보육교직원에 의한 발생이 3.2%로 가장 높았다.

▼ 표 11-5 아동학대 신고 및 학대 판단건수 (단위: 건)

구분	2017년	2018년	2019년	2020년	2021년
전체 신고건수 (증가율)	34,169 (15.1%)	36,417 (6.6%)	41,389 (13.7%)	42,251 (2.1%)	53,932 (27.6)
국내 신고건수	34,166	36,416	41,389	42,247	53,928
해외사례	3	1	0	4	4
아동학대의심사례건수	30,923	33,532	38,380	38,929	52,083
학대 판단건수 (증가율)	22,367 (19.6%)	24,604 (10.0%)	30,045 (22.1%)	30,905 (2.9%)	37,605 (21.7%)

출처: 대한민국 정책브리핑(2022). 2021년 아동학대 연차보고서.

아동학대의 원인으로는 부모(학대하는 사람) 요인, 아동 요인, 가정적 · 사회적 요인으로 분류할 수 있다.

① **부모 요인:** 부모의 심리적 특성과 성격구조의 결함, 어린 시절의 학대 경험, 부적절한 양육기술, 알코올 혹은 약물중독, 정신병리적 문제 등이 아동학대 유발

② **아동 요인:** 아동의 신체적 특성(미숙아, 정신지체, 기형아 등)이나 심리적 · 행동적 특성(문제행동, 까다로운 기질, 사회적 반응의 결핍 등)으로 부모나 양육자가 신체적 · 심리적으로 쉽게 지치게 되면 아동과의 애착형성에 어려움을 겪게 되어 아동학대 유발

③ **가정적, 사회적 요인:** 가족관계 및 구조의 문제, 사회적 지지체계의 결여, 신체적 체벌에 대해 허용적인 문화 등이 아동학대 유발

성장기에 학대를 경험한 아동들은 가벼운 타박상과 찰과상부터 영구적 장애나 사망에 이르는 다양한 신체적 증상과 불안, 우울, 신경쇠약, 무력감 등의 정신적 증상을 보이는 경우가 많다(강정희, 2018). 또한 아동기에 학대받았거나 학대가 빈번하게 일어났던 가정에서 성장한 부모는 다른 사람들보다 자녀를 학대할 확률이 높아 가정폭력이 세대 간에 전수될 가능성이 높아지는 것으로 나타났다. 따라서 아동학대를 사전에 예방하고 학대피해아동 보호 및 학대행위자 관리가 시급한 실정이다.

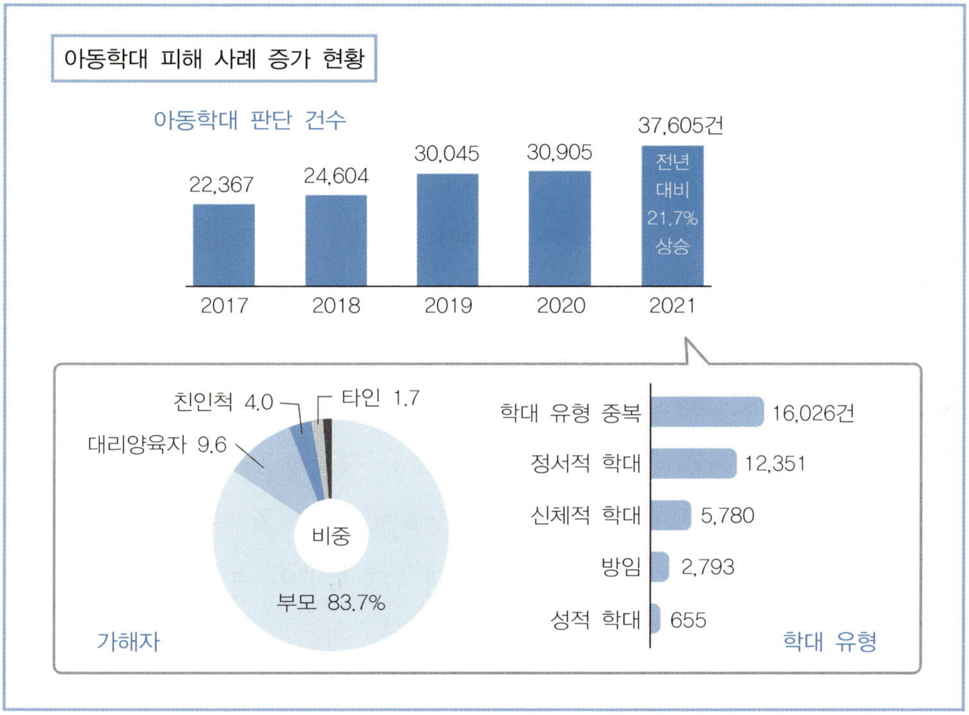

▲ 그림 11-7 아동학대 피해 사례 현황 및 가해자
출처: 연합뉴스(2022.08.31). 아동학대 피해 사례 증가 현황.

(3) 노인학대

최근 노인 인구의 증가와 인구의 고령화로 인한 노인들의 신체적, 정신적, 경제적 의존성의 증가는 노인학대의 가능성을 야기하고 있다. 또한 현대사회에서 가족규모의 축소 및 핵가족화, 전통적인 가족가치관의 변화로 인한 노인부양의 부담과 스트레스도 노인학대의 가능성을 증가시키고 있다.

노인학대는 노인에게 신체적, 정신적, 성적 폭력 및 경제적 착취 또는 가혹행위를 하거나 방임을 하는 것을 의미한다(노인복지법 제1조2 제4호). 「2022년 노인학대 현황보고서」에 의하면, 노인학대는 여러 유형이 동시다발적으로 발생하는데 그 중 정서적 학대가 43.3%로 가장 많았으며, 다음으로 신체적 학대 42.0%, 방임 6.5%, 경제적 학대 3.8%, 성적학대 2.5%, 자기방임 1.6%, 유기 0.3%의 순으로 나타났다. 2021년과 대비하여 신체적 학대는 0.9% 정도 증가하였으나 그 외의 학대 유형은 감소한 것으로 나타났다.

학대 행위자는 학대 피해 노인의 배우자가 34.9%로 가장 높은 비율을 차지했으며 이 중 남편이 아내를 학대한 사례가 대부분(87.8%)이었으며, 아내가 남편을 학대한 경우는 12.2%인 것으로 나타났다. 학대 행위자가 아들인 경우는 27.9%이었으며, 2020년까지는 아들의 학대 행위자 비율이 가장 높았으나 2021년부터는 배우자의 학대 비율이 가장 높은 것으로 나타났다. 노인학대의 행위자로 배우자가 증가하는 이유는 가구 형태가 자녀와 동거하는 확대가족 형태에서 노인 부부만 거주하는 가족 형태가 증가하고, 노인 부부간의 돌봄 및 부양 스트레스가 증가했기 때문이다.

노인학대 경험률은 노인 특성별 차이가 있어 도시지역에 비해 농촌지역 노인이, 남성 노인에 비해 여성 노인이, 연령이 높을수록, 소득이 낮을수록 노인학대 경험률이 높은 것으로 나타났다(정경희, 2009). 노인학대의 발생 원인으로는 학대 피해자 노인 원인, 학대 행위자 원인, 학대 행위자와 피해 노인과의 상호작용 원인, 가족 및 환경적 원인, 사회문화적 원인 등이 있다.

① **학대 피해자 노인 원인:** 피해 노인의 성격적 특성이나 정신장애, 알코올중독 등 노인의 개인적 특성과 신체적 · 인지적 기능 약화, 장애, 질병으로 인한 노인의 의존성 증가로 부양자에게 부양에 대한 스트레스나 부담이 가중되면서 학대를 유발

② **학대 행위자 원인:** 학대 행위자의 성격, 부적응, 중독 등의 개인적 특성이나 신체적 · 정신적 스트레스, 피해자 부양 부담, 부부갈등 등이 학대 유발

③ 가족 및 환경적 원인: 학대 피해 노인과 학대 행위자 간의 갈등, 가족구성원 간의 불화, 재산이나 부양 문제로 인한 경제적 어려움 등이 학대 유발

④ 학대 행위자와 피해 노인과의 상호작용 원인: 세대 간에 학대가 전이되어 어려서 부모에게 학대받고 자란 자녀가 성인이 되어서 노부모를 학대하기도 함

⑤ 사회문화적 원인: 사회의 노인차별, 노인에 대한 가치관의 변화, 사회보장 및 노인복지서비스의 결여 등과 같은 요인들에 의해서도 노인학대 발생

최근 평균 수명의 연장과 인구의 급격한 고령화로 인해 여러 가지 노인문제가 심각해질 것으로 예상되고 있다. 노인학대는 주로 가족 내에서 발생하므로 은폐되기 쉽고 상습화되기 쉬운 경향이 있으므로 초기에 적절하게 대응하는 것이 필요하다. 노인학대를 예방하기 위해서 노인의 생계와 법률, 의료, 주거를 위한 지원방안이 다각적으로 이루어지는 것이 필요하다. 노인학대가 의심되는 경우에는 노인보호전문기관 1577-1389로 전화하거나 보건복지콜센터 129로 전화해서 신고하는 것이 필요하다.

참고문헌

강정희(2018). 성장기 학대경험이 성년기 사회관계에 미치는 영향. **한국공공관리학회**, 32(1), 51-74.

대한민국 정책브리핑(2022). 2021년 아동학대 연차보고서. 보건복지부.

대한민국 정책브리핑(2023). 2022년 가정폭력 실태조사. 여성가족부.

매일일보(2023.02.22). 연간합계출산율 0.7명대 추락 '인구절벽 가속화' 사망도 역대 최고.

박성석, 오정아, 이영주, 최경화, 최금해(2009). **가족복지론.** 파주: 양서원.

보건복지부(2023). 2022년 노인학대 현황보고서.

연합뉴스(2022. 08. 31). 아동학대 피해 사례 증가 현황.

유계숙, 강민지, 윤지은(2018). 청년층의 가족개념과 가치관: 2001년과 2017년 20대 미혼 청년 세대 비교를 중심으로. **가족과 문화, 30**(3), 42-69.

이동한(2022). 여론 속의 여론 -2022년 자녀 · 육아 인식조사-. 한국리서치.

정경희(2009). 2009년도 전국 노인학대 실태조사. 한국보건사회연구원.

통계청(2020). 2019년 혼인 · 이혼통계.

통계청(2020). 이혼사유별 건수 및 순위.

통계청(2022). 미혼남녀(19~49세)의 결혼 필요성에 대한 태도.

통계청(2023). 2022 혼인 · 이혼 통계.

[사이트]

한국법률상담소. https://lawhome.or.kr

CHAPTER

12

가족지원서비스

1. 가족지원서비스 유형
2. 가족지원서비스 기관
3. 가족지원 정책

CHAPTER

12 가족지원서비스

전통적인 사회규범과 가족가치관의 변화로 현대사회의 가족은 급격한 변화를 경험하고 있다. 이러한 변화 속에서 한국 사회는 가족구성원들 간의 유대 약화와 단절, 이혼 및 가정폭력, 청소년 비행, 노부모 부양 등의 다양한 가족문제에 직면하고 있다. 과거에는 가족 내에서 발생한 문제는 그 가족만의 문제로 다루어지고 외부로 노출시키지 않으려는 경향이 컸다. 그러나 현대사회의 가족문제는 개별 가족들이 다루기에는 그 정도가 심각하고 다양하며 사회문제와 연결되는 것이 대부분이므로 문제를 해결하기 위해서는 사회와 국가의 노력이 함께 필요하다.

또한 앞으로는 한국 가족들이 경험하는 여러 문제를 단순히 가족의 위기나 해체로 인식하기보다 문제의 원인과 해결책을 모색하고 생산적으로 문제를 해결하여 가족의 건강성을 증진하고 가족 삶의 질을 향상시키는 방향으로 지원하려는 노력이 필요하다. 이를 위해 사회와 국가 차원에서 다양한 가족문제에 대한 예방적 측면과 해결적인 측면에서의 지원이 필요하다. 본 장에서는 가족을 지원하기 위한 지원서비스 유형과 지원 기관, 정책에 대해서 살펴보고자 한다.

1. 가족지원서비스 유형

1) 예방적 차원에서의 가족지원서비스

과거 한국 사회에서 가족문제에 대한 지원은 주로 문제가 발생한 이후 사후처지방식으로 이루어져 왔다. 가족문제는 문제를 당면한 가족만의 어려움으로 인식되어 왔으며 발생한 문제를 중심으로 소극적이고 수동적으로 대응해왔다. 또한 이전 세대로부터 전수받은 경험적인 방법으로 문제를 해결하기 위해 노력하였다. 그러나 급변하는 현대사회 속 다양한 가족문제는 특정 가족에게만 발생하는 것이 아니라 모든 가족에서 발생될 가능성이 크며, 세대로 전수되는 경험적인 방법만으로는 가족문제를 예방하고 해결하는 데 충분하지 않다. 가족생활주기에 따라 발생하는 발달과업을 달성하고 가족원들이 개별적인 욕구를 충족시킬 수 있는 교육 및 훈련 프로그램들을 통해 가족문제를 예방적인 차원에서 접근하는 노력이 우선되어야 한다.

가족생활교육(family life education)은 가족학에 대한 전반적인 지식을 바탕으로 가족발달 단계에 따라 야기될 수 있는 문제들을 예방하고 가족의 잠재력을 향상시키는 데 초점을 둔 예방 교육이다. 미국가족관계학회(NCFR)의 가족생활교육위원회(NCFLE)에 의하면, 가족생활교육의 내용에는 평생발달적 관점에서 대인관계, 인간발달과 성, 가족상호작용, 부모교육, 가족자원관리, 가족과 사회, 윤리 등의 내용을 포함하고 있다. 또한 주제별로 결혼준비교육, 신혼기 부부교육, 예비부모교육, 의사소통 교육, 성교육, 중년기 부부교육, 청소년 자녀와 부모의 관계 향상을 위한 부모교육, 성인 자녀를 위한 노인부양교육, 고부교육, 노후준비교육, 치매교육 등이 있으며 교육 참가자들의 필요와 요구에 따라 다양한 중심 주제별 혹은 교육대상 집단별로 접근할 수 있다.

최근에는 가족관계나 육아, 부모교육에 관련된 다양한 교육과 프로그램들이 대중매체나 인터넷을 통해 제공되고 있으며, 가족문제와 관련된 전문 서적들도 가족 간의 상호작용을 향상시키고 가족문제 해결의 실마리를 찾으려는 노력에 도움이 되고 있다. 가족에 대한 예방적인 차원의 교육과 개입 프로그램들은 문제가 발생한 후의 사후 처지적인 개입보다 여러 측면에서 사회적 비용이 절감되는 경향이 있다. 따라서 이러한 예방적인 가족지원서비스를 통해 개인과 가족의 잠재적인 강점을 강화하고 복지를 증진할 뿐만 아니라 현대 가족에 내재한 문제들을 가족발달 단계와 가족구성원들의 특성에 맞추어 교육하고 개입하는 노력이 지속적으로 이루어져야 할 것이다.

2) 해결적인 차원에서의 가족지원서비스

복잡하고 급변하는 환경 속에서 현대사회의 가족들은 과거보다 더 심각한 스트레스와 부적응을 경험하고 있다. 최근에는 이러한 과중한 스트레스와 부적응으로 인해 가족의 불안정성과 가족해체 현상이 증가하고 있으며 이에 대한 해결방안으로 가족상담 및 치료에 대한 요구도가 높아지고 있다. 가족상담 및 치료는 이미 발생한 가족의 문제에 대해 가족이 그 문제를 해결할 수 있도록 도와주거나 야기된 문제로부터 받은 상처를 치유하도록 도와주는 것으로 대표적인 해결적 차원의 가족지원서비스라 할 수 있다.

가족상담 및 치료는 문제의 원인을 개인에게 두는 개인상담과 달리 체계론적인 입장에서 가족의 문제에 접근한다. 체계론적 관점에서 볼 때, 가족의 문제는 한 개인의 문제가 아니라 그 개인을 둘러싼 가족과 사회체계의 역기능적인 상호작용의 결과이며, 당면한 가족의 문제를 해결하기 위해서는 가족체계의 변화가 필수적이다. 가족상담 및 치료를 통해 부부가 서로의 원가족에서의 경험을 이해하고, 역기능적인 의사소통을 기능적인 의사소통으로 변화시키도록 한다. 또한 가족 내 하위체계 간의 경직되거나 모호한 가족경계를 분명한 경계로 변화시키고, 부적절하고 경직된 가족규칙과 신념을 유연하고 합리적으로 변화시키도록 하여 가족이 현재 직면하고 있는 문제를 해결하고 가족의 건강성을 유지해 나갈 수 있도록 개입한다.

가족상담 및 치료는 1950년대 미국에서 시작되었다. 세계대전과 산업화의 영향으로 가정불화와 자녀문제가 많아지고 이혼율이 증가하는 등 가족문제가 확산되는 시대적 배경과 개인상담의 한계로 인해 가족상담 및 치료에 대한 요구가 대두되었다. 그 후 1960년대의 확대기, 1970년대의 정착 및 혁신기, 1980년의 성장과 전문화기를 거쳤다. 1990년대부터 시작하여 2000년대에는 통합적인 관점의 영향으로 개인상담과 가족상담, 가족상담 모델과 기법들 사이의 통합이 이루어졌으며, 상담자의 선호와 내담자 가족의 문제에 따라 이론 모델과 기법을 유용하게 선택하여 개입이 이루어지고 있다.

우리나라에서는 1970년대 초반 가족상담 및 치료 이론이 소개되고 1980년대부터 본격적인 활동이 시작되었다. 1988년대에 한국가족치료학회의 결성을 시작으로 여러 가족상담 및 치료 관련 학회가 결성되었으며, 최근에는 한국가족관계학회, 한국상담학회의 부부가족상담학회, 한국가족치료학회를 중심으로 전문적인 가족상담사 양성이 이루어지고 있다. 최근 우리 사회 전반에서 부부갈등과 이혼, 자녀문제와 관련된 가족상담에 대한 수요가 급증하고 있으며 앞으로도 지속적으로 증가할 것으로 생각된다.

2. 가족지원서비스 기관

본 절에서는 가족문제에 대해 예방적이고 해결적인 측면에서 개입하는 기관으로 가족센터와 청소년상담복지센터, 가정폭력 및 성폭력 상담소에 대해 살펴보고자 한다.

1) 가족센터

가족센터는 여성가족부가 시행하는 가족정책의 주요 전달체계로서 다양한 가족지원정책을 제안하고 실행하기 위해 설립된 기관이다. 2004년 제정되고 2005년 1월 1일부터 시행된 「건강가정기본법」에 기초하여, 가족문제의 발생을 예방하고 일반가족 및 다양한 가족을 대상으로 가족지원서비스 전달을 목표로 설립된 '건강가정지원센터'는 그 이후 '건강가정 · 다문화가족지원센터'로 운영되다가 2021년 '가족센터'(일부 센터는 건강가정지원센터 명칭 유지)로 명칭이 변경되어 운영되고 있다. 가족센터는 2004년 시범사업 운영을 시작으로 2005년부터 본격적인 사업을 시작하였으며, 2023년 현재 한국건강가정진흥원을 포함하여 전국 243개의 시 · 군 · 구의 가족센터(가족센터 210개소, 건강가정지원센터 13개소, 다문화가족지원센터 20개소)가 전문적이고 체계적인 가족지원서비스를 제공하고 있다.

가족센터에서는 가족문제의 예방과 해결을 위한 가족교육 사업, 가족상담 사업, 가족돌봄나눔 사업, 다양한 가족지원 사업, 가족역량강화지원 사업, 공동육아나눔터 운영사업, 아이돌봄지원 사업 등이 있다. 다음은 각 사업에 대한 가족센터 홈페이지(www.familynet.or.kr)에 제시된 내용을 요약한 것이다.

(1) 가족교육 사업

가족교육 사업은 가족 내에서 발생하는 문제를 예방하고 건강하고 행복한 가정생활을 영위하는데 필요한 것들을 제공하는 교육 사업이다. 생애주기별로 가족의 형성과 확대 및 축소에 따라 예측 가능한 문제들을 미리 준비하고, 그 단계에서 성취해야 하는 발달과업들에 대한 교육이 제공된다. 또한 가족관계 향상, 의사소통방법, 역할지원 등 가족구성원의 역량을 강화시키기 위한 다양한 교육이 이루어지며, 일 · 가정 양립과 가족생활의 남성 참여를 활성화하기 위해 자녀와의 놀이방법 등을 비롯한 좋은 아버지가 되기 위한 양육방법을 알려주는 남성대상 육아교육도 운영되고 있다.

(2) 가족상담 사업

가족상담 사업은 예비부부, 신혼기, 중년기, 노년기 등 생애주기에 따라 발생하는 가족 내의 다양한 갈등과 문제의 해결을 위해 진행되는 상담 사업으로 가족이 경험하는 문제의 원인을 파악하고 해결하기 위해 가족구성원의 개별적인 접근과 가족 단위의 체계론적인 접근을 포함하여 제공된다. 부부관계 회복을 위한 부부상담, 부모자녀 간 발생할 수 있는 문제해결을 위한 부모자녀상담, 임신 · 출산 · 양육에 따른 갈등상담, 이혼 전 · 후 갈등상담 등이 제공된다. 개인상담의 경우 6회기, 가족상담의 경우 10회기 이내에서 상담서비스가 제공된다.

(3) 가족돌봄나눔 사업

가족돌봄나눔 사업은 이웃과 사회의 돌봄이 필요한 가족에게 나눔을 실천하는 사업이다. 가정 내 돌봄을 나누고 실천하는 것으로 국한하지 않고 이웃과 지역사회의 돌봄이 필요한 가족으로 확장하여 물적 · 인적자원을 나눔으로써 돌봄대상 가족의 행복과 삶의 질 향상에 기여한다. 주요 프로그램으로는 가족단위의 봉사를 통해 바람직한 가족의 가치를 형성하고 지역사회에 대한 참여의식을 고취하는 '모두가족봉사단', 평소 함께 하기 어려운 가족들이 한 자리에 모일 수 있는 기회를 제공하는 '가족사랑의 날' 등이 있다.

(4) 다양한 가족지원 사업

다양한 가족지원 사업은 최근 사회, 경제, 문화 환경의 변화에 따라 등장하게 된 다양한 형태의 가족이 가족 내 역량을 강화함으로써 가족의 기능을 발휘하고 사회에 적응할 수 있도록 지원하기 위한 사업이다. 한부모가족, 조손가족, 1인 가구, 다문화가족, 일탈청소년가족, 군인가족, 수용자가족 등 다양한 가족유형 중에서 지역적 특성에 맞는 대상을 선정하여 상담과 교육, 문화가 포함된 통합 맞춤형 서비스를 제공하는 사업이다.

(5) 공동육아나눔터 운영 사업

공동육아나눔터 운영 사업은 핵가족으로 인해 약화된 가족돌봄 기능을 보완하기 위해 부모 등 양육자들이 모여 양육과 관련된 정보를 공유하고 자녀를 함께 돌보는 활동을 통해 가족 기능을 강화해 나갈 수 있도록 공간을 마련하고 제공하는 사업이다. 아이를 키우는 양육자 누구나 이용할 수 있으며 가족품앗이 활동 및 이웃과의 소통을 통해 육아부담을 덜 수 있는 지역사회 열린 공동체 공간이다.

(6) 아이돌봄지원 사업

아이돌봄지원 사업(www.idolbom.go.kr)은 가정의 아이돌봄을 지원하여 아이의 복지증진 및 보호자의 일·가정 양립을 통한 가족구성원의 삶의 질 향

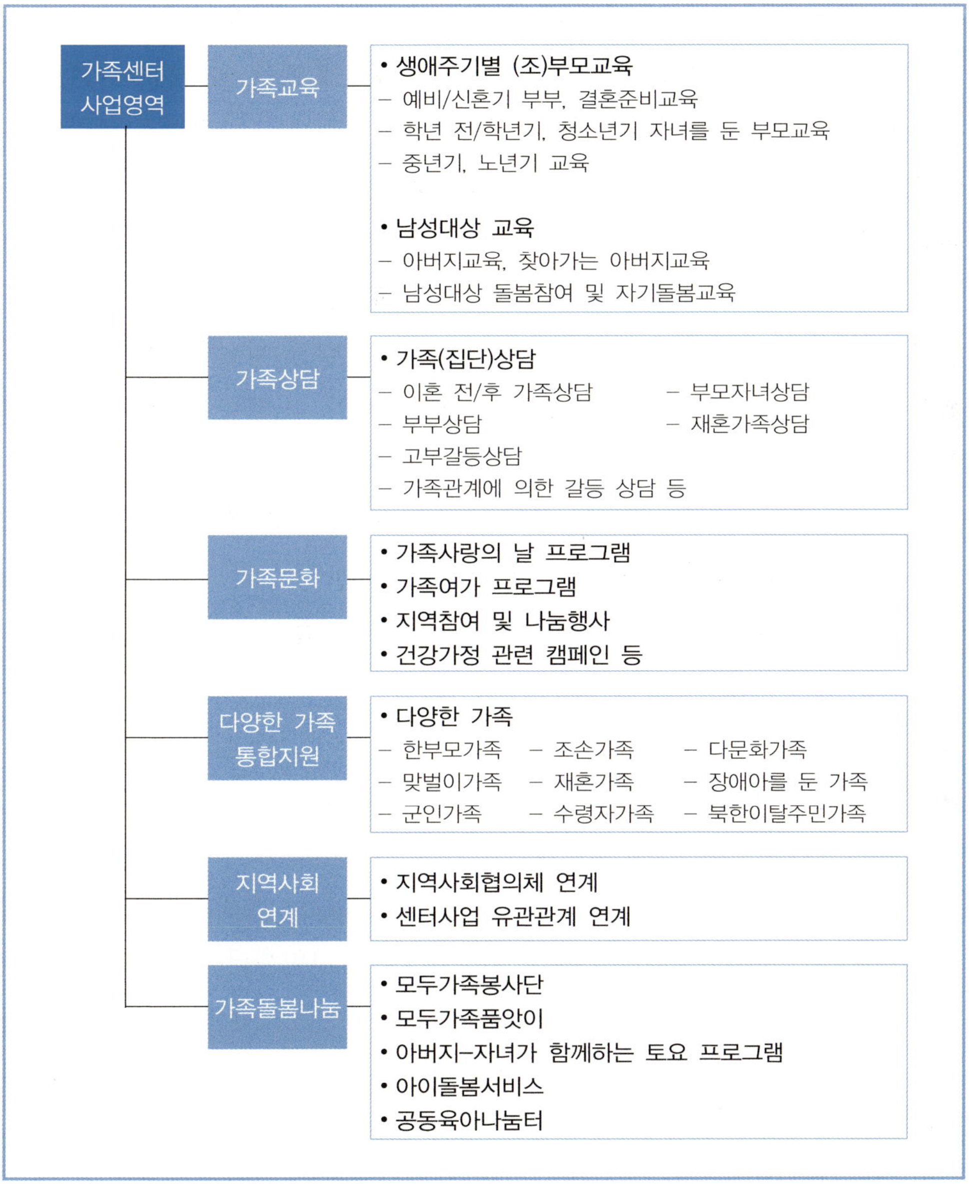

▲ 그림 12-1 가족센터 사업운영 및 사업영역

출처: 한국건강가정진흥원(www.kihf.or.kr)

상과 양육친화적인 사회환경을 조성하는 사업이다. 부모의 출장, 야근 또는 아동의 질병 등으로 발생하는 일시적인 양육공백에 따른 돌봄수요에 탄력적으로 대응하여 시설보육의 사각지대를 보완하고, 자녀의 안전과 건강한 양육을 위해 1:1 개별보육을 선호하는 취업부모에게 가정 내 12세 이하 아동을 대상으로 돌봄서비스를 제공하고 있다.

가족센터의 서비스 이용은 전화 1577-9337로 문의하거나 한국건강가정진흥원 홈페이지(www.kihf.or.kr)에서 가까운 가족센터를 확인할 수 있다. 가족센터의 가족상담은 전화 1644-6621을 통해 이용할 수 있다. 임신출산갈등상담(0번), 양육비상담(1번), 한부모가족상담(2번), 심리정서지원상담(3번)이 가능하며, 전화상담 외에도 온라인 상담과 카카오톡 챗봇을 통한 상담을 이용할 수 있다. 다문화가족과 결혼이민자를 위한 긴급지원, 상담, 생활정보에 대한 상담은 다누리콜센터 1577-1366에서 이주여성 전문상담원이 13개 언어로 365일 24시간 상담 서비스를 지원하고 있다.

2) 한국청소년상담복지개발원

한국청소년상담복지개발원(Korea Youth Counseling & Welfare Institute)은 전국 600여개의 청소년상담복지센터, 학교밖청소년지원센터(청소년지원센터 꿈드림), 청소년복지시설(청소년쉼터, 청소년자립지원관, 청소년회복지원시설)을 총괄하는 중추기관으로, 청소년의 건강한 성장과 행복한 꿈의 실현을 위해 다양한 상담복지사업을 수행하고 있는 여성가족부 산하 공공기관이다.

청소년상담복지센터는 전문적인 상담복지서비스를 통하여 청소년의 행복과 성장을 돕는 것을 목표로 전국에 시 · 구 · 군 단위로 137개소가 설치 · 운영되고 있다. 청소년상담복지센터에서 실시되고 있는 사업으로는 9~24세 청소년을 대상으로 하는 개인 및 집단상담, 위기의 청소년들과 청소년 상담분야 전문가와 일대일 관계를 형성하여 정서적 지지, 심리상담, 지역자원 및 기관연계를 돕는 청소년동반자 사업이 있다. 또한 위기개입 사업으로 가출, 성매매, 가정폭력, 성폭력 등 위기상황에 노출된 피해 청소년들을 일시적으로 보호하며 상담서비스를 제공하는 일시보호소를 운영하며 긴급한 상황에 대한 구조요청 시 긴급구조, 상담, 보호조치 및 치료/재활, 법률/의료지원 등의 서비스를 원스톱(one-stop)으로 제공하고 있다.

학교밖청소년지원센터 꿈드림은 「학교 밖 청소년 자원에 관한 법률」이 시행(2015.05.29)됨에 따라 학교 밖 청소년의 개인적 특성과 수요를 고려하여 맞춤형 지원을 통해 건강한 사회구성원으로 성장할 수 있도록 지원하는 기관으로 전국에 221개소가 설치 · 운영되고 있다. 학교밖청소년지원센터에서는 초 · 중학교를 3개월 이상 결석하거나 취학의무를 유예한 청소년, 고등학교에서 제적 · 퇴학 처분을 받거나 자퇴한 청소년, 고등학교에 진학하지 않은 청소년들을 대상으로 학업 복귀나 사회 진입을 목표로 상담지원, 교육지원, 직업체험 및 직업교육훈련지원, 자립지원 등의 프로그램을 통해 학교 밖 청소년들이 꿈을 가지고 자신의 미래를 스스로 준비하여 공평한 기회를 얻을 수 있도록 지원한다.

청소년쉼터는 가출 청소년과 위기가정 청소년 등 학교나 사회환경의 변화에 적응하지 못하는 청소년들에게 일정 기간 숙식 · 의료 등의 복지지원서비스를 제공하며 각종 비행의 유혹과 유해환경으로부터 보호하는 동시에 전문상담과 다양한 교육 프로그램을 통해 건전한 사회구성원으로서의 성장을 도모하는 기관으로 전국에 137개소가 운영되고 있다. 청소년쉼터는 남자청소년 대상, 여자청소년 대상, 단기, 중장기. 고정형, 이동형 등 다양한 방식으로 운영되고 있다.

한국청소년상담복지개발원의 주요 사업 중 청소년안전망 운영사업은 지역주민, 기관, 단체 등 지역 내 활용 가능한 자원의 연계를 통해 지역사회 청소년통합지원체계(청소년안전망)를 구축하여 위기상황에 처한 청소년들을 발견하고 통합적인 상담복지 서비스를 제공하는 사업이다. 청소년 가출, 폭력 등과 같은 위기문제나 심리정서적 문제로 도움이 필요한 경우, 언제든지 지역 내 청소년상담복지센터를 통해 위기개입, 긴급구조, 일시보호 등 다양한 청소년안전망 서비스를 제공받을 수 있다.

청소년안전망 운영사업 중 청소년상담 1388은 365일 24시간 청소년과 관련된 고민상담에서부터 긴급한 위기문제 해결까지 종합적인 서비스를 받을 수 있는 상담 채널로, 전화, 문자, 온라인 상담이 가능하다. 1388 청소년지원단은

▲ 그림 12-2 청소년안전망 운영사업 추진절차

출처: 한국청소년상담복지개발원(www.kyci.or.kr)

위기청소년을 조기에 발견하고 지원하는 역할을 수행하기 위한 민간의 자발적 참여조직으로서 전국의 청소년상담복지센터에 소속되어 '발견 · 구조', '의료 · 법률', '복지지원', '상담 · 멘토' 등의 다양한 활동을 수행한다. 1388 청소년지원단은 지역사회 내 약국, 병원, PC방, 노래방, 택시회사, 학원, 자원봉사자, 변호사, 교사 등이 참여하여 위기청소년에 대한 맞춤형 서비스를 제공하고 있다. 청소년안전망 운영사업의 추진절차는 [그림 12-2]와 같다.

3) 가정폭력 및 성폭력 상담센터

가정폭력 상담소는 「가정폭력방지 및 피해자보호 등에 관한 법률」에 근거하여 가정폭력을 사전에 예방하고 피해자를 신속하게 구제함으로써 개인의 인권을 신장시키고 건전한 가정과 가족제도를 유지하고 보호하는 데 그 설치 목적을 둔다. 가정폭력 상담소는 다음과 관련된 사항에 대해 상담을 받을 수 있다.

- 가정폭력 피해 관련 사항
- 피해자 긴급보호 및 피난처 관련 사항
- 이혼을 비롯한 가정폭력 관련 법률문제 관련 사항
- 가정폭력 예방을 위한 각종 교육 및 치료 관련 사항
- 그 밖에 가정폭력 관련 사항

가정폭력 상담소는 여성가족부에서 위탁 · 운영하는 여성긴급전화(국번없이 1366)를 비롯하여 경찰청 및 각종 단체 등에서 운영하고 있다. 여성긴급전화 1366에서는 가정폭력, 성폭력, 성매매, 데이트 폭력, 디지털 성폭력, 스토킹 등 여성폭력 피해에 관한 내용을 전문상담원 전화상담이나 1:1 실시간 채팅 상담 또는 게시판 상담을 받을 수 있다.

여성긴급전화 1366

여성긴급전화 1366
- 1년 365일 24시간 전화상담
- 긴급피난처 운영

상담소 연계
- 폭력피해 지속상담(09:00–18:00)
- 피해자 회복지원 및 치료, 회복 프로그램 운영

사회복지기관 연계
- 사회복지 혜택
- 시·군 사례관리팀 연계

의료기관 연계
- 피해자 치료
- 법적 증거 확보

법률기관 연계
- 무료법률구조 사법적 소송지원
- 피해자의 법률적 보호와 상담

112, 119 연계
- 폭력사례 접수 및 수사
- 폭력제지 및 피해자, 가해자 분리
- 피해자 보호조치 제공

보호시설 연계
- 무료숙식제공 및 보호(자녀동반 보호)
- 동반자녀 비밀 전학, 지속적인 학습지원
- 심리적 안정과 사회적응을 위한 상담
- 직업훈련 등 지원

▲ 그림 12–3 여성긴급전화 1366 지원서비스
출처: 여성긴급전화 1366 인천센터(www.incheon1366.or.kr)

전국가정폭력상담소협의회(www.kdcn.or.kr)는 1998년 「가정폭력관련 특별법」이 시행되면서 '가정폭력의 예방과 근절'을 위해 설립된 가정폭력상담소들의 협의체로서 2023년 현재 17개 권역 150여 개의 기관들이 활동하고 있다. 전국가정폭력상담소 협의회의 가족폭력상담 번호는 1522-1582이다.

한국남성의전화는 1990년 기독상담센터에서 가정상담소를 운영해 오면서 남성들의 가족문제와 부부(이혼)문제의 심각성을 알게 되면서 가정회복 운동의 필요성을 인식하였다. 이에 1995년에 한국 최초로 남성들을 위한 상담전화를 개설하여 전국적으로 소개되었으며, 최근에는 인터넷, 온라인 상담으로 활동 영역을 넓혀가고 있다.

▼ **표 12-1 가정폭력 관련 상담 기관**

기관	전화	홈페이지
여성긴급전화	국번 없이 1366	www.women1366.kr
안전Dream 아동 · 여성 · 장애인 경찰지원센터	국번 없이 117	www.safe182.go.kr
한국남성의전화	02-2653-1366	www.manhotline.or.kr
건강가정지원센터	1577-9337	www.familynet.or.kr
한국가정법률상담소	1644-7077	www.lawhome.or.kr

성폭력 상담소는 「성폭력 범죄의 처벌 및 피해자 보호 등에 관한 법률」에 근거하여 성폭력을 예방하고 성폭력 피해자를 보호하고 지원하는 것을 목적으로 운영되고 있다. 한국성폭력상담소(www.sisters.or.kr)에서는 성폭력 피해생존자를 대상으로 하여 상담 및 심리, 의료, 법률적 지원을 하며, 성폭력 피해 생존자 자조모임 및 치유 프로그램, 부설 보호시설 '열림터'를 운영하고 있다. 또한 젠더감수성, 인권감수성 확산 활동, 성차별/성폭력 문화를 바꾸는 활동, 성폭력예방교육 및 성폭력 관련 서적 출판, 부설 연구소 '울림' 운영 등을 통해 성폭력을 조장하는 사회문화를 바꾸는 노력을 하고 있으며, 여성의 인권을 보장할 수 있는 제도 마련을 위한 활동을 하고 있다. 상담은 전화상담(02-338-5801)을 통해 1차적으로 이루어지게 된다.

한국성폭력위기센터(crisis-center.or.kr)는 2001년 성폭력 피해자의 긴급지원을 위한 위기개입 목적으로 개설되었으며, 피해생존자가 사건 해결과정에서 스스로 힘을 낼 수 있도록 지지하고 성평등 사회를 목표로 정책 제안 및 연대 활동을 하고 있다. 주요 활동은 성폭력피해자 지원, 여성가족부 무료법률지원사업 위탁 수행, 성폭력 · 성희롱 예방교육과 성평등 활동, 가해자 재발방지 교육, 반성폭력, 성평등을 위한 제도 마련과 사회문화 변화를 위한 정책제안과 연대활동을 하고 있다. 한국성폭력위기센터에서는 성폭력피해자 전화상담(02-883-9284)과 법률지원사업(02-883-9285)을 무료로 제공하고 있다.

3. 가족지원 정책

한국의 가족지원 정책은 생활보장사업이나 아동복지사업, 노인복지사업, 부녀복지사업, 모자보건사업 등 사회복지 관련법들을 중심으로 요보호자의 보호를 중심으로 문제가 발생한 개인을 대상으로 개입하는 정책과 프로그램으로 발전되어 왔다(전영주 외, 2021). 그러나 2000년대 이후 기존의 정책에 더하여 다양한 가족형태를 인정하며 보편적인 가족을 지원하고 양성평등을 기초로 하여 가족문제를 예방하고 해결하며 가족기능을 강화하는 데 있어 정부가 적극적으로 지원하는 가족친화적인 가족정책으로 변화되고 있다. 한국 가족정책의 방향성은 〈표 12-2〉에 제시된 제4차 건강가정기본계획의 정책 추진과제를 통해서 살펴볼 수 있다.

▼ 표 12-2 제4차 건강가정기본계획의 정책 추진과제

영역	정책과정	중과제
세상 모든 가족을 포용하는 사회기반 구축	가족 다양성을 수용하는 법·제도 마련	• 가족 유형에 따른 차별해소를 위한 법·제도 개선 • 다양한 가족구성에 대한 정책적 지원 방안 마련
	가족 다양성 인식과 평등한 가족문화 확산	• 가족 다양성에 대한 사회적 감수성 제고 • 가족과 개인이 공존하는 평등한 가족문화 조성
	가정폭력 대응 강화 등 가족구성원 인권보호	• 가족구성원 안전 보장을 위한 법률 정비 • 가정폭력·아동학대 사건 발견 및 대응 강화 • 가정폭력·아동학대 피해에 대한 통합 지원 강화

모든 가족의 안정적 생활 여건 보장	가족 변화에 대응하는 경제적 기반 강화	• 가족 변화를 반영한 생계비 등 급여 확대 • 아동양육 가족에 대한 경제적 지원 강화 • 가족 수요에 맞는 주거지원
	가족 특성을 고려한 자녀 양육 여건 조성	• 한부모가족 자녀의 안정적 성장발달을 위한 지원 및 제도 강화 • 양육비 이행 실효성 제고를 위한 체계 정비 • 다문화가족 자녀의 동등한 출발점 보장 • 위기 · 취약 아동 · 청소년의 보호 및 자립 지원
	지역 중심의 통합적 가족 서비스 체계구축	• 통합적 가족서비스 기반 조성 • 보편적 가족서비스 확대 • 지역사회 기반 취약 · 위기가족 지원 강화
가족 다양성에 대응하는 사회적 돌봄체계 강화	지역 기반 다양한 가족의 돌봄지원 확대	• 지역사회 자녀돌봄지원 확대 • 지역공동체 기반 일상 돌봄지원
	안전하고 촘촘한 돌봄 체계 구축	• 믿고 맡길 수 있는 안전한 가정돌봄지원 • 재난 · 재해 시 돌봄공백 대응
	가족돌봄지원의 양적 · 질적 강화	• 가족돌봄의 공공성 강화 • 돌봄노동의 사회적 가치 제고
함께 일하고 돌보는 사회환경 조성	남녀 모두의 일하면서 돌볼 수 있는 권리 보장	• 일하는 사람의 돌봄권 보장을 위한 제도 강화 • 돌봄권을 보장하는 일터 조성
	성평등 돌봄 정착 및 돌봄 친화적 지역사회 조성	• 성평등 돌봄 정착을 위한 지원 및 홍보 • 가족 · 돌봄 친화적인 지역사회 조성 • 가족친화 사회환경 조성을 위한 기반 정비

출처: 여성가족부(2021). 제4차 건강가정기본계획(2021-2025).

1) 일·가정 양립 지원정책

일 · 가정 양립제도는 근로자가 직장생활과 임신, 출산, 육아를 포함한 가정생활을 병행할 수 있도록 돕는 정부의 제도(규제, 지원금, 서비스 등)를 말하며, 여성가족부, 고용노동부, 보건복지부 등 관계부처에서 총 37개의 다양한 제도를 운영하고 있다.

우리나라의 일 · 가정 양립 정책은 크게 모성보호 육아지원정책, 직장어린이집 의무 및 지원제도 정책, 유연근무제도 정책으로 구분된다. 모성보호 육아지원은 근로자가 육아로 인해 퇴직하는 것을 방지하고 직장과 가정생활을 조화롭게 양립할 수 있도록 지원하는 제도로 출산 전후 휴가 지원정책, 육아휴직, 육아기 근로시간 단축제도가 해당된다. 모성보호 육아지원은 고용보험 피보험 단위기관이 180일 이상인 근로자만 사용할 수 있다(표 12-3 참고).

▼ **표 12-3 육아휴직 지원내용 및 요건**

구분	대상	내용	지원요건 등
출산 전후 휴가	임신한 여성 근로자	① 지원기간 • 단태아: 대규모 기업 30일, 우선 지원 대상 기업 90일 • 다태아: 대규모 기업 45일, 우선 지원 대상 기업 120일 ② 상한액 • 단태아: 대규모 기업 180만원, 우선 지원 대상 기업 540만원 • 다태아: 대규모 기업 270만원, 우선 지원 대상 기업 720만원	고용보험 가입하여 피보험 단위기간이 180일 이상인 근로자로 출산 전후(유산 사산) 휴가, 육아휴직, 육아기 근로시간 단축을 사용한 근로자
육아 휴직 급여	만 8세 이하 또는 초등학교 2학년 이하의 자녀를 가진 근로자	고용센터에서 육아휴직 첫 3개월간은 육아휴직 개시일 기준 통상임금의 80%(상한 150만원, 하한 70만원), 나머지 기간은 50% 지원(상한 120만원, 하한 70만원) * 매월 지급하되 급여의 25%는 사업장 복귀 후 6개월 이상 계속 근무 시 지급	① 육아휴직을 30일 이상 사용했을 것 ② 육아휴직 시작한 날 이전에 피보험 단위기간 180일 이상일 것 ③ 육아휴직을 시작한 날 이후 1개월부터 끝난 날 이후 12개월 이내에 신청

출처: 정부24(www.gov.kr)

직장어린이집은 사업주가 사업장의 근로자를 위하여 설치하고 운영하는 어린이집으로 국가나 지방자치단체의 장이 소속 공무원 및 국가나 지방자치단체의 장과 근로계약을 체결한 자로서 공무원이 아닌 자를 위하여 설치 · 운영하는 어린이집을 포함한다. 직장어린이집 설치 의무사업장은 상시여성근로자 300명 이상 또는 상시근로자 500명 이상 고용하고 있는 사업장을 말한다. 설치 의무사업장이지만 직장어린이집을 단독으로 설치하기 어려운 경우는 사업주 공동으로 직장어린이집을 설치 · 운영하거나 지역의 어린이집과 위탁계약을 체결하여 근로자 자녀의 보육을 지원하여야 한다.

유연근로제도는 근로자와 사용자가 근로시간이나 근로 장소 등을 선택하고 조정하여 일과 생활을 조화롭게 하고 인력활용의 효율성을 높일 수 있는 제도이다. 유연근무제는 시차출퇴근제, 선택근무제, 재량근무문제, 재택근무제, 원격근무제 등으로 나눌 수 있다(표 12-4 참고).

▼ **표 12-4 유연근무제 유형**

유형	내용
시차출퇴근제	1일 8시간, 주 40시간의 소정근로시간을 준수하면서 출퇴근시간을 조정하는 제도
선택근무제	1개월 이내의 정산기간(주 단위)을 평균하여 소정근로시간이 40시간을 초과하지 않는 범위에서 1주 또는 1일 근무시간을 조정하는 제도
재량근무제	근로시간 배분과 업무수행방법을 근로자의 재량에 맡기고 사용자와 근로자 간 합의한 시간을 근무한 것으로 인정하는 제도
재택근무제	근로자가 정보통신기기 등을 활용하여 사업장이 아닌 자택에 업무공간을 마련하여 근무하는 제도
원격근무제	주거지, 출장지 등과 인접한 원격근무용 사무실에서 근무하거나 사무실이 아닌 장소에서 모바일 기기를 이용하여 근무하는 제도

2) 장기요양보험제도

현대사회에서는 고령화 사회로의 진입과 함께 핵가족화, 맞벌이 가족의 증가 등으로 인해 과거 가족의 부담으로만 인식되던 장기요양문제에 대한 사회적, 국가적 책무가 강조되고 있다. 장기요양보험은 고령이나 노인성 질병 등의 사유로 일상생활을 혼자서 수행하기 어려운 노인 등에게 신체활동 또는 가사활동 지원 등의 장기요양급여를 제공하여 노후의 건강증진 및 생활 안정을 도모하고 그 가족의 부담을 덜어줌으로써 국민의 삶의 질을 향상하도록 함을 목적으로 시행하는 사회보험제도이다.

노인장기요양보험제도의 수급대상자는 65세 이상의 노인 또는 65세 미만의 자로서 치매나 뇌혈관성 질환 등 노인성 질병을 가진 사람 중 6개월 이상 혼자서 일상생활을 수행하기 어렵다고 인정되는 사람이다. 65세 미만의 노인성 질병이 없는 일반적인 장애인은 제외된다. 노인장기요양보험제도는 건강보험제도와는 별개의 제도로 운영되고 있으며 국민건강보험공단에서 관리하고 있다.

장기요양 인정 절차는 장기요양보험 가입자나 피부양자, 의료급여 수급권자가 장기요양인정 신청서를 국민건강보험공단에 제출하면 국민건강보험공단은 간호사, 사회복지사, 물리치료사 등으로 구성된 공단 소속 장기요양 직원이 직접 방문하여 '장기요양인정조사표'에 따라 신청인의 심신상태, 필요한 장기요양급여의 종류와 내용 등을 조사한다. 장기요양등급판정위원회는 대상자가 6개월 이상의 기간 동안 타인의 도움 없이 일상생활을 수행하기 어렵다고 인정되는 경우 수급자로 결정하고, 장기요양인정점수를 기준으로 6단계 등급으로 장기요양등급을 판정하고 장기요양급여를 제공한다(표 12-5 참고).

장기요양급여에는 재가급여, 시설급여, 특별현금급여가 있다. 재가급여에는 방문요양, 인지활동형 방문요양, 방문목욕, 방문간호, 주 · 야간보호, 단기보호, 기타 재가급여(복지용구) 등이 있으며 당해 장기요양급여비용의 15%를 이용자가 부담하여야 한다. 시설급여에는 장기간 입소한 수급자에게 신체활동 지원 및 심신기능의 유지 및 향상을 위해 교육과 훈련을 제공하는 노인요양시설(입소정원 10명 이상)과 노인요양공동생활가정(입소정원 5~9명)이 있으며 20%의 본인부담금이 있다. 의료급여수급권자나 소득 및 재산이 일정 금액 이하인 자 등은 부담금을 감경받는다. 특별현금급여는 수급자가 섬이나 벽지에 거주하거나 천재지변, 신체적 · 정신적 또는 성격 등의 사유로 지정된 시설에서 장기요양급여를 받지 못하고 그 가족 등으로부터 방문요양에 상당하는 장기요양급여를 받을 때 현금급여를 지급하는 것이다. 장기요양보험료율 등의 사항을 심의하기 위해 보건복지가족부장관 소속으로 장기요양위원회를 둔다.

▼ 표 12-5 장기요양 등급

장기요양 등급	심신의 기능상태
1등급	심신의 기능상태 장애로 일상생활에서 전적으로 다른 사람의 도움이 필요한 자로서 장기요양인정 점수가 95점 이상인 자
2등급	심신의 기능상태 장애로 일상생활에서 상당 부분 다른 사람의 도움이 필요한 자로서 장기요양인정 점수가 75점 이상 95점 미만인 자
3등급	심신의 기능상태 장애로 일상생활에서 부분적으로 다른 사람의 도움이 필요한 자로서 장기요양인정 점수가 60점 이상 75점 미만인 자
4등급	심신의 기능상태 장애로 일상생활에서 일정 부분 다른 사람의 도움이 필요한 자로서 장기요양인정 점수가 51점 이상 60점 미만인 자
5등급	치매환자로서(노인장기요양보험법 시행령 제2조에 따른 노인성 질병으로 한정) 장기요양인정 점수가 45점 이상 51점 미만인 자
인지지원등급	치매환자로서(노인장기요양보험법 시행령 제2조에 따른 노인성 질병으로 한정) 장기요양인정 점수가 45점 미만인 자

출처: 국민건강보험(www.nhis.or.kr)

3) 한부모가족지원서비스

한부모가족은 이혼이나 사별, 혼전 출산 등으로 아버지나 어머니 혼자 아동을 양육하는 가족을 말하며 최근 그 수가 지속적으로 증가하고 있다. 한부모가족의 아버지나 어머니는 홀로 자녀를 양육하면서 생계를 책임져야 하므로 과중한 역할부담과 스트레스를 경험하며 사회적 편견과 차별, 경제적인 문제 등 다양한 어려움을 경험한다.

한부모가족지원서비스의 지원 대상은 저소득 한부모가족, 조손가족, 미혼가족 등이 있다. 저소득 한부모가족 지원사업은 소득인정액이 기준 중위소득 60% 이하이면서 만 18세 미만(취학시 만 22세 미만)의 자녀를 양육하는 한부모가족 및 조손가족이나 청소년 한부모가족(부나 모의 연령이 만 24세 이하인 경우)을 대상으로 복지급여를 지원하는 것이다.

양육지원으로는 임신과 출산에 대한 진료비와 의료비 지원, 아동양육비, 중 · 고등학생 학용품비, 보육료나 가정양육수당 지급, 아동 수당 및 영아 수당이 지급된다. 또한 무료법률지원을 실시하여 한부모가족의 기본적인 인권보호와 법률 증진을 도모하고, 취업 및 창업교육지원제도를 통해 자산을 형성하고 자립할 수 있도록 지원한다. 학업을 중단한 청소년 한부모의 경우에는 학력 취득 및 역량 개발 기회를 지원하여 자립기반을 마련할 수 있도록 하고 자립지원촉진수당을 지급한다. 주거지원은 한부모가족복지시설 입소, 주거임대, 주거자금, 주거급여를 통해 이루어진다.

미혼 한부모지원으로는 미혼모 가족복지시설 입소와 기본생활지원 혹은 공동생활지원, 미혼부의 자녀출생 신고 및 복지서비스 지원, 미혼부모의 양육과 자립 지원, 청소년한부모가족의 학업중단 위기를 예방하기 위해 단기위탁교육을 통한 학습권 보호 등이 있다. 양육비 이행 지원은 양육부나 모(양육비 채권자)의 신청을 받아 비양육부나 모로부터 양육비를 지급받을 수 있도록 당사자 간 협의를 성립시키고, 양육비 관련 소송, 채권추심, 불이행 시 제재조치를 하도록 지원하는 서비스이다. 양육부나 모(양육비 채권자)는 필요한 서비스를 지원받기 위해 각각의 단계마다 필요한 서비스를 제공하는 기관을 일일이 찾아갈 필요 없이 이행관리원에 1회 신청만으로 종합지원 서비스가 가능하다.

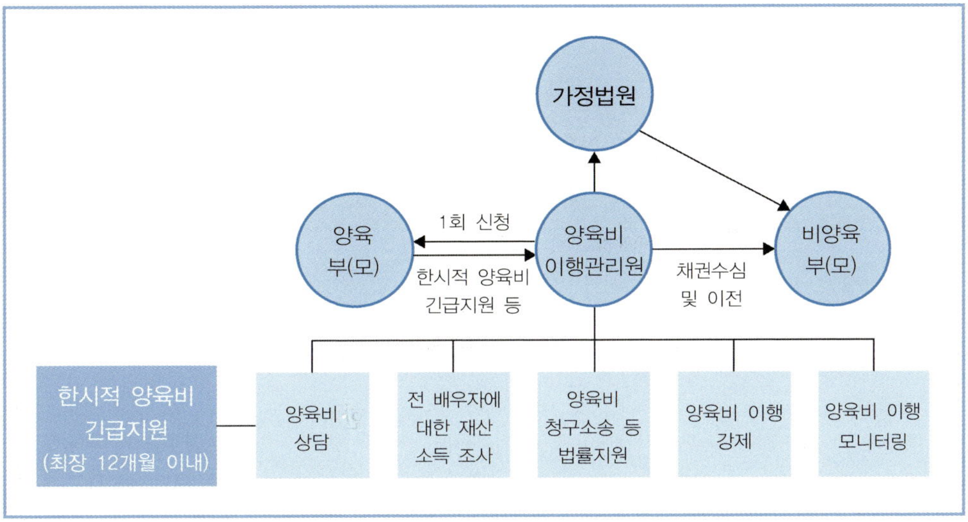

▲ 그림 12-4 양육비 이행 지원안내

출처: 여성가족부(www.mogef.go.kr)

참고문헌

여성가족부(2021). 제4차 건강가정본계획(2021~2025).

전영주, 황경란, 송정숙, 이복숙, 염은선, 주국희, 배윤민, 김명화(2021). **뉴노멀 시대의 결혼과 가족**. 서울: 신정.

[사이트]

국민건강보험. https://www.nhis.or.kr

여성가족부. https://www.mogef.go.kr

여성긴급전화 1366 인천센터. https://www.incheon1366.or.kr
정부 24. https://www.gov.kr
한국건강가정진흥원. https://www.kihf.or.kr
한국청소년상담복지개발원. https://www.kyci.or.kr

찾아보기

인명

내용

저자소개

임지영 경북대학교 아동학부 교수
전귀연 경북대학교 아동학부 교수
백경숙 경북대학교 아동학부 교수
이지민 영남대학교 휴먼서비스학과 교수
공영숙 경북대학교 아동학부 강사
권유정 경북대학교 아동학부 강사

결혼과 가족관계

초판발행 2024년 1월 20일 **1판 1쇄 인쇄** | 2024년 1월 25일 **1판 1쇄 발행**

지은이 임지영 전귀연 백경숙 이지민 공영숙 권유정
펴낸이 최용구 | **펴낸곳** 도서출판 **신정**
주소 (04316) 서울시 용산구 원효로 89길 19 (원효로1가)
전화 02)3211-4782, 0266(영업부), 3211-4783(편집부), 3211-4784(팩스)
이메일 sjbook2002@naver.com | **홈페이지** www.sjbook.co.kr
등록 2001년 5월 11일 제13-702호
기획마케팅 최용구 장만동 최충구 송대용 | **책임편집** 석기은 황가연

ISBN 978-89-5912-893-8 93590
정가 27,000원